商用微積分（第二版）

蔡旭琛　著

全華圖書股份有限公司

國家圖書館出版品預行編目資料

商用微積分 / 蔡旭琛編著. – 二版. --新北市：
　全華圖書股份有限公司, 2021.06
　　面；　公分
　ISBN 978-986-503-784-0(平裝)

1.微積分

314.1　　　　　　　　　　　　110009147

商用微積分（第二版）

作者 / 蔡旭琛

發行人 / 陳本源

執行編輯 / 鄭祐珊

封面設計 / 戴巧耘

出版者 / 全華圖書股份有限公司

郵政帳號 / 0100836-1 號

印刷者 / 宏懋打字印刷股份有限公司

圖書編號 / 0824801

二版三刷 / 2024 年 09 月

定價 / 新台幣 425 元

ISBN / 978-986-503-784-0 (平裝)

全華圖書 / www.chwa.com.tw

全華網路書店 Open Tech / www.opentech.com.tw

若您對本書有任何問題，歡迎來信指導 book@chwa.com.tw

臺北總公司(北區營業處)
地址：23671 新北市土城區忠義路 21 號
電話：(02) 2262-5666
傳真：(02) 6637-3695、6637-3696

南區營業處
地址：80769 高雄市三民區應安街 12 號
電話：(07) 381-1377
傳真：(07) 862-5562

中區營業處
地址：40256 臺中市南區樹義一巷 26 號
電話：(04) 2261-8485
傳真：(04) 3600-9806(高中職)
　　　(04) 3601-8600(大專)

◆◆◆◆◆ 序言 ◆◆◆◆◆

在網路普及與知識爆炸之年代，知識的更新與汰換更是快速。因此最重要的便是不斷的學習，並掌握基礎核心能力，而其中微積分之基本素養，更是理、工、商管領域的學生所需具備的基礎知識。

面對瞬息萬變之經營環境，管理者已不能只憑主觀直覺來做決策，必須善用相關的數量方法來分析、整合出有用之資訊，而微積分更是數學計量之基礎，對新領域之開拓，尤其關鍵。

筆者有幸任教技職院校多年，深知技職學生之數學基礎較為薄弱，甚至畏懼數學，不知如何應用。所以在編寫教材時，融入多年教學經驗，以學生為導向，編寫一本適合技職背景學生的商管教育微積分之入門書。

本章分為 8 章，主要涵蓋「微分」和「積分」兩部分，刪除三角函數和無窮級數部分，保留對商科仍很重要的指數和對數函數章節。在理論部分力求深入淺出，避免過於艱澀之理論；以直觀口語化概念與相關圖形例子說明，文字敘述簡潔平白；廣泛提供生活上及經濟管理方面之應用實例。

每章並附有隨堂練習單元，讓學生檢驗學習成效，每章首尾則有數學家故事、推理謎題等單元，增加學生學習興趣，讓本書不至流於嚴肅。

另外，本書在函數作圖、漸近線、勘根定理求解、數值積分單元，另提供利用 EXCEL 軟體求解之方法，此運用軟體模擬求解之方法，是本書一大特色，讀者可體會其中奧妙。

未來之趨勢著重於大數據 (Big data) 和人工智慧 (AI) 應用。更凸顯微積分基礎課程之重要性。再版中引入 GeoGebra 這套開源又免費之數學軟體應用於微積分求解，使微積分和電腦軟體結合教學，啓發讀者數學實驗模擬和動手做精神。關於 Geogebra 各章節應用教材，只放第八章於書末，其他章節設置 QRcode。供讀者演練，深入 GeoGebra 學習旅程。

本書編寫疏漏錯誤在所難免，作者才疏學淺，還望各位專家、教授不吝指正，惠賜卓見，以便改進。

編者 謹識

◆◆◆◆ 編輯部序 ◆◆◆◆

　　「系統編輯」是我們的編輯方針，我們所提供給您的，絕不只是一本書，而是關於這門學問的所有知識，他們由淺入深，循序漸進。

　　本書架構參考原文書編寫，內容力求簡明扼要，無繁雜、艱深之理論證明，本書第一章針對微積分學前知識做複習及補強，以建立學習微積分之良好基礎，後續章節針對微分、積分之重點觀念及理論著墨，並循序漸進推廣到商學應用層面；全書例題特別經過篩選，摒除較難之題目，並在題目旁加上重點提示；各章後所附習題難易適中，內容充實淺顯易懂，且提供經濟學方面之應用實例；另外，部分單元提供利用試算表求解之方法，藉此運用軟體模擬求解。本書適用大學、科大商管相關科系「微積分」課程使用。

Contents 目錄

Contents 目錄

第1章

微積分的預備知識

數學家故事

牛頓(Issac Newton, 1642-1727)

　　牛頓的名聲貫穿古今，不僅是有名的物理學家，也是一位偉大的數學家，他就是我們熟悉的故事中被蘋果打到的牛頓。1642 年生於英國 Woolsthorpe 小鎮，由於早產，從小體弱多病，父親在他出世前過世了，於是便由外婆撫養長大，個性內向、害羞、孤僻。牛頓 18 歲進入劍橋大學三一學院就讀，在大學中讀了笛卡兒著《La Geometrie(幾何學)》使他對數學產生興趣。

　　23 歲畢業於劍橋大學。

　　當時倫敦發生大瘟疫，牛頓被迫躲回家鄉，在家鄉這兩年(23-25 歲)，終日思考各種問題，是其一生創造力最顛峰的時期，他畢生的三大發明：萬有引力、微積分、光譜分析，都奠基於此時期。牛頓的物理理論指導人類科學發展長達兩百多年，直到愛因斯坦的「相對論」才修正其經典力學理論。至於「微積分」貢獻，主要是發現「微積分基本定理」，讓人類了解到看似不相關的微分和積分概念，原來是反運算的關係，將此二學門整合起來，使「微積分」數學領域誕生。

　　這些偉大的發現，都促進了科學長足進步，更可貴的是牛頓謙虛個性以下這句牛頓名言：「如果我比笛卡兒等人看得遠些，那是因為我站在巨人肩上。」更能讓人景仰這位一代巨人風範。

微積分(calculus)課程主要包含微分(differentiation)和積分(integration)兩部分,它是一門融合代數(algebra)、幾何(geometry)、極限(limit)等概念的課程。其應用性很廣泛:經濟學、統計、管理、工程等各領域都會應用到微積分的知識,學好它將是其他進階課程成功之利器。

微積分所用到一些中等數學的基礎知識,將於本章作一簡要複習和回顧。首先將介紹實數(real number),在微積分課程中,所討論的數均限定為實數,至於高等微積分或更進階的課程其所討論的數就不限定於實數,可能是複數(complex number)或其他空間的數。

GGB應用範例

1-1 實數(real number)與直角坐標系 (Cartesian coordinate system)

實數系統是由實數及加減乘除四則運算組成。每一個實數在實數線(real number line)對應一個點。在數線(實數線)上取一點

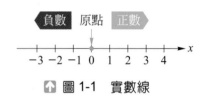

↑ 圖 1-1 實數線

表示實線 0,稱為原點,在原點右邊的數為正數(positive),左邊為負數(negative),如圖 1-1。

實數系是我們實際世界中感覺得到比較大的數系,它涵蓋我們熟悉的整數(integer)、有理數(rational number)等。其包含關係如下:

$\mathbb{R}$:實數,$\mathbb{Q}$:有理數,$\mathbb{Z}$:整數,$\mathbb{N}$:自然數(正整數)

$\mathbb{N}$ (自然數):$1, 2, 3, 4, 5, \cdots$

$\mathbb{Z}$ (整數) $\begin{cases} 1, 2, 3, 4, 5, \cdots \\ 0 \\ -1, -2, -3, -4, \cdots \end{cases}$

$\mathbb{Q}$ (有理數)：可表示成 $\dfrac{q}{p}$ 分數型式之實數，其中 p、q 皆爲整數。

$$\begin{cases} 1, 2, 3, 4, 5, \cdots \\ 0 \\ -1, -2, -3, -4, \cdots \\ \dfrac{1}{2}, \dfrac{1}{3}, \dfrac{1}{4}, \dfrac{3}{2}, \cdots \\ 0.\overline{3} = \dfrac{3}{9} = \dfrac{1}{3}, \cdots，循環小數 \end{cases}$$

$\mathbb{R}$ (實數) $\begin{cases} \text{有理數} \\ \text{無理數}：\sqrt{2}, \sqrt{3}, \cdots, (\text{無法表示分數之數}) \end{cases}$

包含關係：$\mathbb{N} \subset \mathbb{Z} \subset \mathbb{Q} \subset \mathbb{R}$

　　在實數線上某區段之所有實數的集合稱爲區間(interval)。

區間定義

　　設 $a, b \in \mathbb{R}$，且 $a < b$，

1. 開區間 (a, b) 定義爲

   $(a, b) = \{x \mid a < x < b\}$。

2. 閉區間 $[a, b]$ 定義爲

   $[a, b] = \{x \mid a \le x \le b\}$。

3. 半開(或半閉)區間 $[a, b)$ 和 $(a, b]$ 分別定義爲

   $[a, b) = \{x \mid a \le x < b\}$

   $(a, b] = \{x \mid a < x \le b\}$。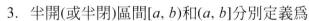

4. 無限區間分別定義爲

   $[a, \infty) = \{x \mid x \ge a\}$

   $(a, \infty) = \{x \mid x > a\}$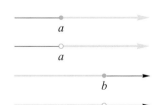

   $(\infty, b] = \{x \mid x \le b\}$

   $(\infty, b) = \{x \mid x < b\}$

　　實數線上所對應的點，代表一維度的資料，如果想把點的位置標示於二維度的平面上，可利用直角座標系(又稱為笛卡兒座標系統)，如圖 1-2、圖 1-3。

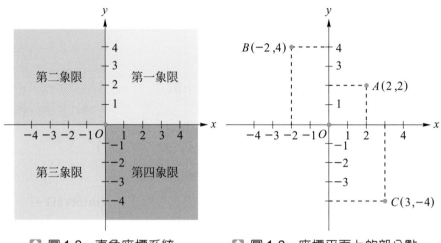

⬆ 圖 1-2　直角座標系統　　⬆ 圖 1-3　座標平面上的部分點

距離公式

平面上的兩點 $A(x_1, y_1)$，$B(x_2, y_2)$，則 A、B 兩點距離 d 為

$$d = \overline{AB} = \sqrt{(x_1 - x_2)^2 + (y_1 - y_2)^2}$$

圓方程式

圓心 $A(a, b)$，半徑為 r 的圓方程式為

$$(x - a)^2 + (y - b)^2 = r^2$$

中點公式

平面上兩點 $A(x_1, y_1)$，$B(x_2, y_2)$，則 $\overline{AB}$ 之中點 C 座標為

$$C(x, y) = (\frac{x_1 + x_2}{2}, \frac{y_1 + y_2}{2})$$

例題 **1**

根據下圖，回答各問題

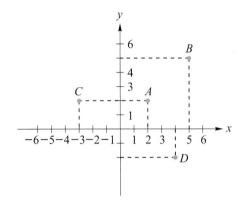

(1) 寫出 A、B、C、D 各點座標。

(2) 求 $\overline{AB}$ 中點座標。

(3) 求 A 到 B 之距離。

(4) 那些點之 y 座標為負。

(5) 求以 A 為圓心，半徑為 3 之圓方程式。

解

(1) $A(2, 2)$，$B(5, 5)$，$C(-3, 2)$，$D(4, -2)$。

(2) $\overline{AB}$ 中點座標 $= (\dfrac{2+5}{2}, \dfrac{2+5}{2}) = (3.5, 3.5)$。

(3) $d(A, B) = \sqrt{(5-2)^2 + (5-2)^2} = 3\sqrt{2}$。

(4) D 點之 y 座標為負。

(5) 以 $A(2, 2)$ 為圓心，半徑 $r = 3$ 之圓方程式為

$(x-2)^2 + (y-2)^2 = 3^2$。

習題 1-1

1. 請以 > 或 < 表示下列兩數之關係。

   (1) $70.1, \sqrt{49.1}$　　　　　　　　(2) $-12.3, -13$

   (3) $\sqrt{80}, 9$

2. 求點 $(1, 3)$ 與 $(4, 7)$ 之間距離。

3. 一圓的圓心 $(-2, -3)$，半徑 5 公分，寫出此圓方程式。

4. 下列各數，哪些屬於無理數？

   (1) $\sqrt{7}$　　　　　　　　　　　(2) $\sqrt{9}$

   (3) 7　　　　　　　　　　　　　(4) -0.7

   (5) $0.\overline{7}$　　　　　　　　　　　(6) $\dfrac{2}{1+\sqrt{3}}$

5. 請以開區間、閉區間、半開半閉區間表示下列敘述。

   (1) x 大於 -2

   (2) x 介於 3 和 7 之間

   (3) x 小於或等於 -2

6. 把下列不等式集合寫成區間括號形式。

   (1) $2 < x < 3$　　　　　　　　　(2) $-5 \le x < -2$

   (3) $x < 7$　　　　　　　　　　　(4) $x \ge 2$

7. 平面上三點 $A(3, 4)$、$B(-2, -5)$、$C(-2, 5)$。

   (1) 求 A、B 距離

   (2) 求 $\overline{AC}$ 之中點坐標

1-2 不等式

等號「=」和變數 x 組成之式子，稱爲方程式。由「>」、「<」、「≥」、「≤」和變數 x 組成之式子，稱爲不等式。

例如：$x \geq 3$，$2x^2 - x > 4$，$x - 3 \leq 2$，$\dfrac{x-2}{x+1} < 1$ 等。

不等式重要性質

設 $a , b \in \mathbb{R}$，$a > b$：

(1) 若 $c > 0$，則 $ac > bc$

(2) 若 $c < 0$，則 $ac < bc$

例題 **1**

解下列不等式

(1) $2x - 3 \leq 7$

(2) $-2x + 1 > -2$

(3) $x - 2 \geq 5$

(4) $\dfrac{x}{2} + \dfrac{x}{3} + 1 > 5$

 解

(1) $2x - 3 \leq 7 \Rightarrow 2x \leq 7 + 3 \Rightarrow x \leq 5$

故解集合：$(-\infty, 5]$

(2) $-2x + 1 > -2 \Rightarrow -2x > -2 - 1 \Rightarrow -2x > -3$

$$\Rightarrow x < \frac{3}{2}$$

故解集合：$(-\infty, \dfrac{3}{2})$

(3) $x - 2 \geq 5 \Rightarrow x \geq 7$

故解集合：$[7, \infty)$

(4) $\dfrac{x}{2} + \dfrac{x}{3} + 1 > 5 \Rightarrow \dfrac{3x}{6} + \dfrac{2x}{6} > 5 - 1 \Rightarrow \dfrac{5x}{6} > 4$

$$\Rightarrow x > 4 \cdot \frac{6}{5} \Rightarrow x > \frac{24}{5}$$

故解集合：$(\dfrac{24}{5}, \infty)$

例題 2

解不等式：

(1) $x^2 < 3x + 10$

(2) $x^2 - x \le 0$

(3) $2x^2 + 5x - 3 < 0$

(4) $(x+1)^2(x-1)(x-2) > 0$

(5) $\dfrac{x-2}{x+1} < 0$

解

(1) $x^2 < 3x + 10$

$\Rightarrow x^2 - 3x - 10 < 0$

$\Rightarrow (x-5)(x+2) < 0$

先解$(x-5)(x+2) = 0$之根，得 $x = 5, -2$

x		-2		5	
$(x-5)(x+2)$	$+$	0	$-$	0	$+$

∴$(x-5)(x+2) < 0$ 之解集合為$(-2, 5)$。

(2) $x^2 - x \le 0 \Rightarrow x(x-1) \le 0$

$x(x-1) = 0$ 之根為 $x = 0, 1$

x		0		1	
$x(x-1)$	$+$	0	$-$	0	$+$

∴ $x(x-1) \le 0$ 之解集合為$[0, 1]$

(3) $2x^2 + 5x - 3 < 0 \Rightarrow (2x-1)(x+3) < 0$

$(2x-1)(x+3) = 0$ 之根為 $x = \dfrac{1}{2}, -3$

x		-3		$\dfrac{1}{2}$	
$(2x-1)(x+3)$	$+$	0	$-$	0	$+$

∴$(2x-1)(x+3) < 0$ 之解集合為$(-3, \dfrac{1}{2})$

(4) $(x+1)^2(x-1)(x-2) > 0$

$(x+1)^2(x-1)(x-2) = 0$ 之根為 $x = -1, 1, 2$

x		-1		1		2	
$(x+1)^2(x-1)(x-2)$	$+$	0	$+$	0	$-$	0	$+$

$\therefore (x+1)^2(x-1)(x-2) > 0$ 之解集合

為 $(-\infty, -1) \cup (-1, 1) \cup (2, \infty)$

(5) 解 $\dfrac{x-2}{x+1} < 0$

等同於解 $(x-2)(x+1) < 0$

x		-1		2	
$(x-2)(x+1)$	$+$		$-$		$+$

$\therefore \dfrac{x-2}{x+1} < 0$ 之解集合為 $(-1, 2)$

習題 1-2

1. 解下列不等式：

(1) $x^2 + 2x < 8$

(2) $(x + 2)^2(x + 1)(x - 2) > 0$

(3) $2x^2 + 5x - 3 \leq 0$

(4) $(x - 1)^2 > 0$

(5) $-x^2 + 2x + 3 \leq 0$

(6) $(2 - x)(1 - x) < 0$

(7) $(x - 3)(x + 1)^2 \geq 0$

(8) $3x^2 - 5x - 2 < 0$

(9) $(x - 1)^2(x + 1)^2(x - 3)(x - 2) < 0$

(10) $\dfrac{x - 2}{x + 5} > 0$

1-3　因式分解與有理化

因式分解主要是要求方程式之根。

定理 1-1

代數基本定理(Fundamental Theorem of Algebra)

對於 n 次多項式方程式 $a_n x^n + a_{n-1} x^{n-1} + \cdots + a_1 x + a_0 = 0$

恰好有 n 個根(zeros)(這些根可能是重根或虛根)

一元二次方程式根之公式

若 $ax^2 + bx + c = 0$，$a, b, c \in \mathbb{R}$，則 $x = \dfrac{-b \pm \sqrt{b^2 - 4ac}}{2a}$

因式分解的公式

$x^2 - y^2 = (x + y)(x - y)$

$x^3 - y^3 = (x - y)(x^2 + xy + y^2)$

$x^3 + y^3 = (x + y)(x^2 - xy + y^2)$

$x^4 - y^4 = (x^2 - y^2)(x^2 + y^2)$

$\qquad\quad = (x - y)(x + y)(x^2 + y^2)$

$(x + y)^2 = x^2 + 2xy + y^2$

$(x + y)^3 = x^3 + 3x^2 y + 3xy^2 + y^3$

$(x + y)^4 = x^4 + 4x^3 y + 6x^2 y^2 + 4xy^3 + y^4$

$(x + y)^5 = x^5 + 5x^4 y + 10x^3 y^2 + 10x^2 y^3 + 5xy^4 + y^5$

$(x - y)^2 = x^2 - 2xy + y^2$

$(x - y)^3 = x^3 - 3x^2 y + 3xy^2 - y^3$

$(x - y)^4 = x^4 - 4x^3 y + 6x^2 y^2 - 4xy^3 + y^4$

強化學習

二項式係數

$$
\begin{array}{ccccccccc}
 & & & 1 & & 2 & & 1 & \\
 & & 1 & & 3 & & 3 & & 1 \\
 & 1 & & 4 & & 6 & & 4 & & 1 \\
1 & & 5 & & 10 & & 10 & & 5 & & 1
\end{array}
$$

二項式定理

$$(x+y)^n = x^n + nx^{n-1} \cdot y + \frac{n(n-1)}{2!} \cdot x^{n-2} \cdot y^2$$
$$+ \frac{n(n-1)(n-2)}{3!} x^{n-3} \cdot y^3 + \cdots + nx \cdot y^{n-1} + y^n$$

其中階乘符號：

$3! = 3 \cdot 2 \cdot 1 = 6$，$2! = 2 \cdot 1 = 2$，$1! = 1$，$0! = 1$

例題 1

求下列方程式之實根

(1) $x^2 - 2x - 15 = 0$　　　(2) $2x^2 - 7x + 3 = 0$

(3) $x^2 + 2x + 1 = 0$　　　(4) $x^2 + 2x + 5 = 0$

解

(1) $x^2 - 2x - 15 = 0$

　　$\Rightarrow (x - 5)(x + 3) = 0$

　　$\Rightarrow x = 5,\ -3$

(2) $2x^2 - 7x + 3 = 0$

　　$\Rightarrow (2x - 1)(x - 3) = 0$

　　$\Rightarrow x = \frac{1}{2},\ 3$

(3) $x^2 + 2x + 1 = 0$

　　$\Rightarrow (x + 1)^2 = 0$

　　$\Rightarrow x = -1$ (重根)

(4) 公式：$x = \dfrac{-b \pm \sqrt{b^2 - 4ac}}{2a} = \dfrac{-2 \pm \sqrt{4 - 20}}{2} = -1 \pm 2i$

　　此方程式根為虛根，無實數根。

例題 2

解下列方程式

(1) $x^3 - 4x^2 + 5x - 2 = 0$　　　(2) $x^3 - 3x^2 - x + 3 = 0$

(3) $2x^3 + 3x^2 - 8x + 3 = 0$

解

(1) 令 $f(x) = x^3 - 4x^2 + 5x - 2$，

　利用因式定理，先求一根再化簡

　$x = 1$ 代入測試，$f(1) = 1 - 4 + 5 - 2 = 0$，

　$\therefore f(x)$ 有 $(x - 1)$ 因式，

　$\Rightarrow f(x) = x^3 - 4x^2 + 5x - 2$

　　　　　$= (x - 1)(x^2 - 3x + 2)$

　　　　　$= (x - 1)(x - 1)(x - 2)$

　$\therefore$ 根為 $x = 1$ (重根)，$x = 2$

(2) 令 $f(x) = x^3 - 3x^2 - x + 3 = 0$，

　利用因式定理，先求一根再化簡，

　$x = 1$ 代入測試

　$\Rightarrow f(1) = 1 - 3 - 1 + 3 = 0$，

　$\therefore f(x)$ 有 $(x - 1)$ 因式，

　$\Rightarrow f(x) = x^3 - 3x^2 - x + 3$

　　　　　$= (x - 1)(x^2 - 2x - 3)$

　　　　　$= (x - 1)(x + 1)(x - 3)$

　$\therefore$ 根為 $x = 1$，$x = -1$，$x = 3$。

(3) 令 $f(x) = 2x^3 + 3x^2 - 8x + 3$

　利用因式定理，先求一根再化簡，

　$x = 1$ 代入測試，

　$f(1) = 2 + 3 - 8 + 3 = 0$，

　$\therefore f(x)$ 有 $(x - 1)$ 因式，

　$f(x) = (x - 1)(2x^2 + 5x - 3) = (x - 1)(2x - 1)(x + 3)$

　$\therefore$ 根為 $x = 1$，$x = \dfrac{1}{2}$，$x = -3$。

求三次以上方程式，要善用因式定理求解。

有理化

當遇到有根號的式子，常需要適當運算化簡把根號去掉，這個過程稱為有理化。若兩根數的乘積為一有理數，則此兩根數互為有理化因子。

例如 $(\sqrt{3}+\sqrt{2}) \cdot (\sqrt{3}-\sqrt{2}) = 3 - 2 = 1$，

稱 $(\sqrt{3}+\sqrt{2})$ 與 $(\sqrt{3}-\sqrt{2})$ 互為有理化因子。

$\sqrt{a}+\sqrt{b}$ 之有理化因子為 $\sqrt{a}-\sqrt{b}$

例題 3

把下列各題根式部分有理化化簡：

(1) $\dfrac{1}{\sqrt{3}+\sqrt{2}}$ (2) $\dfrac{1}{\sqrt{5}+\sqrt{2}}$

(3) $\dfrac{1}{\sqrt{x}-\sqrt{2}}$ (4) $\dfrac{1}{\sqrt{x+1}-\sqrt{x}}$

(1) $\dfrac{1}{\sqrt{3}+\sqrt{2}} \cdot \dfrac{\sqrt{3}-\sqrt{2}}{\sqrt{3}-\sqrt{2}} = \dfrac{\sqrt{3}-\sqrt{2}}{3-2} = \sqrt{3}-\sqrt{2}$

(2) $\dfrac{1}{\sqrt{5}+\sqrt{2}} \cdot \dfrac{\sqrt{5}-\sqrt{2}}{\sqrt{5}-\sqrt{2}} = \dfrac{\sqrt{5}-\sqrt{2}}{5-2} = \dfrac{\sqrt{5}-\sqrt{2}}{3}$

(3) $\dfrac{1}{\sqrt{x}-\sqrt{2}} \cdot \dfrac{\sqrt{x}+\sqrt{2}}{\sqrt{x}+\sqrt{2}} = \dfrac{\sqrt{x}+\sqrt{2}}{x-2}$

(4) $\dfrac{1}{\sqrt{x+1}-\sqrt{x}} \cdot \dfrac{\sqrt{x+1}+\sqrt{x}}{\sqrt{x+1}+\sqrt{x}} = \dfrac{\sqrt{x+1}+\sqrt{x}}{x+1-x} = \sqrt{x+1}+\sqrt{x}$

習題 1-3

1. 將分子或分母有理化並且化簡。

   (1) $\dfrac{3}{\sqrt{10}-\sqrt{5}}$

   (2) $\dfrac{1}{\sqrt{3}-\sqrt{2}}$

   (3) $\dfrac{\sqrt{x}-2}{x-4}$

   (4) $\dfrac{\sqrt{n+1}-1}{n}$

   (5) $\dfrac{2}{5-\sqrt{3}}$

2. 求方程式根：

   (1) $3x^2-2x+1=0$

   (2) $5x^2-3x-1=0$

   (3) $x^2-4x-5=0$

   (4) $2x^2-5x+2=0$

   (5) $x^3-6x^2+11x-6=0$

1-4 函數(function)

　　微積分主要是探討函數變化率、函數值加總之問題，很多問題都是以函數型式出現，其他數學理論也都會用到函數觀念。所謂函數指兩種事物，當一方決定時，另一方也會被決定的對應關係。我們生活的週遭有很多運用函數的例子，例如火車票自動販賣機，只要投入足夠金額、按下目的地按鍵，就能買到想要的車票；這種「按鍵 → 目的地車票」的對應關係就是函數關係。其他如飲料販賣機都是函數運用之例子。

函數定義

設 A、B 為非空集合，若對應 A 集合內每一個元素 x，恰有一個 B 集合內之元素 y 與之對應，記成 $f(x) = y$，此種對應關係，稱為從 A 映至 B 的一個函數。一般表為 $f : A \rightarrow B$。

集合 A 稱為函數 f 之定義域(domain)，集合 B 稱為函數 f 之對應域(codomain)，$f(A)$ 稱為函數 f 之值域(range)，

$f(A) = \{ f(x) \mid x \in A \}$。

$f : A \rightarrow B$　　A：定義域　　B：對應域　　$f(A)$：值域

例題 1

函數 f 由 $f(x) = x^2 - x + 9$ 所定義，求下列各值。

(1) $f(1)$　　　　　　　　　　(2) $f(0)$

(3) $f(1+h)$　　　　　　　　　(4) $f(x+h) - f(x)$

(1) $f(1) = 1^2 - 1 + 9 = 9$

(2) $f(0) = 0 - 0 + 9 = 9$

(3) $f(1+h) = (1+h)^2 - (1+h) + 9$

$\qquad\qquad = 1^2 + 2h + h^2 - 1 - h + 9$

$\qquad\qquad = h^2 + h + 9$

(4) $f(x+h) - f(x) = [(x+h)^2 - (x+h) + 9] - (x^2 - x + 9)$

$\qquad\qquad\qquad = x^2 + 2xh + h^2 - x - h + 9 - x^2 + x - 9$

$\qquad\qquad\qquad = 2xh + h^2 - h$

例題 **2** ──────────────────

下列有哪些為函數：

(1)
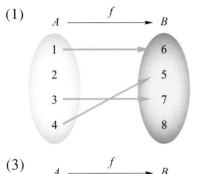

(2)
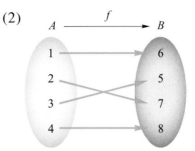

(3)
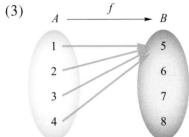

(4)
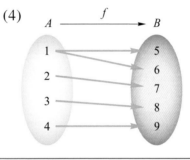

解

(1) 不是函數(A 集合內元素 2 沒有對應到 B 集合內元素)

(2) 是函數(且是 1 對 1 函數)

(3) 是函數(多對 1 函數，$f(x) = 5$)

(4) 不是函數(A 集合內元素 1 對應到 B 集合內兩個元素)

註：函數判斷 $f: A \to B$

　　(1) 一對一是函數

　　(2) 多對一是函數

　　(3) 一對多不是函數

例題 **3**

求下列各函數之定義域。

(1) $f(x) = 7$ (2) $f(x) = \dfrac{1}{x-5}$

(3) $f(x) = \dfrac{3x+7}{x^2-1}$ (4) $f(x) = \sqrt{x}$

解

(1) 函數 f 之定義域為所有實數之集合，即 $\mathbb{R}$。

(2) $x = 5$，$f(5) = \dfrac{1}{0}$，無意義

∴函數 f 之定義域為 $x \neq 5$，即 $\mathbb{R} - \{5\}$

(3) 因為分母不能為 0，

∴函數 f 之定義域為 $\mathbb{R} - \{1, -1\}$

(4) 因 $\sqrt{x}$ 必須大於等於 0，

∴函數 f 之定義域為 $x \geq 0$，即 $[0, \infty)$

重要函數

(1) 線性函數：$f(x) = ax + b$，其函數圖形為一直線。

(2) 多項式函數：$f(x) = a_n x^n + a_{n-1} x^{n-1} + \cdots + a_1 x + a_0$

其中 $a_n, a_{n-1}, \cdots, a_1, a_0 \in \mathbb{R}$

(3) 有理函數：$f(x) = \dfrac{Q(x)}{P(x)}$，其中 $P(x)$、$Q(x)$ 為多項式函數。

(4) 絕對值函數：$f(x) = |x|$

(5) 高斯函數：$f(x) = [x]$，其中 $[x]$ 表示小於等於 x 之最大整數，

例如：$[2.3] = 2$，$[5] = 5$，$[2.3 \times 3] = 6$ 等。

(6) 分段定義函數：依定義域之限定範圍，對應到不同之關係。

例如：$f(x) = \begin{cases} 7 & , 0 < x < 5 \\ [x] & , 5 \leq x \leq 8 \\ 2x+3 & , x > 8 \end{cases}$

合成函數

設 f 與 g 為兩個函數，則 f 與 g 之合成函數，以 $f{\circ}g$ 表示
（「$f{\circ}g$」讀作「f circle g」），$f{\circ}g$ 定義為 $f{\circ}g(x)=f(g(x))$
$f{\circ}g$ 定義域為函數 g 定義域內所有 x 之集合，使得 $g(x)$ 在 f 之
定義域內。

例題 ❹

設 $f(x)=x^2+1$，$g(x)=2x+3$，$h(x)=-x-2$，求

(1) $f{\circ}g$　　　　　　　　(2) $g{\circ}f$

(3) $f(g(h(1)))$　　　　　　(4) $g{\circ}h$

解

(1) $f{\circ}g(x)=f(g(x))=f(2x+3)$
$$=(2x+3)^2+1$$
$$=4x^2+12x+10$$

(2) $g{\circ}f(x)=g(f(x))$
$$=g(x^2+1)$$
$$=2(x^2+1)+3$$
$$=2x^2+5$$

(3) $f(g(h(1)))=f(g(-3))=f(-3)=10$

(4) $g{\circ}h(x)=g(h(x))=2(-x-2)+3=-2x-1$。

由上面例子，觀察到 $f{\circ}g \neq g{\circ}f$

反函數

若兩函數 f 與 g 滿足：

對於 g 的定義域中每一 x，恆有 $f(g(x))=x$，且對於 f 的定義域
中每一 x，恆有 $g(f(x))=x$，則稱 f 為 g 之反函數，g 為 f 之反
函數，f 與 g 互為反函數。

※(1) f 之反函數，一般以 f^{-1} 表示。

(2) f 和 f^{-1} 之函數圖形對稱於 $y=x$ 直線。

(3) f 和 f^{-1} 之關係，恆有 $f(f^{-1}(x))=x$，$f^{-1}(f(x))=x$

經濟學上常用到之重要函數：

1. 成本函數(cost function)：$C(x)$

2. 收入函數(revenue function)：$R(x)$

3. 利潤函數(profit function)：$P(x)$

4. 平均成本函數(average cost function)：$\overline{C}(x)$

$$\overline{C}(x) = \frac{C(x)}{x}$$

5. 需求函數(demand function)：$D(x)$

6. 供給函數(supply function)：$S(x)$

※(1) $P(x) = R(x) - C(x)$　　　　(利潤＝收入－成本)

(2) $P(x) > 0$，獲利

(3) $P(x) < 0$，虧損

(4) $P(x) = 0$，損益平衡

(5) 市場均衡點：$D(x) = S(x)$，(X_0, P_0) 為供給曲線和需求曲線之交點。

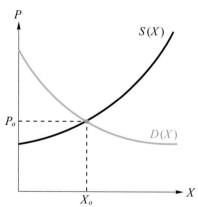

市場在供給曲線與需求曲線相交於 (X_0, P_0) 達到平衡

設 $f(x) = 5x + 3$，求反函數 f^{-1}。

利用 $f(f^{-1}(x)) = x$ 性質，

$f(f^{-1}(x)) = 5 \cdot f^{-1}(x) + 3 = x$

$\Rightarrow 5 \cdot f^{-1}(x) + 3 = x$

$\Rightarrow f^{-1}(x) = \dfrac{x-3}{5}$

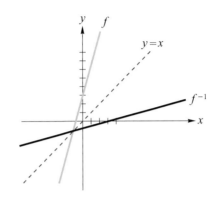

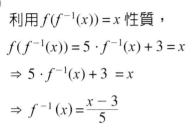 下面是某公司「太陽眼鏡」之成本函數及收入函數的損益圖，

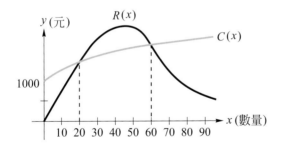

請回答下列各問題：

(1) 固定成本是多少元？

(2) x 等於多少時，損益平衡？

(3) 生產數量 x 多少範圍內，會獲利？

(4) 依損益圖，此商業活動是獲利，虧損或損益平衡？

(1) 固定成本：都沒有生產或銷售所付之成本

　　$C(0) = 1000(元)$

(2) 損益平衡：成本 $C(x) =$ 收入 $R(x)$，即 $C(x)$ 和 $R(x)$ 之交點，

　　故 $x = 20$ 或 60

(3) $R(x) > C(x)$獲利，得 $20 < x < 60$，$x \in (20, 60)$獲利

(4) 依圖，虧損面積大於獲利面積，得此商業活動是虧損的。

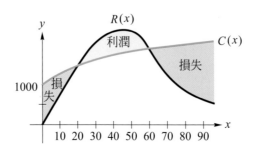

例題 ⑦

供給－需求－市場均衡點

H&M 運動公司生產之帽 T，每週需求和供應函數分別為：

$D(x) = -0.1x^2 - x + 40$

$S(x) = 0.1x^2 + 2x + 20$，

其中 x 以百套計。試求

(1) 平衡數量 　　　　　　(2) 平衡價格

(3) 市場均衡點

解

市場均衡點：$D(x) = S(x)$，即

$-0.1x^2 - x + 40 = 0.1x^2 + 2x + 20$

$\Rightarrow 0.2x^2 + 3x - 20 = 0$

$\Rightarrow 2x^2 + 30x - 200 = 0$

$\Rightarrow x^2 + 15x - 100 = 0$

$\therefore x = 5, -20$(不合)

市場均衡點＝交點座標＝$(5, D(5)) = (5, 32.5)$

$\therefore$(1)平衡數量：5

(2)平衡價格：32.5

(3)市場均衡點：$(5, 32.5)$

習題 1-4

1. 求 $f \circ g$ 及 $g \circ f$ 合成函數

   (1) $f(x) = 2x + 3$，$g(x) = 5x - 2$

   (2) $f(x) = x^2 + 1$，$g(x) = 1 - x$

   (3) $f(x) = \sqrt{x}$，$g(x) = x^2 + 1$

2. 求各函數之定義域：

   (1) $f(x) = 7x + 2$　　　　　　　(2) $f(x) = \sqrt{x - 5}$

   (3) $f(x) = \dfrac{3x + 6}{x^2 - 9}$　　　　　　(4) $f(x) = \sqrt{x^2 + 1}$

   (5) $f(x) = \dfrac{1}{x^2 + 2}$　　　　　　(6) $f(x) = \dfrac{1}{x + 3}$

3. 設 $f(x)$ 如下定義：

   $$f(x) = \begin{cases} 5x - 3 & , x < 1 \\ 3x - 2 & , 1 \le x < 3 \\ -2x + 3 & , 3 \le x \end{cases}$$

   求：

   (1) $f(0)$　(2) $f(1)$　(3) $f(2)$　(4) $f(3)$

4. 設 $f(x) = [x]$ 為高斯函數。求：

   (1) $f(1.4)$　(2) $f(0.2)$　(3) $f(1.2 \cdot 4)$　(4) $f(-2.1)$

5. 設 $f(x) = -2x + 3$，$g(x) = 5x + 2$

   求反函數 $f^{-1}(x)$，$g^{-1}(x)$

6. 若生產 x 個暖暖包之成本(以元計算)$C(x) = 100 + 32x$，

   總收入 $R(x) = 40x + \dfrac{1000}{x}$。求：

   (1) 生產暖暖包之固定成本

   (2) 生產 100 個暖暖包之總成本

   (3) 生產 100 個暖暖包之總收入

   (4) 生產 100 個暖暖包之總利潤

1-5 函數圖形(graph of function)

　　如果能把函數的圖形畫出來，可以對函數變化、函數的趨勢更了解。一般在畫函數圖形時，我們大都採用描點畫圖法，選幾個代表性的點，將$(x, f(x))$描在 $X - Y$ 平面上，當描的點愈多愈密，圖形就會愈準確。但是，當函數圖形很複雜時，這些代表點不容易求，是可以運用微分的技巧來幫忙畫函數圖形，這部分內容將於第四章才會介紹。本節將介紹利用對稱、平移基本函數圖形等觀念來輔助畫圖。

> **函數的圖形**
> 設一函數$f(x)$，其定義域為A，則在平面坐標上，由所有有序數對$(x, f(x))$所成之集合，其中$x \in A$，稱為函數$f(x)$之圖形，亦即函數$f(x)$之圖形 $= \{(x, f(x)) \mid x \in A\}$

　　下面是基本函數圖形：

1. 線性函數

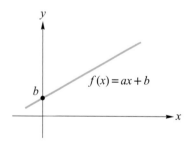

2. 二次函數

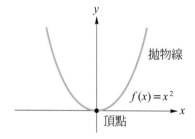

3. 三次函數

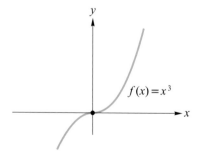

4. 絕對值函數

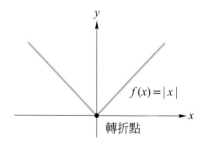

5. 高斯函數

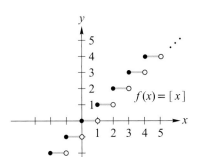

6. 根號函數

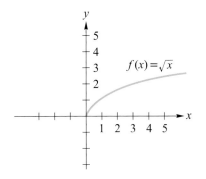

7. 倒數函數

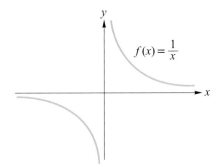

例題 1 ────────────────────────

畫出下列分段函數之圖形。

$$f(x) = \begin{cases} 7 & , x \geq 3 \\ x^2 & , -3 < x < 3 \\ x+7 & , x \leq -3 \end{cases}$$

解

x	3	4	5	⋯
$f(x)$	7	7	7	⋯

x	−3	−2	−1	0	1	2	3
$f(x)$	9	4	1	0	1	4	9

x	−5	−4	−3	⋯
$f(x)$	2	3	4	⋯

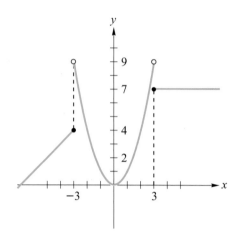

例題 **2**

畫出 $f(x)$ 之圖形。

$$f(x) = \begin{cases} x^2 & , x \geq 0 \\ -x+3 & , x < 0 \end{cases}$$

解

x	0	1	2	3
$f(x)$	0	1	4	9

x	-2	-1	0
$f(x)$	5	4	3

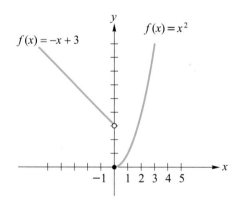

例題 **3**

畫出下列絕對值函數圖形。

(1) $f(x) = |x|$　　　　　(2) $f(x) = |x-2|$

(3) $f(x) = |x+1|$　　　　(4) $f(x) = -|x-3|$

解

(1) $f(x) = |x|$

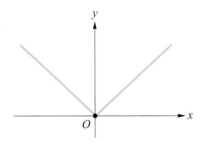

(2) $f(x) = |x-2|$

因為 $x = 2$ 時，$f(2) = 0$(利用平移概念)

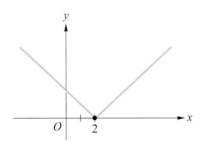

(3) $f(x) = |x+1|$

因為 $x = -1$ 時，$f(-1) = 0$

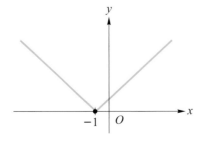

(4) $f(x) = -|x-3|$

因為 $x = 3$ 時，$f(3) = 0$，

$f(x)$有一個負號，表示函數圖形鏡射

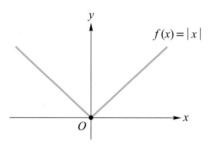

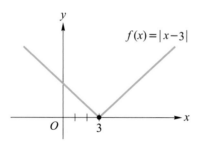

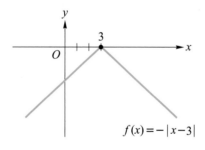

例題 4

畫出下列函數圖形。

(1) $f(x) = x^2$　　　　　　　(2) $f(x) = (x-1)^2$

(3) $f(x) = -(x+3)^2$　　　　(4) $f(x) = (x-1)^2 + 5$

(5) $f(x) = x^2 - 2x + 5$

解

(1) $f(x) = x^2$，為一拋物線，頂點：$(0, 0)$，開口向上

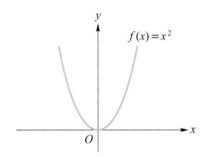

(2) $f(x) = (x-1)^2$，當 $x = 1$ 時，$f(1) = 0$，

頂點：$(1, 0)$，開口向上

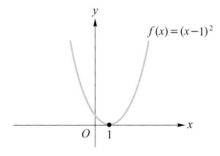

(3) $f(x) = -(x+3)^2$，當 $x = -3$ 時，$f(-3) = 0$，

頂點：$(-3, 0)$，開口向下

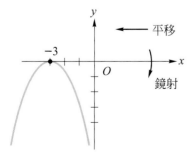

(4) $f(x) = (x-1)^2 + 5$，當 $x = 1$ 時，$f(1) = 5$，

頂點：$(1, 5)$，開口向上

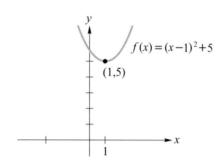

(5) $f(x) = x^2 - 2x + 5 = x^2 - 2x + 1 + 4 = (x-1)^2 + 4$

頂點：$(1, 4)$，開口向上

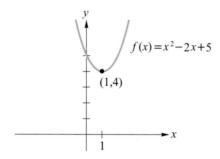

例題 5

畫函數圖形 $f(x) = |x^2 - 2x - 3|$

$x^2 - 2x - 3 = (x-1)^2 - 4$

$\therefore f(x) = |(x-1)^2 - 4|$

令 $g(x) = (x-1)^2 - 4$，頂點：$(1, -4)$，開口向上，拋物線

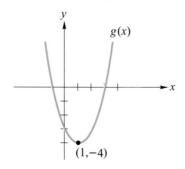
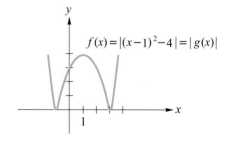

這些函數平移、對稱、鏡射之技巧，可以讓我們輕鬆畫出函數圖形。但是，有些複雜圖形還是有賴微分技巧，幫我們找出特別關鍵點，例如相對高點、相對低點、函數漸近線等，才能畫出精確函數圖形。

接著，介紹利用 EXCEL 畫圖功能，來畫下列函數圖形，可以模擬作實驗，以增進學習興趣。

例題 6 ——————————————————

利用 EXCEL 畫下列圖形。

(1) $f(x) = x^3 - 3x^2 + 1$

(2) $f(x) = \dfrac{12}{x^2 + 3}$

(3) $f(x) = \dfrac{2x^2}{x^2 + 1}$

解

(1) $f(x) = x^3 - 3x^2 + 1$ 之 EXCEL

儲存格公式：A2^3-3*A2^2 + 1

操作步驟：EXCEL →插入→散布圖

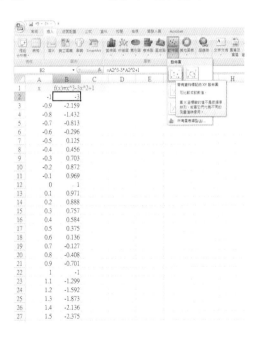

$$f(x) = x^3 - 3x^2 + 1$$

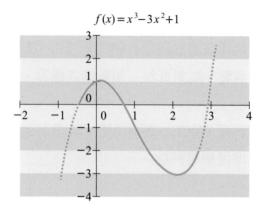

(2) $f(x) = \dfrac{12}{x^2+3}$ 之操作畫面、儲存格公式、函數圖形如下：

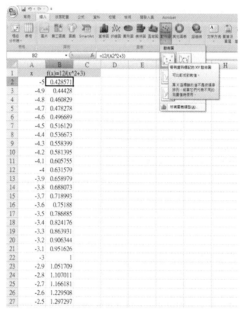

$$f(x) = \dfrac{12}{x^2+3}$$

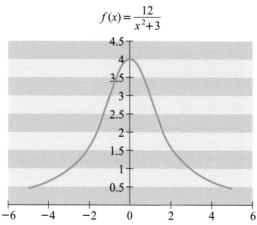

(3) $f(x) = \dfrac{2x^2}{x^2+1}$，之操作畫面、儲存格公式、函數圖形如下：

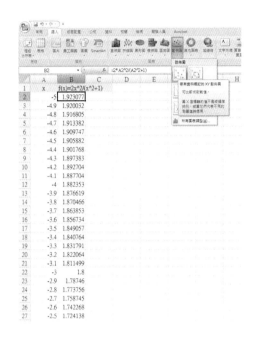

$$f(x) = \frac{2x^2}{x^2+1}$$

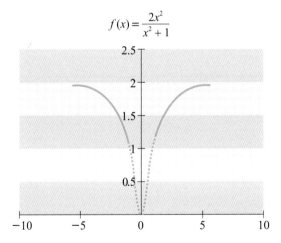

　　讀者可以照著畫面操作，利用 EXCEL 軟體的圖表精靈、XY 散布圖畫出令人驚豔的函數圖形，可以嘗試修改參數，作平移、鏡射之實驗探索，作為輔助的學習工具。

　　由例 6(1)，可看出此圖有一相對高點和相對低點；由例 6(2)，看出很像「富士山」的圖；例 6(3) 更可看出一條 $y = 2$ 之水平漸近線，這些內容將在「微分」單元詳細介紹。

數 學 知 識 加 油 站

數獨遊戲

　　你玩過數獨嗎？你喜歡數獨嗎？起源於日本的數獨遊戲已風靡全球，並衍生出相當多另類玩法，不要以為數學好才可以玩數獨，趕快來抓獨，享受解題之樂趣。這種抓獨活動，可提升腦內嗎啡，是很好的腦力休閒活動和邏輯推理訓練，與寫程式、軟體設計、演算法分析有異曲同工之效。希望讀者早日成為數獨專家，並能開發出數獨專家系統。

普通級

	9			8				2
	2				1			9
							6	5
	1			7			3	
4	3			1		2	5	7
	8			3	5		4	
5	6							
9			3				1	
3		1		6			2	

進階級

1	6	8			7			
		4					5	7
5			6		2	8		
	4				9	1		5
	5	9				2		
3			4				8	9
	3	1	9		6			
7	8					9		
					1	3	6	4

習題 1-5

1. 畫出下列函數圖形：

   (1) $f(x) = -x^2 + 2$　　　　　　　(2) $f(x) = -(x-2)^2 + 3$

   (3) $f(x) = -x^2 - 6x + 5$　　　　　(4) $f(x) = x^2 - 4x + 7$

   (5) $f(x) = |x^2 - 4x - 7|$　　　　　(6) $f(x) = |x - 2| + 3$

   (7) $f(x) = -|x + 1| - 3$　　　　　(8) $f(x) = \sqrt{x - 2}$

   (9) $f(x) = -\sqrt{x}$　　　　　　　(10) $f(x) = [2x]$

2. 利用 EXCEL 模擬畫出下列函數的圖形。

   (1) $f(x) = x^3 - 6x + 1$　　　　　　(2) $f(x) = \dfrac{20}{x^2 + 4}$

   (3) $f(x) = \sqrt{x^2 + 5}$　　　　　　(4) $f(x) = 3x^4 + 4x^3 - 36x^2 + 19$

3. 函數 $f(x)$(如下圖)敘述某一天交易時間(9-12A.M.)內，股票加權指數震盪情形。

   回答下列各問題：

   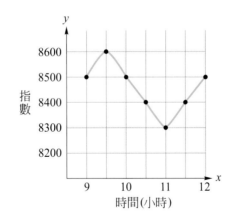

   (1) 開盤之股票指數？

   (2) 加權指數最高點之時間？

   (3) 加權指數最低點之時間？

   (4) 漲或跌的量為多少？

第 2 章

函數的極限

數學家故事

萊布尼茲 (Leibniz, Gottfried Wilhelm, 1646-1716)

Leibniz(1646-1716)生於德國 萊比錫(Leipzig)，卒於漢諾威(Hanover)。他的性情外向，多才多藝橫跨多個領域，對哲學、法律、歷史、邏輯、力學、光學、政治、數學都有貢獻。萊布尼茲是橫跨多領域的全才，曾是活躍外交官，也研究符號邏輯，是歐陸理性論三哲人之一(另兩人是 Descarte 和 Spinoza)。參與政治之餘，又能從事數學研究工作，先後建立德國科學院，柏林科學院等。

最重要的數學貢獻是發明微積分(和牛頓分別獨立發明微積分，時間相近。)現在微積分課本上所用的符號都是 Leibniz 發明的符號，例如：積分符號 $\int f(x)dx$，dx 表微分，$\frac{dz}{dx} = \frac{dz}{dy}\frac{dy}{dx}$ 表鍊鎖法則，微分公式 $(x^n)' = nx^{n-1}$ 等。他們雖然先後發現微積分的理論使微積分成為新的方法，但他們研究的工作也有些差別：

牛頓從物理速度觀點研究 $\lim_{\Delta x \to 0} \frac{\Delta y}{\Delta x}$ 之觀念，萊布尼茲由 "差分" 觀點去研究 dx。萊布尼茲研究微分是想了解曲線之切線，牛頓研究微分則是應用物理問題解決。後來引發英國和歐陸近百年之爭執和隔閡，爭論著「到底誰先發明微積分？」直到今日，一般數學史都已相信微積分是他們兩人獨立發明之結果。

GGB應用範例

2-1 函數的極限

微積分主要分為微分和積分,而微分和積分是建構在極限的概念上。所以需先認識極限(limit)之概念。在日常生活中常見到「極限」一詞,例如法拉利跑車速度之極限、彈簧拉長之極限、個人忍耐極限等,此極限代表著趨近的界限。

微分便是探討函數變化率之問題。函數極限直觀定義如下:

函數的極限: $\lim\limits_{x \to a} f(x) = L$

上面式子表示,當 x 趨近 a 時,其所對應之函數值,存在一個數 L,使得 $f(x)$ 亦趨近於 L,則稱 $f(x)$ 在 $x = a$ 之極限值為 L 以符號 $\lim\limits_{x \to a} f(x) = L$ 表示。

接下來則透過求下面幾個函數極限之例子,以增進對函數極限之了解。

 1

求 $\lim\limits_{x \to 2} f(x)$。

(1) $f(x) = x + 2$ (2) $f(x) = x^2 + 2x - 3$

(1) 求 $\lim\limits_{x \to 2}(x + 2)$ 極限值

當 $x \to 2$ 時,以函數極限之定義求其極限值,函數值對應表如下:

x	$f(x) = (x+2)$	x	$f(x) = (x+2)$
1.9	3.9	2.1	4.1
1.99	3.99	2.01	4.01
1.999	3.999	2.001	4.001
1.9999	3.9999	2.0001	4.0001
↓	↓	↓	↓
2	極限值	2	極限值

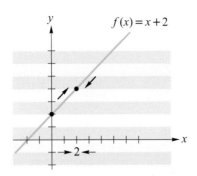

由表格之對應值，發現不管從 x 之左邊或 x 之右邊，當 x 接近 2 時，其所對應之函數值 $f(x)$ 就接近 4，所以其極限值是 4，即 $\lim\limits_{x \to 2}(x+2)=4$。

(2) 求 $\lim\limits_{x \to 2}(x^2+2x-3)$ 之極限值

用函數極限之定義求其極限值，其對應表如下：

x	$f(x)$
1.9	4.41
1.99	4.94
1.999	4.994
1.9999	4.9994
↓	↓
2	

x	$f(x)$
2.1	5.61
2.01	5.0601
2.001	5.006001
2.0001	5.00060001
↓	↓
2	

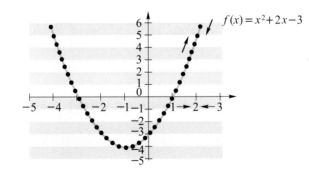

由表格之對應值可發現，當 $x \to 2$ 時，其極限值為 5，即

$\lim\limits_{x \to 2}(x^2+2x-3)=5$。

由例題 1 可發現，當 $x \to a$ 時，$f(x)$ 之極限值為 $f(a)$，以下為極限之基本性質：

(1) $\lim\limits_{x \to a} x = a$　(2) $\lim\limits_{x \to a} x^2 = a^2$　(3) $\lim\limits_{x \to a} x^n = a^n$　(4) $\lim\limits_{x \to a} b = b$。

極限之運算

若$f(x)$，$g(x)$在$x=a$之極限存在，且$\lim\limits_{x \to a} f(x)=L$，$\lim\limits_{x \to a} g(x)=M$，則

(1) $\lim\limits_{x \to a} k=k$，$k$為常數

(2) $\lim\limits_{x \to a} [kf(x)]=k \lim\limits_{x \to a} f(x)=k \cdot L$，$k$為常數

(3) $\lim\limits_{x \to a} [f(x)+g(x)]=\lim\limits_{x \to a} f(x)+\lim\limits_{x \to a} g(x)=L+M$

(4) $\lim\limits_{x \to a} [f(x)-g(x)]=\lim\limits_{x \to a} f(x)-\lim\limits_{x \to a} g(x)=L-M$

(5) $\lim\limits_{x \to a} [f(x) \cdot g(x)]=[\lim\limits_{x \to a} f(x)] \cdot [\lim\limits_{x \to a} g(x)]=L \cdot M$

(6) 若$L \neq 0$，則$\lim\limits_{x \to a} [\dfrac{g(x)}{f(x)}]=\dfrac{\lim\limits_{x \to a} g(x)}{\lim\limits_{x \to a} f(x)}=\dfrac{M}{L}$

求函數極限之方法：$\lim\limits_{x \to a} f(x)$

(1) 若$f(x)$為一多項式函數，則$\lim\limits_{x \to a} f(x)=f(a)$。

(2) 若$f(x)=\dfrac{k(x)}{h(x)}$為一有理函數，其中$k(x)$，$h(x)$均為多項式函數，求$\lim\limits_{x \to a} f(x)$極限，依下列情形求其極限值：

① 若$\lim\limits_{x \to a} h(x)=b \neq 0$且$\lim\limits_{x \to a} k(x)=0$，則稱$\dfrac{0}{b}$型極限，

$\lim\limits_{x \to a} f(x)=0$。

② 若$\lim\limits_{x \to a} h(x)=0$且$\lim\limits_{x \to a} k(x)=b \neq 0$，則稱$\dfrac{b}{0}$型極限，

$\lim\limits_{x \to a} f(x)$不存在。

③ 若$\lim\limits_{x \to a} h(x)=0$且$\lim\limits_{x \to a} k(x)=0$，則稱$\dfrac{0}{0}$型極限，用因式分解化簡求解，或用根號有理化化簡及通分方法求解。

2

求下列極限。

(1) $\lim_{x \to 2} (x^2 + 2x + 7)$　(2) $\lim_{x \to 2} \dfrac{x - 2}{x + 3}$　(3) $\lim_{x \to 3} \sqrt{x + 6}$ 。

解

(1) $\lim_{x \to 2} (x^2 + 2x + 7) = \lim_{x \to 2} x^2 + \lim_{x \to 2} 2x + \lim_{x \to 2} 7$

$\qquad\qquad\qquad\qquad = \lim_{x \to 2} x^2 + 2\lim_{x \to 2} x + \lim_{x \to 2} 7$

$\qquad\qquad\qquad\qquad = 2^2 + 2 \cdot 2 + 7$

$\qquad\qquad\qquad\qquad = 15$ 。

(2) $\lim_{x \to 2} \dfrac{x - 2}{x + 3} = \dfrac{\lim\limits_{x \to 2} (x - 2)}{\lim\limits_{x \to 2} (x + 3)} = \dfrac{0}{5} = 0$ 。

(3) $\lim_{x \to 3} \sqrt{x + 6} = \sqrt{9} = 3$ 。

 3

求下列極限。　〔$\dfrac{0}{0}$ 型〕

(1) $\lim_{x \to 1} \dfrac{x^2 - 1}{x - 1}$

(2) $\lim_{x \to 1} \dfrac{x^3 - 1}{x - 1}$

(3) $\lim_{x \to 1} \dfrac{x^2 + 2x - 3}{x - 1}$

> ⭐➕ 強化學習
>
> 求 $\dfrac{0}{0}$ 型式之極限值，用因式分解化簡求解
> $x^2 - 1 = (x + 1)(x - 1)$
> $x^3 - 1 = (x - 1)(x^2 + x + 1)$

解

(1) $x = 1$ 代入分母、分子皆為零，這時要將它們因式分解，消去公因式，再用極限之性質求極限值。

$\lim_{x \to 1} \dfrac{x^2 - 1}{x - 1} = \lim_{x \to 1} \dfrac{(x - 1)(x + 1)}{x - 1} = \lim_{x \to 1} (x + 1) = 2$

(2) $x = 1$ 代入分母、分子皆為零，先用因式分解化簡，再求極限值。

$\lim_{x \to 1} \dfrac{x^3 - 1}{x - 1} = \lim_{x \to 1} \dfrac{(x - 1)(x^2 + x + 1)}{x - 1} = \lim_{x \to 1} (x^2 + x + 1) = 3$

(3) $x = 1$ 代入分母、分子皆為零，先用因式分解化簡，再求極限值。

$$\lim_{x \to 1} \frac{x^2 + 2x - 3}{x - 1} = \lim_{x \to 1} \frac{(x-1)(x+3)}{x-1} = \lim_{x \to 1} (x+3) = 4$$

 強化學習

$\frac{0}{0}$ 型式求極限值，用根號有理化化簡求解，$\sqrt{x} - 2$ 之有理化因子為 $\sqrt{x} + 2$

 例題 **4**

求 $\displaystyle \lim_{x \to 4} \frac{x - 4}{\sqrt{x} - 2}$ 之極限。〔有理化化簡型〕

 解

$x = 4$ 代入分母、分子皆為零，題目有 $\sqrt{x} - 2$，將分母有理化化簡，分母、分子同乘以 $\sqrt{x} + 2$ 化簡，消去使分母等於 0 之因式，再求極限值。

$$\begin{aligned}
\lim_{x \to 4} \frac{x - 4}{\sqrt{x} - 2} &= \lim_{x \to 4} \frac{x - 4}{\sqrt{x} - 2} \cdot \frac{\sqrt{x} + 2}{\sqrt{x} + 2} \\
&= \lim_{x \to 4} \frac{(x-4)(\sqrt{x} + 2)}{x - 4} \\
&= \lim_{x \to 4} (\sqrt{x} + 2) = 4
\end{aligned}$$

 例題 **5**

求 $\displaystyle \lim_{x \to 0} \frac{\sqrt{x+4} - 2}{x}$ 之極限。 〔有理化化簡型〕

 解

$x = 0$ 代入分母、分子皆為零，將分子有理化化簡，分母、分子同乘以有理化因子 $\sqrt{x+4} + 2$。

$$\begin{aligned}
\lim_{x \to 0} \frac{\sqrt{x+4} - 2}{x} &= \lim_{x \to 0} \left(\frac{\sqrt{x+4} - 2}{x}\right)\left(\frac{\sqrt{x+4} + 2}{\sqrt{x+4} + 2}\right) \\
&= \lim_{x \to 0} \frac{(\sqrt{x+4} - 2)(\sqrt{x+4} + 2)}{x \cdot (\sqrt{x+4} + 2)} \\
&= \lim_{x \to 0} \frac{x + 4 - 4}{x(\sqrt{x+4} + 2)} = \lim_{x \to 0} \frac{x}{x(\sqrt{x+4} + 2)} \\
&= \lim_{x \to 0} \frac{1}{\sqrt{x+4} + 2} = \frac{1}{4}
\end{aligned}$$

6

求 $\lim\limits_{x\to 3}\dfrac{\dfrac{1}{x}-\dfrac{1}{3}}{x-3}$ 之極限。

解

$x = 3$ 代入分母、分子皆等於 0，利用通分化簡求解

$$\lim_{x\to 3}\frac{\dfrac{1}{x}-\dfrac{1}{3}}{x-3}=\lim_{x\to 3}\frac{\dfrac{3-x}{3x}}{x-3}=\lim_{x\to 3}\frac{3-x}{3x(x-3)}$$

$$=\frac{-1}{9}$$

定理 2-1

函數極限值存在唯一性(Unique)

若 $f(x)$ 在 $x = a$ 之極限值存在，則此極限值為唯一。

但若函數值無法趨近一個極限值，則稱此函數極限不存在。

以下列舉函數極限不存在之例子。

 7

求下列極限。　〔極限不存在型〕

(1) $\lim\limits_{x\to 2}\dfrac{5}{x-2}$　(2) $\lim\limits_{x\to 3}\sqrt{x-5}$　(3) $\lim\limits_{x\to 1}\dfrac{x^2+2}{x-1}$

解

(1) $x = 2$ 代入，分母等於 0，分子不等於 0

$$\frac{5}{x-2}=\frac{5}{0}\Rightarrow \lim_{x\to 2}\frac{5}{x-2} \text{ 不存在}$$

由函數極限之定義，求其函數之逼近值之對應表如下：

x	$f(x)=\dfrac{5}{x-2}$
2.1	50
2.01	500
2.001	5000
2.0001	50000
$\downarrow$	$\downarrow$
2	?

由對應表發現，當 x 從 2 點多接近 2 時，其函數值越來越大，不會趨近某個定值，所以其極限值不存在。

(2) $x = 3$ 代入，$\sqrt{3-5} = \sqrt{-2}$ 不存在

因為根號函數其定義域必須大於等於 0，

$\therefore \sqrt{-2}$ 不存在 $\Rightarrow \lim\limits_{x \to 3}\sqrt{x-5}$ 不存在

(3) $x = 1$ 代入，分母等於 0，分子不等於 0

$\dfrac{x^2+2}{x-1} = \dfrac{3}{0} \Rightarrow \lim\limits_{x \to 1}\dfrac{x^2+2}{x-1}$ 不存在

例題 8

令 $f(x) = \begin{cases} x+1 & , x \neq 1 \\ 2 & , x = 1 \end{cases}$，求 $\lim\limits_{x \to 1} f(x)$ 之極限值。

解

當 $x \to 1$，求 $f(x)$ 之極限值，

即 $\lim\limits_{x \to 1} f(x) = \lim\limits_{x \to 1}(x+1) = 2$

隨堂練習：求極限

1. $\lim\limits_{x \to 2} (x^3 - 2x + 1)$

2. $\lim\limits_{x \to 4} 5$

3. $\lim\limits_{x \to 0} \sqrt{5x+9}$

4. $\lim\limits_{x \to -1} \dfrac{x^2+3x+2}{x+1}$

5. $\lim\limits_{x \to 2} \dfrac{x-2}{x^2-4}$

6. $\lim\limits_{x \to 4} \dfrac{\sqrt{x}-2}{x-4}$

習題 2-1

1. 試完成下列表格，並利用結果來估算極限值：

(1) $\lim_{x \to 1} (2x + 1)$

x	0.9	0.99	0.999	1	1.001	1.01	1.1
$f(x)$							

(2) $\lim_{x \to 1} \dfrac{x^2 - 1}{x - 1}$

x	0.9	0.99	0.999	1	1.001	1.01	1.1
$f(x)$							

2. 函數 $f(x)$ 如下圖所示，試求下列各極限：

(1)
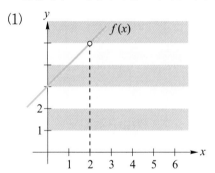

① $\lim_{x \to 0} f(x)$

② $\lim_{x \to 2} f(x)$

(2)
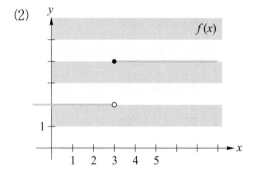

① $\lim_{x \to 2} f(x)$

② $\lim_{x \to 3} f(x)$

(3)
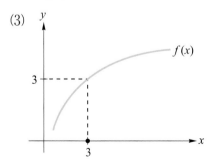

① $\lim_{x \to 3} f(x)$

(4)
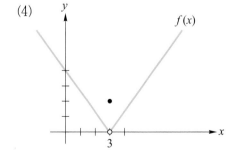

① $\lim_{x \to 3} f(x)$

3. 求下列各極限：

(1) $\displaystyle\lim_{x\to 1}\pi^2$

(2) $\displaystyle\lim_{x\to -2}(2x+7)$

(3) $\displaystyle\lim_{x\to 2}(2x^2-3x+2)$

(4) $\displaystyle\lim_{x\to 2}\frac{x^2-4}{x-2}$

(5) $\displaystyle\lim_{x\to 2}\frac{x^2-9}{x-3}$

(6) $\displaystyle\lim_{x\to 3}\frac{5x-1}{x-2}$

(7) $\displaystyle\lim_{x\to -1}\frac{x-1}{x^2+1}$

(8) $\displaystyle\lim_{x\to 4}\frac{x-1}{x^2-1}$

(9) $\displaystyle\lim_{x\to 0}\frac{\sqrt{x+4}-2}{x}$

(10) $\displaystyle\lim_{x\to 4}\frac{x-4}{\sqrt{x}-2}$

(11) $\displaystyle\lim_{x\to 1}\frac{x^2-3x+2}{x^2-1}$

(12) $\displaystyle\lim_{x\to 2}\frac{x^3-8}{x-2}$

(13) $\displaystyle\lim_{x\to 1}\frac{\sqrt{x}-1}{x+1}$

(14) $\displaystyle\lim_{h\to 0}\frac{(2+h)^2-4}{h}$

(15) $\displaystyle\lim_{\Delta x\to 0}\frac{(x+\Delta x)^2-x^2}{\Delta x}$

(16) $\displaystyle\lim_{x\to 1}\frac{x^2-5x+6}{x^2-4x+4}$

(17) $\displaystyle\lim_{x\to 2}\frac{x^2-5x+6}{x^2-4x+4}$

(18) $\displaystyle\lim_{x\to 1}\sqrt{x^2-3x}+4$

(19) $\displaystyle\lim_{x\to 1}\frac{2x^2-x-3}{x^2+2x-1}$

(20) $\displaystyle\lim_{x\to -2}(x^2-2)(x+1)^3$

4. 已知 $\displaystyle\lim_{x\to 2}f(x)=3$ 且 $\displaystyle\lim_{x\to 2}g(x)=4$，求下列各極限。

(1) $\displaystyle\lim_{x\to 2}[2f(x)+g(x)]$

(2) $\displaystyle\lim_{x\to 2}[f(x)\cdot g(x)]$

(3) $\displaystyle\lim_{x\to 2}\sqrt{g(x)-f(x)}$

(4) $\displaystyle\lim_{x\to 2}[5+g(x)]$

5. 判斷下列敘述是否正確，若是錯誤，請舉例說明。

(1) 若 $\displaystyle\lim_{x\to a}f(x)=3$，$\displaystyle\lim_{x\to a}g(x)=0$，則 $\displaystyle\lim_{x\to a}\frac{g(x)}{f(x)}=0$

(2) 若 $\displaystyle\lim_{x\to a}f(x)=5$，$\displaystyle\lim_{x\to a}g(x)=0$，則 $\displaystyle\lim_{x\to a}\frac{f(x)}{g(x)}=5$

(3) 若 $\displaystyle\lim_{x\to a}f(x)=0$，$\displaystyle\lim_{x\to a}g(x)=0$，則 $\displaystyle\lim_{x\to a}\frac{f(x)}{g(x)}$不存在

2-2　單邊極限

　　許多商業及其他應用函數不像多項式函數，圖形為連續曲線。
例如手機通話費率計算和宅急便費率計算等，都是分段計算，其圖
例顯示如下：

1.
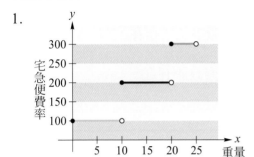

2.
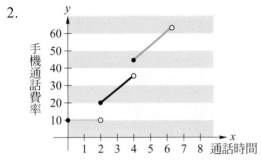

　　上述例子牽涉到單邊極限的觀念，其定義如下：

$$\text{單邊極限}\begin{cases} \text{左極限：}\displaystyle\lim_{x\to a^-} f(x)=L \\ \text{右極限：}\displaystyle\lim_{x\to a^+} f(x)=L \end{cases}$$

左極限定義：$\displaystyle\lim_{x\to a^-} f(x)=L$

當 x 從 a 的左邊趨近 a 時，其所對應之函數值 $f(x)$，存在一個
數 L，使得 $f(x)$ 亦趨近於 L，稱 $f(x)$ 在 $x=a$ 之左極限為 L，以
符號 $\displaystyle\lim_{x\to a^-} f(x)=L$ 表示。

　　$\displaystyle\lim_{x\to a^+} f(x)=L$ 稱為右極限，其定義和左極限相同，$x\to a^+$ 表示 x
從 a 之右邊趨近於 a，$f(x)$ 之極限為 L。

極限存在性和左極限、右極限之關係如下：

定理 2-2

$$\lim_{x \to a} f(x) = L \iff \lim_{x \to a^+} f(x) = L = \lim_{x \to a^-} f(x)$$

上述定理表示當函數極限存在時，其右極限等於左極限。相對地，當右極限不等於左極限時，其極限值不存在，即

$$\lim_{x \to a^+} f(x) \neq \lim_{x \to a^-} f(x) \iff \lim_{x \to a} f(x) \text{ 不存在}$$

 例題 **1**

汽車出租公司出租汽車一天收費 2000 元，令 $c(x)$ 為租汽車 x 天的租金，$y = c(x)$，且 $0 \leq x \leq 4$ 如下圖：

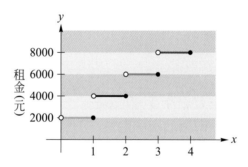

求：(1) $\lim\limits_{x \to 2^+} c(x)$　(2) $\lim\limits_{x \to 2^-} c(x)$　(3) $\lim\limits_{x \to 2} c(x)$　(4) $\lim\limits_{x \to 3^-} c(x)$

解

(1) $\lim\limits_{x \to 2^+} c(x)$ 表示求 $c(x)$ 在 $x = 2$ 之右極限值，$x \to 2^+$，表示 x 在 2 之右邊一點點，所付租金為 6000 元 $\Rightarrow \lim\limits_{x \to 2^+} c(x) = 6000$

(2) $\lim\limits_{x \to 2^-} c(x)$ 表示求 $x = 2$ 之左極限，$x \to 2^-$，表示 x 在 2 之左邊一點點，所付租金為 4000 元 $\Rightarrow \lim\limits_{x \to 2^-} c(x) = 4000$

(3) 由(1)、(2)知，租 2 天多之租金為 6000 元，租接近 2 天之租金為 4000 元，即 $\lim\limits_{x \to 2^-} c(x) \neq \lim\limits_{x \to 2^+} c(x) \Rightarrow \lim\limits_{x \to 2} c(x)$ 不存在

(4) $\lim\limits_{x \to 3^-} c(x) = 6000$

黑貓宅急便費率計算如下函數：

$$f(x) = \begin{cases} 50 & , x < 10 \\ 50 + 3x & , 10 \le x \end{cases}$$

求(1) $\lim\limits_{x \to 10^-} f(x)$　(2) $\lim\limits_{x \to 10^+} f(x)$　(3) $\lim\limits_{x \to 10} f(x)$　(4) $\lim\limits_{x \to 3^-} f(x)$

(1) $\lim\limits_{x \to 10^-} f(x)$ 是求 $f(x)$ 在 $x = 10$ 之左極限，

　　$f(x)$ 對應到 x 小於 10 之函數 $\Rightarrow \lim\limits_{x \to 10^-} f(x) = \lim\limits_{x \to 10^-} 50 = 50$

(2) $\lim\limits_{x \to 10^+} f(x)$ 是求 $f(x)$ 在 $x = 10$ 之右極限

　　$\Rightarrow \lim\limits_{x \to 10^+} f(x) = \lim\limits_{x \to 10^+} (50 + 3x) = 80$

(3) 由(1)、(2)得 $\lim\limits_{x \to 10^-} f(x) = 50$，$\lim\limits_{x \to 10^+} f(x) = 80$

　　左極限 $\neq$ 右極限

　　$\therefore \lim\limits_{x \to 10} f(x)$ 不存在

(4) $\lim\limits_{x \to 3^-} f(x)$ 是求 $f(x)$ 在 $x = 3$ 時之左極限，

　　$f(x)$ 對應到 x 小於 10 之函數 $\Rightarrow \lim\limits_{x \to 3^-} f(x) = \lim\limits_{x \to 3^-} 50 = 50$

設 $f(x) = \begin{cases} x^2 + 2x - 3 & , x < 0 \\ 2x - 6 & , 0 \le x < 2 \\ 3x + 2 & , 2 \le x \end{cases}$

求(1) $\lim\limits_{x \to 0^+} f(x)$　　　　　　(2) $\lim\limits_{x \to 0^-} f(x)$

　　(3) $\lim\limits_{x \to 2^+} f(x)$　　　　　　(4) $\lim\limits_{x \to 2^-} f(x)$

　　(5) $\lim\limits_{x \to 0} f(x)$

(1) $\lim\limits_{x \to 0^+} f(x) = \lim\limits_{x \to 0^+} (2x - 6) = -6$

(2) $\lim\limits_{x \to 0^-} f(x) = \lim\limits_{x \to 0^-} (x^2 + 2x - 3) = -3$

(3) $\lim\limits_{x \to 2^+} f(x) = \lim\limits_{x \to 2^+} (3x + 2) = 8$

(4) $\lim\limits_{x \to 2^-} f(x) = \lim\limits_{x \to 2^-} (2x - 6) = -2$

(5) 因為 $\lim\limits_{x \to 0^+} f(x) = -6$ ， $\lim\limits_{x \to 0^-} f(x) = -3$

左極限 $\neq$ 右極限 $\Rightarrow \lim\limits_{x \to 0} f(x)$ 不存在

例題 ④ ────────────────────────

求下列各題之單邊極限：

(1) $\lim\limits_{x \to 2^+} (2x + 1)$ (2) $\lim\limits_{x \to 2^-} (3x + 1)$

(3) $\lim\limits_{x \to 3^-} \dfrac{1}{x + 4}$ (4) $\lim\limits_{x \to 0^+} \dfrac{|x|}{x}$

(5) $\lim\limits_{x \to 0^-} \dfrac{|x|}{x}$

解

(1) $\lim\limits_{x \to 2^+} (2x + 1) = 2 \cdot 2 + 1 = 5$ (x 直接代入 2)

(2) $\lim\limits_{x \to 2^-} (3x + 1) = 3 \cdot 2 + 1 = 7$ (x 直接代入 2)

(3) $\lim\limits_{x \to 3^-} \dfrac{1}{x + 4} = \dfrac{1}{3 + 4} = \dfrac{1}{7}$ (x 直接代入 3)

(4) 遇到絕對值的單邊極限，要先把絕對值化簡去掉，

$\lim\limits_{x \to 0^+} \dfrac{|x|}{x} = \lim\limits_{x \to 0^+} \dfrac{x}{x} = 1$

(5) $\lim\limits_{x \to 0^-} \dfrac{|x|}{x} = \lim\limits_{x \to 0^-} \dfrac{-x}{x} = -1$

例題 ⑤ ────────────────────────

求下列極限。〔高斯函數之極限〕

(1) $\lim\limits_{x \to 3^+} [x]$ (2) $\lim\limits_{x \to 2^+} [2x + 1]$

(3) $\lim\limits_{x \to 3^-} [x^2 - 1]$ (4) $\lim\limits_{x \to 2^-} [5x - 2]$

(1) $\lim\limits_{x \to 3^+} [x] = 3$

(2) $\lim\limits_{x \to 2^+} [2x + 1] = 5$

(3) $\lim\limits_{x \to 3^-} [x^2 - 1] = 7$

(4) $\lim\limits_{x \to 2^-} [5x - 2] = 7$

⭐ 強化學習

高斯函數 $f(x) = [x]$
$[x]$ 表示小於或等於 x 之
最大整數

例題 6

$y = f(x)$ 分段函數如下，且 $\lim\limits_{x \to 2} f(x)$ 存在，求 a 值。

$$f(x) = \begin{cases} 5x - 3 , & 1 < x < 2 \\ 2x + a , & 2 \le x \end{cases}$$

因為 $\lim\limits_{x \to 2} f(x)$ 存在 ⇒ 左極限 = 右極限，

即 $\lim\limits_{x \to 2^+} f(x) = \lim\limits_{x \to 2^-} f(x)$

$\lim\limits_{x \to 2^+} f(x) = \lim\limits_{x \to 2^+} (2x + a) = 4 + a$

$\lim\limits_{x \to 2^-} f(x) = \lim\limits_{x \to 2^-} (5x - 3) = 7 \Rightarrow a = 3$

隨堂練習：求單邊極限

1. $\lim\limits_{x \to 2^+} (5x - 2)$

2. $\lim\limits_{x \to 3^-} (3x + 1)$

3. $\lim\limits_{x \to 5^-} (x^2 + 1)$

4. $\lim\limits_{x \to 1^-} \dfrac{|x - 1|}{x - 1}$

習題 2-2

1. 求下列各題之極限值：

(1) $\lim_{x \to 2^+} [x]$

(2) $\lim_{x \to 2^-} [x]$

(3) $\lim_{x \to 1^-} (x - [x])$

(4) $\lim_{x \to 6^-} \dfrac{2x - 1}{x \cdot (x + 6)}$

(5) $\lim_{x \to 4^-} \dfrac{|x - 4|}{x - 4}$

(6) $\lim_{x \to 0^+} \dfrac{x - [x]}{x}$

(7) $\lim_{x \to 1^+} (3x - 4)$

(8) $\lim_{x \to 3^-} \sqrt{x - 2}$

(9) $\lim_{x \to 1^-} \dfrac{|x - 2|}{x + 2}$

(10) $\lim_{x \to 3^+} \dfrac{\sqrt{x + 3}}{x^2 + 1}$

2. 設 $f(x) = \begin{cases} x + 2 & , x \geq 1 \\ 2x^2 + 1 & , x < 1 \end{cases}$

求：(1) $\lim_{x \to 1^+} f(x)$　(2) $\lim_{x \to 1^-} f(x)$　(3) $\lim_{x \to 1} f(x)$

3. 設 $f(x) = \begin{cases} x^2 + a & , x \leq 2 \\ 2 & , x > 2 \end{cases}$，若 $\lim_{x \to 2} f(x)$ 存在，求 a 值。

4. 參考下列函數 $f(x)$ 之圖形，求 $\lim_{x \to 2^+} f(x)$、$\lim_{x \to 2^-} f(x)$ 及 $\lim_{x \to 2} f(x)$。

(1)
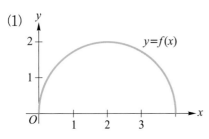

(2)
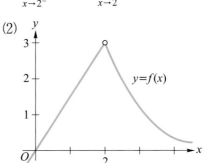

(3)
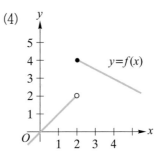

(4)

2-3　函數的連續性(Continuity of function)

　　函數連續性的性質，對於微分的存在很重要。更有很多關於函數連續性之定理，例如中間值定理、勘根定理等。「連續」一詞和直觀意思一樣，如果函數圖形爲連貫沒有斷裂之曲線，如下圖(a)，則稱此函數爲連續函數，相反地，如果函數圖形有空心點、跳點或空隙，如下圖(b)～(d)，則稱此函數在該斷裂處爲不連續。

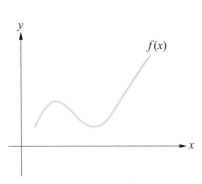

(a) $f(x)$ 是連續函數

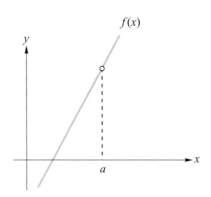

(b) $f(x)$ 在 $x = a$ 處不連續

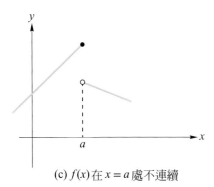

(c) $f(x)$ 在 $x = a$ 處不連續

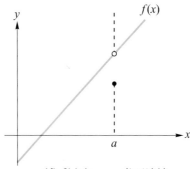

(d) $f(x)$ 在 $x = a$ 處不連續

函數連續性定義

若 $\lim_{x \to a} f(x) = f(a)$，則稱 $f(x)$ 在 $x = a$ 連續(continuous)。

$f(x)$ 在 $x = a$ 連續，表示下列三條件皆存在：

(1) $\lim_{x \to a} f(x)$ 存在。($\lim_{x \to a^+} f(x) = \lim_{x \to a^-} f(x)$)

(2) $f(a)$ 存在。

(3) $\lim_{x \to a} f(x) = f(a)$。(極限值 = 函數值)

※ 1. 多項式函數例如：$f(x) = x^2$，$f(x) = x^2 + 2x + 1$，……等。其函數圖形都沒有斷點，所以是連續函數。

2. 有理函數例如：$f(x) = \dfrac{2x+3}{x-1}$，$f(x) = \dfrac{3x+2}{x^2-4}$，$f(x) = \dfrac{3}{2x^2+1}$ …… 等，不一定是連續函數。

 例題 1

$y = f(x)$ 如下圖

求 $f(x)$ 在哪些點不連續？

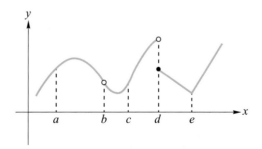

解

$f(x)$ 在 $x = b, d$ 不連續。

例題 2

$y = f(x)$如下圖，回答下列問題：

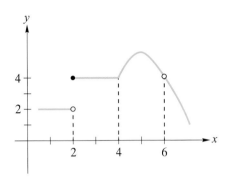

(1) $f(x)$在 $x = 2, 4, 6$ 哪些點連續？　(2) 求 $\lim\limits_{x \to 2} f(x)$ 極限值。

(3) 求 $\lim\limits_{x \to 4} f(x)$ 極限值。　(4) 求 $\lim\limits_{x \to 6} f(x)$ 極限值。

(5) 求 $f(2)$函數值。　(6) 求 $f(4)$函數值。

(7) 求 $f(6)$函數值。

解

(1) $f(x)$在 $x = 4$ 連續，在 $x = 2, 6$ 不連續。

(2) $\because \lim\limits_{x \to 2^-} f(x) = 2$，$\lim\limits_{x \to 2^+} f(x) = 4$　$\therefore \lim\limits_{x \to 2} f(x)$極限值不存在。

(3) $\lim\limits_{x \to 4} f(x) = 4$。

(4) $\lim\limits_{x \to 6} f(x) = 4$。

(5) $f(2) = 4$。

(6) $f(4) = 4$。

(7) $f(6)$不存在($x = 6$ 時，$f(x)$之圖形為空心點)。

例題 3

高斯函數 $f(x) = [x]$在 $x = 1$ 連續嗎？

若$f(x)$在$x=1$連續，必須滿足下列三條件：

(1) $\lim\limits_{x \to 1} f(x)$存在

(2) $f(1)$存在

(3) $\lim\limits_{x \to 1} f(x) = f(1)$

$\because \lim\limits_{x \to 1^+} f(x) = \lim\limits_{x \to 1^+} [x] = 1$，$\lim\limits_{x \to 1^-} f(x) = \lim\limits_{x \to 1^-} [x] = 0$

$\Rightarrow \lim\limits_{x \to 1} f(x)$ 不存在

$\therefore f(x)$在$x=1$不連續。

$f(x)=[x]$在整數點皆不連續，其函數圖形如下，呈階梯狀，

$f(x)=[x]$在$x=$整數點皆斷掉，不連續。

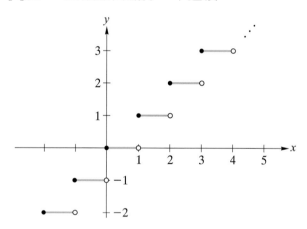

(例題) ❹ ─────────────────────────

若$f(x) = \begin{cases} -5x+3 & , x < 1 \\ 2x+1 & , 1 \le x \le 2 \\ 3x-1 & , 2 < x \end{cases}$，則$f(x)$在$x=1, 2$是否連續？

 判斷$x=1$是否連續，

因為$\lim\limits_{x \to 1^+} f(x) = \lim\limits_{x \to 1^+} (2x+1) = 3$，

$\lim\limits_{x \to 1^-} f(x) = \lim\limits_{x \to 1^-} (-5x+3) = -5+3 = -2$

$\Rightarrow \lim\limits_{x \to 1} f(x)$ 不存在(左極限 ≠ 右極限)

$\therefore x = 1$ 不連續

判斷 $x = 2$ 是否連續，

因為 $\lim\limits_{x \to 2^+} f(x) = \lim\limits_{x \to 2^+} (3x - 1) = 6 - 1 = 5$，

$\qquad \lim\limits_{x \to 2^-} f(x) = \lim\limits_{x \to 2^-} (2x + 1) = 2 \cdot 2 + 1 = 5$

$\Rightarrow \lim\limits_{x \to 2} f(x) = 5$

又 $f(2) = 2 \cdot 2 + 1 = 5$

由於 $\lim\limits_{x \to 2} f(x) = f(2) = 5$，所以 $f(x)$ 在 $x = 2$ 連續。

例題 ⑤

若 $f(x) = \begin{cases} x^2 + 1 & ,\ x < 1 \\ a & ,\ x \geq 1 \end{cases}$ 為連續函數，求 a 之值。

解

$f(x)$ 為連續函數 $\Rightarrow f(x)$ 在 $x = 1$ 連續，

又 $\lim\limits_{x \to 1^+} f(x) = \lim\limits_{x \to 1^+} a = a$，$\lim\limits_{x \to 1^-} f(x) = \lim\limits_{x \to 1^-} (x^2 + 1) = 2$

所以 $\lim\limits_{x \to 1^+} f(x) = \lim\limits_{x \to 1^-} f(x)$，得 $a = 2$。

例題 ⑥

求使下列函數為不連續之點 x：

(1) $f(x) = \dfrac{2x + 3}{x - 1}$ 　　　　　　(2) $f(x) = \dfrac{2x^2 + 3}{(x - 1)(x - 2)}$

(3) $f(x) = \dfrac{3x + 4}{x^2 - 1}$ 　　　　　　(4) $f(x) = \dfrac{3x + 4}{x^2 + 1}$

(5) $f(x) = \begin{cases} 2x + 1 & ,\ x < 0 \\ 3 & ,\ 0 \leq x \leq 1 \\ -2x + 5 & ,\ 1 < x \end{cases}$

解

(1) $x = 1$ 時得 $f(1) = \dfrac{5}{0}$ 不存在，

　　$f(x)$ 在其他點，其函數值皆存在且等於極限值

　　　$\Rightarrow f(x)$ 在 $x = 1$ 不連續。

(2) $x = 1, 2$ 時，代入函數 $f(x)$，其分母皆等於 0

　　　$\Rightarrow f(x)$ 在 $x = 1, 2$ 時不連續。

(3) $x = 1, -1$ 時，$f(1)$ 和 $f(-1)$ 皆不存在

  ⇒ $f(x)$ 在 $x = 1, -1$ 時，不連續。

(4) 雖然 $f(x) = \dfrac{3x+4}{x^2+1}$ 為有理函數，但沒有任何點

  使得 $f(x)$ 之分母為 0，即 $f(x)$ 在任何一點皆有定義

  ⇒ $f(x)$ 沒有不連續點。

(5) $f(x)$ 是一個分段函數，可能之不連續點為 $x = 0, 1$，

  $\displaystyle \lim_{x \to 0^+} f(x) = 3$，$\displaystyle \lim_{x \to 0^-} f(x) = \lim_{x \to 0^-} (2x+1) = 1$

  $\because \displaystyle \lim_{x \to 0^+} f(x) \neq \lim_{x \to 0^-} f(x)$，得 $x = 0$ 時，不連續。

  $\displaystyle \lim_{x \to 1^+} f(x) = \lim_{x \to 1^+} (-2x+5) = -2+5 = 3$，

  $\displaystyle \lim_{x \to 1^-} f(x) = \lim_{x \to 1^-} 3 = 3$

  $\because \displaystyle \lim_{x \to 1^+} f(x) = \lim_{x \to 1^-} f(x) = 3 = f(1)$，

  $\therefore x = 1$ 時連續

  ⇒ $f(x)$ 在 $x = 0$ 時，不連續。

1. 若 $f(x)$ 為連續函數，其函數圖形一定是連續的，中間必沒有中斷，也沒有跳點或空心點等情形。

  例如：多項式函數都是連續函數，$f(x) = x^2$, $f(x) = x^3 + 2x + 1$, $\cdots$ 皆是連續函數。

2. 若 $f(x) = \dfrac{Q(x)}{P(x)}$ 為有理函數，使得分母 $P(x) = 0$ 之 x，即是有理函數 $f(x)$ 之不連續點。

  函數具備連續性之性質，對於微積分的理論很重要，下面將介紹兩個函數連續性之定理，其應用性很強。

中間值定理(Intermediate-Value Theorem)

若 $f(x)$ 在 $x \in [a, b]$ 連續，設 t 為介於 $f(a)$ 和 $f(b)$ 之間的值，則存在至少一點 $s \in [a, b]$，使得 $f(s) = t$。

若 $f(x) = x^2 + 2x + 3$，求在 $[0, 3]$ 中之 s，使得 $f(s) = 11$。

解

$f(0) = 3$，$f(3) = 9 + 6 + 3 = 18$，11 介於 $f(0)$ 與 $f(3)$ 之間，

且 $f(x)$ 在 $[0, 3]$ 連續，

所以根據中間值定理，必存在一點 $s \in [0, 3]$ 使得 $f(s) = 11$

$s^2 + 2s + 3 = 11$

$s^2 + 2s - 8 = 0$

$(s + 4)(s - 2) = 0$

$s = -4, 2 (-4 \notin [0, 3]$，不合$)$

故所求之 $s = 2$。

勘根定理(Root Location Theorem)

若 $f(x)$ 在 $x \in [a, b]$ 連續，且 $f(a) \cdot f(b) < 0$，則在 (a, b) 中至少
存在一點 $x = c$，使得 $f(c) = 0$。

　　勘根定理之假設條件有二：

1. $f(x)$ 為連續函數；

2. $f(a) \cdot f(b) < 0$，以下列圖形來分析：

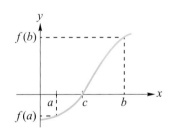

(a) $f(a) < 0$，$f(b) > 0$
$f(a) \cdot f(b) < 0$

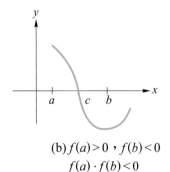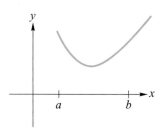

(b) $f(a) > 0$，$f(b) < 0$
$f(a) \cdot f(b) < 0$

(c) $f(a) > 0$，$f(b) > 0$
$f(a) \cdot f(b) > 0$

圖(a)、(b)皆滿足勘根定理之假設條件：$f(x)$在$[a, b]$連續且
$f(a) \cdot f(b) < 0$，所以皆存在 $c \in (a, b)$使得 $f(c) = 0$。而圖(c)卻不存在 c，使得 $f(c) = 0$。

　　勘根定理可應用於求解方程式之近似根。

利用勘根定理證明：

(1) $x^3 - 2x - 1 = 0$ 在$(0, 2)$中有一根。

(2) $x^2 - 3x + 1 = 0$ 在$(0, 2)$中有一根。

(3) 繼續判斷 $x^2 - 3x + 1 = 0$ 在$(0, 1)$或者$(1, 2)$區間中有一根。

解

(1) 令 $f(x) = x^3 - 2x - 1$

　　$f(0) = -1 < 0$，$f(2) = 8 - 4 - 1 = 3 > 0$

　　$\Rightarrow f(x)$在$[0, 2]$連續，且 $f(0) \cdot f(2) < 0$

　　根據勘根定理

　　必存在 $c \in (0, 2)$，使得 $f(c) = 0$

　　即必存在 $c \in (0, 2)$為 $x^3 - 2x - 1 = 0$ 的根

(2) 令 $f(x) = x^2 - 3x + 1$

　　$f(0) = 1 > 0$，$f(2) = 4 - 6 + 1 = -1 < 0$

　　$\Rightarrow f(x)$在$[0, 2]$連續，且 $f(0) \cdot f(2) < 0$

　　$\therefore x^2 - 3x + 1 = 0$ 在$(0, 2)$必有一根。

(3) 由(2)已證明 $x^2 - 3x + 1 = 0$ 在$(0, 2)$必有一根，

繼續判斷 $x^2 - 3x + 1 = 0$ 是在$(0, 1)$有一根，

或是在$(1, 2)$有一根？

令 $f(x) = x^2 - 3x + 1$

$f(0) = 1 > 0$，$f(1) = -1 < 0$，$f(2) = -1 < 0$

$\Rightarrow f(0) \cdot f(1) < 0$，$f(1) \cdot f(2) > 0$

$\Rightarrow x^2 - 3x + 1 = 0$ 在$(0, 1)$有一根。

隨堂練習

1. 求下列函數之不連續點：

   (1)

   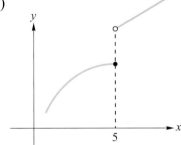

   (2) $f(x) = \dfrac{3x + 7}{x^2 - 4}$

   (3) $f(x) = x^2 + 5$

   (4) $f(x) = \dfrac{5x + 5}{x^2 - 3x}$

2. 證明 $x^2 - 5x + 1 = 0$ 在$[0, 2]$有一根。

習題 2-3

1. 求下列各題使函數為不連續時的 x 點：

(1)

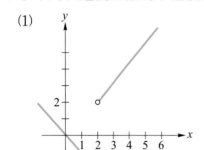

(2)

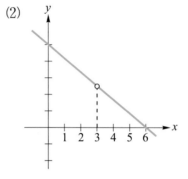

(3)

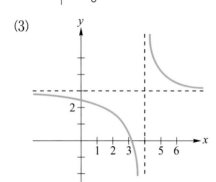

(4)

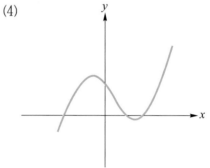

(5)

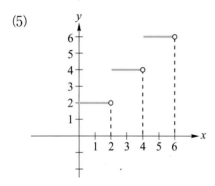

2. 求使函數為不連續時之 x 點：

(1) $f(x) = \dfrac{5x + 2}{x^3 - 1}$

(2) $f(x) = \dfrac{3x - 4}{x^2 - 16}$

(3) $f(x) = \dfrac{x^2 - 1}{x - 1}$

(4) $f(x) = \begin{cases} x + 1 & ,\ x < 1 \\ 5x - 2 & ,\ x \geq 1 \end{cases}$

(5) $f(x) = \begin{cases} 2x - 3 & ,\ x < 0 \\ 4x + 1 & ,\ 0 \leq x \leq 1 \\ 5x^2 & ,\ x > 1 \end{cases}$

(6) $f(x) = \dfrac{3x - 3}{x^2 + 5}$

(7) $f(x) = [2x]$
(8) $f(x) = \dfrac{|x-1|}{x-1}$

3. 若 $f(x)$ 為連續函數，求 a 之值。

(1) $f(x) = \begin{cases} ax^2+1 & , x<3 \\ 3x+5 & , x \geq 3 \end{cases}$
(2) $f(x) = \begin{cases} (x-a)(x+a) & , x \leq 2 \\ ax+5 & , x>2 \end{cases}$

(3) $f(x) = \begin{cases} 2x+3 & , x<1 \\ a+bx & , 1 \leq x \leq 2 \\ 5x^2 & , x>2 \end{cases}$
(4) $f(x) = \begin{cases} \dfrac{x^2-1}{x^2-2x-3} & , x \neq 2 \\ a & , x=2 \end{cases}$

(5) $f(x) = \begin{cases} ax^2 & , x<2 \\ x^3 & , x \geq 2 \end{cases}$
(6) $f(x) = \begin{cases} \dfrac{x^2-4}{x+2} & , x \neq -2 \\ a & , x=-2 \end{cases}$

4. 利用勘根定理證明 $x^3 - 2x^2 + 3x - 1 = 0$ 在 $[0, 2]$ 有一根。

5. 利用勘根定理，求 $x^3 - x - 5 = 0$ 之任何一根，位於哪兩個相鄰整數區間。

6. 一雷射印表機租賃展銷員，其薪資和傭金 $S(x)$，依下列方式計算，x 代表租賃雷射印表機台數。

$$S(x) = \begin{cases} 500+150x & , 0 \leq x \leq 5 \\ 1230+10(x-5) & , 5 < x \leq 10 \\ 1800+50(x-10) & , 10 < x \end{cases}$$

找出使函數 $S(x)$ 不連續的 x。

7. $S(P)$ 為行動電源之需求函數，定義如下：

$$S(P) = \begin{cases} \dfrac{1}{2}P & , 0 \leq P < 20 \\ \dfrac{2}{3}P - 10 & , 20 \leq P < 40 \\ \dfrac{4}{3}P - \dfrac{110}{3} & , P \geq 40 \end{cases}$$

請問 P 等於多少時，此需求函數為不連續？

2-4 無窮極限

　　探討函數極限，除了基本函數極限性質、單邊極限的左極限、右極限和函數的連續性外，本節將介紹無窮極限。無窮極限在實際應用上會遇到，而且它能幫助描繪出函數的水平漸近線，這些漸近線對描繪複雜函數曲線有很大的助益。無窮極限主要是探討：(1)當 $x \to \infty$ (或 $x \to -\infty$)時，$f(x)$ 之極限問題。(2)當 x 趨近某點 c 時，$f(x)$ 趨近正無限大(或負無限大)的極限問題。

無窮極限主要類型

1. $\lim_{x \to \infty} f(x) = L$

    當 x 逼近無限大時，若 $f(x)$ 逼近唯一實數 L，稱 $f(x)$ 在 ∞ 之極限存在，且此極限為 L。

2. $\lim_{x \to -\infty} f(x) = L$

    當 x 逼近負無限大時，若 $f(x)$ 逼近唯一實數 L，稱 $f(x)$ 在 $-\infty$ 之極限存在，且此極限為 L。

3. $\lim_{x \to c^+} f(x) = \infty$，$\lim_{x \to c^-} f(x) = \infty$

    當 x 從右邊或左邊趨近 c 時，$f(x)$ 趨近無限大。

4. $\lim_{x \to c^+} f(x) = -\infty$，$\lim_{x \to c^-} f(x) = -\infty$

    當 x 從右邊或左邊趨近 c 時，$f(x)$ 趨近負無限大。

　　無窮極限有下列性質，在求有理函數之無窮極限及漸近線時會用到這些技巧：

定理 2-3

(1) $n > 0$，$\dfrac{1}{x^n}$ 有定義，則 $\displaystyle\lim_{x \to \infty} \dfrac{1}{x^n} = 0$

(2) $n > 0$，$\dfrac{1}{x^n}$ 有定義，則 $\displaystyle\lim_{x \to -\infty} \dfrac{1}{x^n} = 0$

(3) $\displaystyle\lim_{x \to 0^+} \dfrac{1}{x} = \infty$

(4) $\displaystyle\lim_{x \to 0^-} \dfrac{1}{x} = -\infty$

例題 **1**

求下列各極限。

(1) $\displaystyle\lim_{x \to \infty} \dfrac{1}{x}$

(2) $\displaystyle\lim_{x \to \infty} \dfrac{2x+1}{x^2+2}$

(3) $\displaystyle\lim_{x \to \infty} \dfrac{3x^2+7}{x^2+2}$

(4) $\displaystyle\lim_{x \to \infty} \dfrac{2x^2-3x-1}{x^2+3x+2}$

解

(1) $\displaystyle\lim_{x \to \infty} \dfrac{1}{x} = 0$

(2) $\displaystyle\lim_{x \to \infty} \dfrac{2x+1}{x^2+2} = \lim_{x \to \infty} \dfrac{\dfrac{2}{x}+\dfrac{1}{x^2}}{1+\dfrac{2}{x^2}}$ （將分子分母同除以 x^2）

$\qquad = \dfrac{0+0}{1+0} \qquad (\displaystyle\lim_{x \to \infty} \dfrac{1}{x^2} = 0)$

$\qquad = 0$

(3) $\displaystyle\lim_{x \to \infty} \dfrac{3x^2+7}{x^2+2} = \lim_{x \to \infty} \dfrac{3+\dfrac{7}{x^2}}{1+\dfrac{2}{x^2}}$

$\qquad = \dfrac{3+0}{1+0} = 3$

(4) $\displaystyle\lim_{x \to \infty} \dfrac{2x^2-3x-1}{x^2+3x+2} = \lim_{x \to \infty} \dfrac{2-\dfrac{3}{x}-\dfrac{1}{x^2}}{1+\dfrac{3}{x}+\dfrac{2}{x^2}}$

$\qquad = \dfrac{2-0-0}{1+0+0} = 2$

例題 **2**

求下列各極限。

(1) $\lim\limits_{x \to \infty} \dfrac{3x^3 + 2x + 1}{x^2 + 2x + 3}$

(2) $\lim\limits_{x \to -\infty} \dfrac{3x^2 + 7}{2 - x^3}$

(3) $\lim\limits_{x \to -\infty} \dfrac{3x^2 + 7}{2x^2 + 3}$

(4) $\lim\limits_{x \to -\infty} \dfrac{\sqrt{x^2 + 2}}{x + 1}$

解

(1) $\lim\limits_{x \to \infty} \dfrac{3x^3 + 2x + 1}{x^2 + 2x + 3}$　　　(分子、分母同除以 x^2)

$= \lim\limits_{x \to \infty} \dfrac{3x + \dfrac{2}{x} + \dfrac{1}{x^2}}{1 + \dfrac{2}{x} + \dfrac{3}{x^2}}$　　　(當 $x \to \infty$，$\dfrac{1}{x} \to 0$，$\dfrac{1}{x^2} \to 0$)

$= \infty$　　　(當 $x \to \infty$，分子 $\to \infty$，分母 $\to 1$)

(2) $\lim\limits_{x \to -\infty} \dfrac{3x^2 + 7}{2 - x^3} = \lim\limits_{x \to -\infty} \dfrac{\dfrac{3}{x} + \dfrac{7}{x^3}}{\dfrac{2}{x^3} - 1} = \dfrac{0 + 0}{0 - 1} = 0$

(3) $\lim\limits_{x \to -\infty} \dfrac{3x^2 + 7}{2x^2 + 3} = \lim\limits_{x \to -\infty} \dfrac{3 + \dfrac{7}{x^2}}{2 + \dfrac{3}{x^2}} = \dfrac{3 + 0}{2 + 0} = \dfrac{3}{2}$

(4) $\lim\limits_{x \to -\infty} \dfrac{\sqrt{x^2 + 2}}{x + 1}$

$= \lim\limits_{x \to -\infty} \dfrac{\sqrt{x^2 \left(1 + \dfrac{2}{x^2}\right)}}{x + 1}$

$= \lim\limits_{x \to -\infty} \dfrac{-x\sqrt{1 + \dfrac{2}{x^2}}}{x + 1}$　　　($\because x \to -\infty$，x 是負的 $\therefore \sqrt{x^2} = -x$)

$= \lim\limits_{x \to -\infty} \dfrac{-\sqrt{1 + \dfrac{2}{x^2}}}{1 + \dfrac{1}{x}}$　　　(分子、分母同除以 x)

$= -1$

例題 ❸ ————————————————————————————

求下列各極限。

強化學習

$\dfrac{1}{0^+} \to \infty$, $\dfrac{1}{0^-} \to -\infty$

(1) $\displaystyle\lim_{x \to 0^+} \dfrac{1}{x}$

(2) $\displaystyle\lim_{x \to 0^-} \dfrac{1}{x}$

(3) $\displaystyle\lim_{x \to 2^+} \dfrac{3x+8}{x-2}$

(4) $\displaystyle\lim_{x \to 3^-} \dfrac{5x+6}{x-3}$

解 ————————————————————————————

(1) $\displaystyle\lim_{x \to 0^+} \dfrac{1}{x} = \infty$

　　(當 $x \to 0^+$ 時，分母 $\to 0$，且 x 為正的數)

(2) $\displaystyle\lim_{x \to 0^-} \dfrac{1}{x} = -\infty$

　　(當 $x \to 0^-$ 時，分母 $\to 0$，且 x 為負的數)

(3) $\displaystyle\lim_{x \to 2^+} \dfrac{3x+8}{x-2} = \infty$

　　(當 $x \to 2^+$ 時，$\dfrac{3x+8}{x-2} \to \dfrac{14}{0^+}$)

(4) $\displaystyle\lim_{x \to 3^-} \dfrac{5x+6}{x-3} = -\infty$

　　(當 $x \to 3^-$ 時，$\dfrac{5x+6}{x-3} \to \dfrac{21}{0^-}$)

水平漸近線(Horizontal Asymptote)

若 $\displaystyle\lim_{x \to \infty} f(x) = a$ 或 $\displaystyle\lim_{x \to -\infty} f(x) = a$，$a \in \mathbb{R}$，稱直線 $y = a$ 為函數

$y = f(x)$ 之水平漸近線。(參照下圖(a)(b))

垂直漸近線(Vertical Asymptote)

若 $\displaystyle\lim_{x \to c^+} f(x) = \infty$，$\displaystyle\lim_{x \to c^-} f(x) = \infty$，$\displaystyle\lim_{x \to c^+} f(x) = -\infty$，$\displaystyle\lim_{x \to c^-} f(x) = -\infty$

有一成立，則稱 $x = c$ 為 $y = f(x)$ 之垂直漸近線。(參照下圖(c)(d))

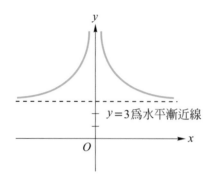

(a) $\lim\limits_{x \to -\infty} f(x) = 3$，$\lim\limits_{x \to \infty} f(x) = 3$

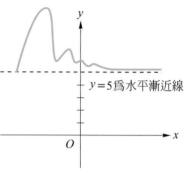

(b) $\lim\limits_{x \to \infty} f(x) = 5$

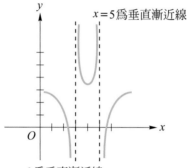

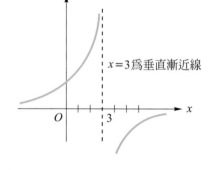

(c) $\lim\limits_{x \to 3^+} f(x) = \infty$，$\lim\limits_{x \to 3^-} f(x) = -\infty$

   $\lim\limits_{x \to 5^+} f(x) = -\infty$，$\lim\limits_{x \to 5^-} f(x) = \infty$

(d) $\lim\limits_{x \to 3^-} f(x) = \infty$，$\lim\limits_{x \to 3^+} f(x) = -\infty$

例題 4

求下列函數之水平漸近線。

(1) $f(x) = \dfrac{3}{x+2}$

(2) $f(x) = \dfrac{3x+2}{x+2}$

(3) $f(x) = \dfrac{x^2}{4-x^2}$

(4) $f(x) = \dfrac{x+2}{9-x^2}$

解

求函數之水平漸近線，即先求 $x \to \pm\infty$ 時，$f(x)$ 之極限。

(1) $\lim\limits_{x \to \infty} f(x) = \lim\limits_{x \to \infty} \dfrac{3}{x+2} = 0$

   所以 $y = 0$ 為水平漸近線。

(2) $\lim\limits_{x \to \infty} f(x) = \lim\limits_{x \to \infty} \dfrac{3x+2}{x+2} = 3$

   所以 $y = 3$ 為水平漸近線。

(3) $\lim\limits_{x \to \infty} f(x) = \lim\limits_{x \to \infty} \dfrac{x^2}{4 - x^2} = -1$

所以 $y = -1$ 為水平漸近線。

(4) $\lim\limits_{x \to \infty} f(x) = \lim\limits_{x \to \infty} \dfrac{x + 2}{9 - x^2} = 0$

所以 $y = 0$ 為水平漸近線。

例題 **5**

求下列函數之垂直漸近線。

(1) $f(x) = \dfrac{3}{x - 1}$ 　　　　　(2) $f(x) = \dfrac{3x^2 + 1}{x^2 - 1}$

(3) $f(x) = \dfrac{5x + 6}{x^2 + 1}$ 　　　　(4) $f(x) = \dfrac{x^2 - 1}{x - 1}$

解

(1) 當 $x = 1$ 時，代入 $f(x)$，使得分母 $= 0$，分子 $\neq 0$

$\Rightarrow \lim\limits_{x \to 1^+} f(x) = \infty$

所以 $x = 1$ 為 $f(x)$ 之垂直漸近線。

(2) 當 $x = 1, -1$ 時，代入 $f(x)$，使得分母 $= 0$，分子 $\neq 0$

$\Rightarrow \lim\limits_{x \to -1^-} f(x) = \infty$ ，$\lim\limits_{x \to 1^+} f(x) = \infty$

所以 $x = -1$，$x = 1$ 為 $f(x)$ 之垂直漸近線。

(3) $f(x) = \dfrac{5x + 6}{x^2 + 1}$，沒有 x 值使得分母 $= 0$，

$\therefore$ 此函數不存在垂直漸近線。

(4) $f(x) = \dfrac{x^2 - 1}{x - 1} = \dfrac{(x - 1)(x + 1)}{x - 1}$

在 $x = 1$ 並沒有垂直漸近線，

因為 $\lim\limits_{x \to 1^+} f(x) = \lim\limits_{x \to 1^+} \dfrac{(x - 1)(x + 1)}{x - 1} = \lim\limits_{x \to 1^+} (x + 1) = 2$

所以 $f(x)$ 並沒有垂直漸近線。

例題 **6**

大雄建設公司決定為 x 戶大樓裝設智慧電表系統，其智慧電表佈線固定成本為 600000 元，加上每戶 7500 元，則：

(1) 總成本函數 $C(x)$

(2) 平均成本函數 $\overline{C}(x)$

(3) 只裝設 100 戶，每戶之平均成本。

(4) 只裝設 1000 戶，每戶之平均成本。

(5) 當裝設戶數增加時，平均成本的極限為何？

解

(1) $C(x) = 600000 + 7500 \cdot x$

(2) 平均成本函數 $\overline{C}(x) = \dfrac{C(x)}{x} = \dfrac{600000}{x} + 7500$

(3) $x = 100$ 時，每戶之平均成本為 $\overline{C}(100)$

　　$\overline{C}(100) = 6000 + 7500 = 13500$

(4) $x = 1000$ 時，每戶之平均成本為 $\overline{C}(1000)$

　　$\overline{C}(1000) = 600 + 7500 = 8100$

(5) 當 x 無限增加時，$\overline{C}(x)$ 之極限為

　　$\displaystyle \lim_{x \to \infty} \overline{C}(x) = \lim_{x \to \infty} \left(\frac{600000}{x} + 7500 \right) = 7500$

表示當裝設智慧電表之戶數大量增加時，其平均之裝設成本趨近 7500 元。

隨堂練習

1. 求 $f(x) = \dfrac{2x^2 + 4}{x^2 - 1}$ 之水平、垂直漸近線。

2. 求極限

　(1) $\displaystyle \lim_{x \to \infty} \frac{3x^2 + 7x + 8}{x^2 + 2x + 3}$　　(2) $\displaystyle \lim_{x \to -\infty} \frac{\sqrt{x^4 + 1}}{x^2 - 1}$

　(3) $\displaystyle \lim_{x \to 2^-} \frac{2x - 6}{x^2 - 4}$　　(4) $\displaystyle \lim_{x \to 3^+} \frac{x^2 + 9}{x - 3}$

數 學 知 識 加 油 站
趣味數學謎題——字謎遊戲

　　字謎遊戲老少咸宜、好玩又迷人，非常適合自我挑戰，是訓練邏輯推理能力的腦力遊戲。其玩法是：把計算式每一個字母對應到 $0\sim9$ 之一個不同數字，使成為一個加法算式題目。

　　請練習下列三題字謎遊戲，快速活化腦細胞。

(1)	AA	(2)	SEND
	+ AB		+ MORE
	BAC		MONEY

(3)　　DONALD
　　+ GERALD
　　ROBERT

　　提示：

　　第一題字謎題目，兩個兩位數加法等於三位數，則 B = _____；

　　第二題字謎題目，兩個數相加進位，則 M = _____；

　　第三題字謎，已知 D = 5，求其它數字。

習題 2-4

1. 求下列各極限：

(1) $\lim\limits_{x \to \infty} \dfrac{\sqrt{x+1}}{x^2}$

(2) $\lim\limits_{x \to \infty} \dfrac{\sqrt{x^2+1}}{x+2}$

(3) $\lim\limits_{x \to \infty} \dfrac{x(x^3-1)}{3x^4+2x^2}$

(4) $\lim\limits_{x \to \infty} \dfrac{2x^2-3-x^3}{10x^2+7}$

(5) $\lim\limits_{x \to \infty} \dfrac{5x^2+1}{x+2}$

(6) $\lim\limits_{x \to -\infty} \dfrac{\sqrt{x^2+1}}{x+2}$

(7) $\lim\limits_{x \to \infty} (\sqrt{x^2+2x}-x)$

(8) $\lim\limits_{x \to \infty} \dfrac{x+1}{x \cdot \sqrt{x}}$

2. 求下列各極限：

(1) $\lim\limits_{x \to 3^-} \dfrac{x^2}{x^2-9}$

(2) $\lim\limits_{x \to 2^+} \dfrac{x-4}{x-2}$

(3) $\lim\limits_{x \to -1^-} \dfrac{1}{(x+1)}$

(4) $\lim\limits_{x \to 0^-} (2+\dfrac{3}{x})$

(5) $\lim\limits_{x \to 1^+} \dfrac{3x+7}{(x^2-1)}$

(6) $\lim\limits_{x \to 2^-} \dfrac{5+3x}{4-x^2}$

3. 求下列函數之水平、垂直漸近線：

(1) $f(x) = \dfrac{3+x}{2-x}$

(2) $f(x) = x^2+2x+1$

(3) $f(x) = \dfrac{x^2+1}{x^2+4}$

(4) $f(x) = \dfrac{x^2}{x^2-9}$

(5) $f(x) = \dfrac{x^2(x+1)}{x(x-1)(x-2)}$

(6) $f(x) = 1 - \dfrac{1}{x^2}$

4. 心理學家已發展出學齡前孩童之學習曲線：

$P(n) = \dfrac{20+46(n-1)}{1+0.5(n-1)}$，$P$：正確反應百分比，$n$：學習的練習次數

試求 n 趨近無限大時，P 的極限值。

5. 某國家公園保護區，一開始引入 40 隻獼猴，這群獼猴數可表為 $N(t) = \dfrac{20(2+3t)}{1+0.4t}$ ，

   其中 t 為時間(以年計)

   ⑴ 試求 10 年後，獼猴的數量。

   ⑵ 依此評估模式，當時間夠久時，獼猴數量的極限為何？

6. T 型自拍神器生產 x 個產品之平均成本(以元計)

   $$\overline{C}(x) = 150 + \dfrac{200}{x}$$

   求 $\lim\limits_{x \to \infty} \overline{C}(x)$，並解釋其意義。

第3章

微分

數學家故事 ── 阿基米德(Archimedes, 287BC-212BC)

阿基米德出生於西元前 287 年，希臘 西西里島東南端的敘拉古城，是古希臘最富有傳奇色彩的科學家。關於他的傳說故事有很多，例如：「真假皇冠判斷是否純金」的故事、「利用抛物面鏡子聚焦太陽光焚燒來犯羅馬戰船」、「利用滑輪組吊起國王的大船」等故事，都十分膾炙人口。阿基米德不僅是純理論家，對很多實際應用都有涉獵。他在數學、物理、機械工程學上的發明與發現，被認為是史上三大數學家之一(另兩人是牛頓和高斯)。

阿基米德是力學奠基者，例如槓桿原理、浮力原理、重心計算、力距等觀念都是其發明創造。據說他常為了研究各種問題廢寢忘食，有旺盛研究精神，住處各處，觸目所及皆是數字和方程式及各種圖形。他很擅長使用「窮盡法」去計算各種幾何物體的面積或體積，是微積分的先驅者。窮盡法就是極限之觀念，一直到牛頓、萊布尼茲發明微積分才更發揚光大。他曾用內接與外切多邊形去算圓面積，並導出：

$$\frac{223}{71} \leq \pi \leq \frac{22}{7}$$

阿基米德名言：「給我一個支點，我可以舉起整個地球。」

GGB應用範例

3-1 變化率(Rate of change)

　　微積分中的微分主要是探討函數變化率的情形，如圖 3-1，對於函數 $y = f(x)$，當 x 從 x_1 變化至 x_2 時，x 值的變化量 $\Delta x = x_2 - x_1$，其對應之函數值由 $f(x_1)$ 變化至 $f(x_2)$，y 值的變化量 $\Delta y = f(x_2) - f(x_1)$，我們稱 $\dfrac{\Delta y}{\Delta x}$ 為 $f(x)$ 從 x_1 至 x_2 的平均變化率(average rate of change)。

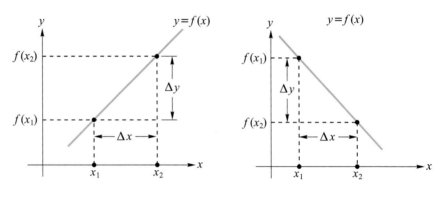

↑ 圖 3-1　平均變化率

　　在經濟學或日常生活中，常有很多變化率的指標，和我們息息相關，例如經濟成長率、失業率、物價指數、平均薪資成長率等。

某球探測出阿部投手投球之距離(s)與時間(t)之關係如圖，求
(1) 平均球速
(2) $t \in [0, 0.2]$之平均球速
(3) $t \in [0.2, 0.4]$之平均球速

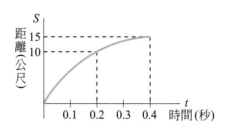

解

平均變化率 $= \dfrac{\Delta y}{\Delta x} = \dfrac{f(x_2) - f(x_1)}{x_2 - x_1}$

(1) 平均球速 $= \dfrac{\Delta s}{\Delta t} = \dfrac{15 - 0}{0.4 - 0} = 37.5$(公尺/秒)

(2) $t \in [0, 0.2]$之平均球速

$\dfrac{\Delta s}{\Delta t} = \dfrac{10 - 0}{0.2 - 0} = 50$(公尺/秒)

(3) $t \in [0.2, 0.4]$之平均球速

$\dfrac{\Delta s}{\Delta t} = \dfrac{15 - 10}{0.4 - 0.2} = 25$(公尺/秒)

經由變化率之分析，得知此投手投球均速為 37.5 公尺/秒，前半段球速是後半段球速之兩倍，這些指標利於球探分析比較。

小陳出差至中部科學園區，從國道中山高 38 公里開車至 210 公里共花兩小時，求小陳開車平均時速多少公里？

 解

平均時速：$\dfrac{\Delta s}{\Delta t} = \dfrac{210 - 38}{2} = \dfrac{172}{2} = 86$ (公里/小時)

變化率除了物理應用例子，它在自然科學或社會科學的應用例子也很多。就數學來講，直線的斜率也是變化率。當探討之變化率的 x 差量Δx 很小時，稱此時之變化率為瞬間變化率(instantaneous rate of change)。

$$\text{變化率} \begin{cases} \text{平均變化率：} \dfrac{\Delta y}{\Delta x} \\ \text{(平均球速、平均時速、平均成本、斜率……)} \\ \text{瞬間變化率：} \lim_{x \to 0} \dfrac{\Delta y}{\Delta x} \\ \text{(邊際成本、切線斜率……)} \end{cases}$$

直線斜率(slope)

令 A、B 兩點為直線 L 之任意兩點，且 A、B 座標為 $A(x_1, y_1)$，$B(x_2, y_2)$，則直線 L 之斜率

$$m = \frac{\Delta y}{\Delta x} = \frac{y_2 - y_1}{x_2 - x_1} = \frac{y_1 - y_2}{x_1 - x_2}$$

1. 若 $L : y = ax + b$，則 $m = a$。

2. 若 $L : ax + by + c = 0$，

   則 $m = \dfrac{-a}{b}$。

3. 若 $L_1 \perp L_2$，則 $m_1 \times m_2 = -1$。

4. 若 $L_1 /\!/ L_2$，則 $m_1 = m_2$。

5. 水平線 $\Rightarrow$ 斜率為 0

   例：$y = 5 \Rightarrow m = 0$。

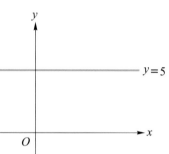

↑ 圖 3-2

6. L_1 為 $P(x_0, y_0)$ 之切線，L_2 為 $P(x_0, y_0)$ 之法線

   $\Rightarrow L_1 \perp L_2$，$m_1 \times m_2 = -1$。

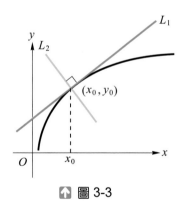

↑ 圖 3-3

切線斜率(slope of tangent line)與瞬間變化率

函數 $y = f(x)$ 圖形上的點 $P(a, f(a))$ 之切線斜率為

$$m = \lim_{\Delta x \to 0} \frac{f(a + \Delta x) - f(a)}{\Delta x}$$

就數學幾何意義，m 表示 $y = f(x)$ 在 $x = a$ 之切線斜率；

就物理意義，m 亦是 $y = f(x)$ 在 $x = a$ 之瞬間變化率。

我們以下面例子介紹切線斜率：

　　$y = f(x)$如圖 3-4，P、Q 為函數圖上兩點，

　　$P(a, f(a))$、$Q(a + \Delta x, f(a + \Delta x))$

　　$\overleftrightarrow{PQ}$ 為過 P、Q 兩點之直線，稱為割線(secant line)。

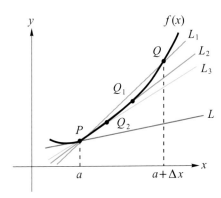

⬆ 圖 3-4

$\overleftrightarrow{PQ}$ 之斜率 $m = \dfrac{\Delta y}{\Delta x} = \dfrac{f(a + \Delta x) - f(a)}{(a + \Delta x) - a} = \dfrac{f(a + \Delta x) - f(a)}{\Delta x}$，當函

數圖形上之 Q 點，一直移動到 Q_1，Q_2 時，所對應之割線，$L_1 \to L_2$

$\to L_3 \cdots \to L$，會越來越接近過點 P 之切線 L。

　　當 $\Delta x \to 0$ 時，割線 $\overleftrightarrow{PQ}$ 也趨近於切線，所以切線斜率為

$$m_{切} = \lim_{\Delta x \to 0} \frac{f(a + \Delta x) - f(a)}{\Delta x}$$

切線方程式

直線 L 為過點 $P(a, f(a))$ 之切線，且切線斜率為 m

$\Rightarrow$ 切線方程式 $L : y - f(a) = m(x - a)$

例題 3

求函數 $f(x) = x^2$ 在點 $(2, 4)$ 之切線斜率及切線方程式

解

切線斜率 $m_{切} = \lim\limits_{\Delta x \to 0} \dfrac{f(a + \Delta x) - f(a)}{\Delta x}$

點 $(2, 4)$，$a = 2$

$$\Rightarrow m_{切} = \lim_{\Delta x \to 0} \frac{f(a + \Delta x) - f(a)}{\Delta x} = \lim_{\Delta x \to 0} \frac{(2 + \Delta x)^2 - 4}{\Delta x}$$

$$= \lim_{\Delta x \to 0} \frac{4 + 4 \cdot \Delta x + (\Delta x)^2 - 4}{\Delta x}$$

$$= \lim_{\Delta x \to 0} (4 + \Delta x) = 4$$

切線方程式 $y - f(a) = m(x - a) \Rightarrow y - 4 = 4(x - 2)$，

即 $4x - y - 4 = 0$

 例題 4

松坂投手伸卡球之軌跡方程式：$s(t) = 0.1t^2 + 2t$

t：時間(秒)；s：距離(公尺)，求

(1) $t \in [0, 2]$ 之平均速度　　　(2) $t \in [3, 6]$ 之平均速度

(3) $t = 3$ 之瞬間速度

解

(1) $t \in [0, 2]$ 之平均速度

$$m = \frac{\Delta s}{\Delta t} = \frac{s(2) - s(0)}{2 - 0} = \frac{4.4 - 0}{2} = 2.2 \text{ 公尺/秒}$$

(2) $t \in [3, 6]$ 之平均速度

$$m = \frac{\Delta s}{\Delta t} = \frac{s(6) - s(3)}{6 - 3} = \frac{15.6 - 6.9}{3} = \frac{8.7}{3} = 2.9 \text{ 公尺/秒}$$

(3) $t = 3$ 之瞬間速度

$$m_{切} = \lim_{\Delta t \to 0} \frac{s(3 + \Delta t) - s(3)}{\Delta t}$$

$$= \lim_{\Delta t \to 0} \frac{[0.1(3 + \Delta t)^2 + 2(3 + \Delta t)] - [0.1 \cdot 3^2 + 2 \cdot 3]}{\Delta t}$$

$$= \lim_{\Delta t \to 0} \frac{0.1[9 + 6\Delta t + (\Delta t)^2] + 6 + 2\Delta t - 6.9}{\Delta t}$$

$$= \lim_{\Delta t \to 0} \frac{2.6\Delta t + 0.1(\Delta t)^2}{\Delta t} = \lim_{\Delta t \to 0} [2.6 + 0.1 \cdot (\Delta t)] = 2.6$$

隨堂練習

1. 求下列直線 L 之斜率
   (1) $L：2x + 3y = 5$
   (2) $L：y = 2x - 3$
   (3) $L：y = -3x + 5$
   (4) $L：y = 7$

2. 求 $y = f(x)$ 於 $x = a$ 之切線斜率：
   (1) $y = x^2$，$x = 2$
   (2) $y = x^3$，$x = 1$

3. 直線 $L_1 \sim L_4$，如下圖所示，試求

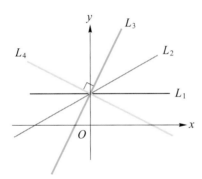

   (1) 斜率為 0 之直線
   (2) 斜率最大之直線
   (3) 請將 $L_1 \sim L_4$ 之斜率由大至小排列
   (4) 斜率小於 0 之直線
   (5) 若 $m_3 = 3$，則 $m_4 = ?$

習題 3-1

1. 求下列各直線 L 之斜率：

   (1) $y = 4x + 3$

   (2) $y = 3x + 4$

   (3) $2x - 5y + 6 = 0$

   (4) $3x + 2y + 7 = 0$

   (5) $y = 7$

   (6) $x = 3$

2. 求函數 $f(x) = 2x^2 - 3$ 於 $x \in [2, 5]$ 之平均變化率。

3. 若成本函數 $C(x) = 2x^2 + 3x + 6$，$x \in [0, 5]$，則平均成本為何？

4. 求各函數在指定點之斜率

   (1) $f(x) = 5x + 6$ $x = 2$

   (2) $f(x) = x^2 + 2$ $x = 1$

   (3) $f(x) = \dfrac{1}{x}$ $x = 2$

   (4) $f(x) = x^3$ $x = 2$

   (5) $f(x) = 3x^3 + 1$ $x = 1$

   (6) $f(x) = \sqrt{x}$ $x = 2$

5. 某部車子，在時間 t 時所行走距離 $s(t) = t^2 + 5t$ (單位：公里)，試求這部車子在時間 $t = 2$ 時之速度？

6. 求供給函數 $s(x) = \dfrac{1}{2}x^2 + 4$，$x > 0$ 在 $x = 4$ 之斜率。

7. 求需求函數 $D(x) = \dfrac{20}{x + 4}$，$x > 0$ 在 $x = 2$ 之斜率。

8. IG 公司生產智慧型手環 x 個之成本函數 $C(x) = 200 + 2x + x^2$，$x > 0$
   試求在 $x = 4$ 之瞬間變化率。

3-2　函數的導數(Derivative of $f(x)$)

前一節，我們已介紹變化率、斜率、切線斜率和瞬間變化率之概念。接著將介紹函數的導數 $f'(x)$ 和微分(differentiation)等概念。

導函數的定義

函數 $f(x)$ 之導數定義為

$$f'(x) = \lim_{\Delta x \to 0} \frac{f(x + \Delta x) - f(x)}{\Delta x}$$

而 $f(x)$ 在 $x = a$ 之導數為

$$f'(a) = \lim_{\Delta x \to 0} \frac{f(a + \Delta x) - f(a)}{\Delta x}$$

若 $f(x)$ 在 $x = a$ 的導數存在，則稱 $f(x)$ 在 $x = a$ 是可微分的(differentiable)，而求導數之過程稱為微分(differentiation)，$f'(x)$ 為 $f(x)$ 之導函數。

由導數 $f'(a)$ 的定義，可知：

導數的代表意義

(1) $f'(a)$ 代表函數 $y = f(x)$ 圖形上於點 $x = a$ 之切線斜率。

(2) $f'(a)$ 亦代表著 $x = a$ 之瞬間變化率。

$y = f(x)$ 的導數，常見之微分表示符號：y'、$f'(x)$、$\dfrac{dy}{dx}$、$\dfrac{df}{dx}$ 等。

微分符號有很多表現方式

1. $y' = f'(x) = \dfrac{dy}{dx} = \dfrac{df}{dx} = \dfrac{d}{dx} f(x) = D_x f(x)$

2. $y' = \dfrac{dy}{dx} = \lim_{\Delta x \to 0} \dfrac{\Delta y}{\Delta x} = \lim_{\Delta x \to 0} \dfrac{f(x + \Delta x) - f(x)}{\Delta x} = f'(x)$

3. $f'(a) = \lim_{\Delta x \to 0} \dfrac{f(a + \Delta x) - f(a)}{\Delta x} = \lim_{x \to a} \dfrac{f(x) - f(a)}{x - a}$

例題 1 ──────────────────────────────

利用定義求下列各函數之導函數：

(1) $f(x) = x^2$ (2) $f(x) = 7$

(3) $f(x) = 2x + 3$ (4) $f(x) = \dfrac{1}{x}$

解

(1) $f'(x) = \lim\limits_{\Delta x \to 0} \dfrac{f(x + \Delta x) - f(x)}{\Delta x}$

$= \lim\limits_{\Delta x \to 0} \dfrac{(x + \Delta x)^2 - x^2}{\Delta x}$

$= \lim\limits_{\Delta x \to 0} \dfrac{x^2 + 2\Delta x \cdot x + (\Delta x)^2 - x^2}{\Delta x}$

$= \lim\limits_{\Delta x \to 0} (2x + \Delta x) = 2x$

(2) $f'(x) = \lim\limits_{\Delta x \to 0} \dfrac{f(x + \Delta x) - f(x)}{\Delta x}$

$= \lim\limits_{\Delta x \to 0} \dfrac{7 - 7}{\Delta x} = 0$

(3) $f'(x) = \lim\limits_{\Delta x \to 0} \dfrac{f(x + \Delta x) - f(x)}{\Delta x}$

$= \lim\limits_{\Delta x \to 0} \dfrac{2(x + \Delta x) + 3 - (2x + 3)}{\Delta x}$

$= \lim\limits_{\Delta x \to 0} \dfrac{2x + 2 \cdot \Delta x + 3 - 2x - 3}{\Delta x}$

$= \lim\limits_{\Delta x \to 0} 2 = 2$

(4) $f'(x) = \lim\limits_{\Delta x \to 0} \dfrac{f(x + \Delta x) - f(x)}{\Delta x}$

$= \lim\limits_{\Delta x \to 0} \dfrac{\dfrac{1}{x + \Delta x} - \dfrac{1}{x}}{\Delta x}$

$= \lim\limits_{\Delta x \to 0} \dfrac{\dfrac{x - x - \Delta x}{(x + \Delta x) \cdot x}}{\Delta x}$

$= \lim\limits_{\Delta x \to 0} \dfrac{-1}{x(x + \Delta x)} = \dfrac{-1}{x^2}$

例題 **2**

$y = f(x)$如圖所示。

(1) $f(x)$在 $x = a$，b，c，d
各點中，那些點可微分？

(2) 比較導數 $f'(a)$和 $f'(b)$之大小。

(3) $f(x)$在 $x = a$，b，c，d
各點中，那些點之導數等於 0？

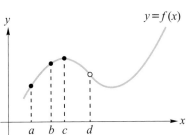

解

(1) $f(x)$在某點可微分，表示該點之導數存在，而導數代表該點
之切線斜率，由圖發現 $f(x)$在 $x = a$，b，c 各點，其切線斜
率都存在，但在 $x = d$ 點不連續，其切線不存在。所以 $f(x)$
在 $x = a$，b，c 點可微分。

(2) 導數 $f'(a)$表示過 $x = a$ 點之切線斜率，$f'(b)$表示過 $x = b$ 之
切線斜率，發現過 $x = a$ 點之切線較過 $x = b$ 點之切線陡，得
$f'(a) > f'(b)$。

(3) 因為過 $x = c$ 點之切線為水平切線，$\therefore f'(c) = 0$

例題 **3**

$f(x) = |x|$。求 $f(x)$在 $x = 0$ 之導數。

解

$f(x) = |x|$

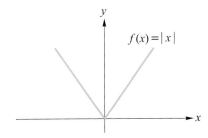

$$f'(0) = \lim_{\Delta x \to 0} \frac{f(0 + \Delta x) - f(0)}{\Delta x}$$

$$= \lim_{\Delta x \to 0} \frac{|\Delta x|}{\Delta x}，此極限需利用左極限、右極限求之$$

左極限：$\lim\limits_{\Delta x \to 0^-} \dfrac{|\Delta x|}{\Delta x} = \lim\limits_{\Delta x \to 0^-} \dfrac{-\Delta x}{\Delta x} = -1$

右極限：$\lim\limits_{\Delta x \to 0^+} \dfrac{|\Delta x|}{\Delta x} = \lim\limits_{\Delta x \to 0^+} \dfrac{\Delta x}{\Delta x} = 1$

∵ 左極限 ≠ 右極限 ⇒ $\lim\limits_{\Delta x \to 0} \dfrac{|\Delta x|}{\Delta x}$ 不存在

∴ $f'(0)$ 不存在

由函數圖形 ⇒ $f(x)$ 在 $x = 0$ 是尖尖的轉折點，其切線不存在，

得 $f'(0)$ 不存在

　　由例題 2 和例題 3 及其函數圖形，我們可以發現

1. 若函數在該點不連續，則在該點不可微分。

2. 若函數在該點連續，並不保證在該點可微分。

函數連續和可微分性質

若函數 $f(x)$ 在 $x = a$ 可微分，則 $f(x)$ 在 $x = a$ 連續

函數 $y = f(x)$ 在 $x = a$ 之切線方程式

$y - f(a) = f'(a) \cdot (x - a)$

 4

設 $f(x) = x^2 + 1$，求此函數圖形在 $x = 2$ 之切線方程式

切線之斜率 $= f'(2)$

$$= \lim\limits_{\Delta x \to 0} \dfrac{f(2 + \Delta x) - f(2)}{\Delta x}$$

$$= \lim\limits_{\Delta x \to 0} \dfrac{(2 + \Delta x)^2 + 1 - (4 + 1)}{\Delta x}$$

$$= \lim\limits_{\Delta x \to 0} \dfrac{4 + 4 \cdot \Delta x + (\Delta x)^2 - 4}{\Delta x}$$

$$= \lim\limits_{\Delta x \to 0} (4 + \Delta x) = 4$$

$x = 2$，$f(2) = 5$

故 $f(x)$ 在 $x = 2$ 之切線方程式為 $y - f(2) = f'(2) \cdot (x - 2)$

即 $y - 5 = 4(x - 2) \Rightarrow$ 切線方程式為 $y = 4x - 3$

隨堂練習

1. 若 $f(x) = |x - 1|$，試問 $f(x)$ 在何處不可微分？
2. 求 $f(x) = x^2 + 2$ 在 $x = 1$ 之瞬間變化率？

習題 3-2

1. 函數 $y = f(x)$ 之圖形如下所示，試問 $f(x)$ 在 $x = a$，b，c，d，e 時，

   (1) 哪些點可微分？

   (2) 哪一點導數值最大？

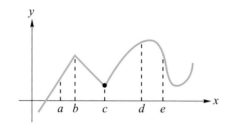

2. 試求下列各函數 $f(x)$ 在 $x = a$ 之導數 $f'(a)$

   (1) $f(x) = 5x + 6$，$a = 2$

   (2) $f(x) = 70$，$a = 3$

   (3) $f(x) = x^2 - 2x$，$a = 1$

   (4) $f(x) = \dfrac{1}{x}$，$a = 1$

3. 求函數 $f(x) = x^2 + x$ 在 $x = 1$ 之切線方程式。

4. 求函數 $s(t) = 5t^2 - 2t + 1$ 在 $t = 1$ 之瞬間變化率。

5. 利用定義求導函數 $f'(x)$

   (1) $f(x) = x^2$

   (2) $f(x) = \sqrt{x}$

6. 設 $f(x) = \dfrac{x(1-x)(2-x)(3-x)\cdots(9-x)}{(1+x)(2+x)(3+x)\cdots(9+x)}$，求 $f'(0)$。

3-3 微分的基本公式

　　如果求每個函數之導數都用導數之定義去求 $f'(x)$，那將是很複雜且繁瑣之計算過程。我們可利用導數的定義所推導出的微分公式去求導數，使得求導數變得簡單又快速。

基本微分公式

$f(x)$、$g(x)$ 皆為可微分函數，則

(1) 若 $f(x) = c$，c 為任意常數，則 $f'(x) = 0$

(2) 若 $f(x) = x^n$，n 為任意實數，則 $f'(x) = n \cdot x^{n-1}$

(3) $[k \cdot f(x)]' = k \cdot f'(x)$，$k$ 為常數

(4) $[f(x) + g(x)]' = f'(x) + g'(x)$

(5) $[f(x) - g(x)]' = f'(x) - g'(x)$

(6) $[f(x) \cdot g(x)]' = f'(x) \cdot g(x) + f(x) \cdot g'(x)$

(7) $\left[\dfrac{g(x)}{f(x)}\right]' = \dfrac{g'(x) \cdot f(x) - g(x) \cdot f'(x)}{[f(x)]^2}$，$f(x) \neq 0$

　　這些基本的微分公式，都可由導數之定義及極限的運算法則推導證明出來。除了(6)、(7)微分乘法、微分除法公式證明較難外，其餘證明都很簡單，讀者需要熟練這些基本微分公式。

例題 1

設 $f(x)$ 為可微分函數，c、k 為任意實數，證明基本微分公式

(1) $f(x) = c$，則 $f'(x) = 0$

(2) $[k \cdot f(x)]' = k \cdot f'(x)$

(3) $f(x) = x^n \Rightarrow f'(x) = n \cdot x^{n-1}$

解

(1) $f'(x) = \lim\limits_{\Delta x \to 0} \dfrac{f(x + \Delta x) - f(x)}{\Delta x} = \lim\limits_{\Delta x \to 0} \dfrac{c - c}{\Delta x} = \lim\limits_{\Delta x \to 0} 0 = 0$

(2) 令 $g(x) = k \cdot f(x)$

$$g'(x) = \lim_{\Delta x \to 0} \frac{g(x + \Delta x) - g(x)}{\Delta x}$$

$$= \lim_{\Delta x \to 0} \frac{k \cdot f(x + \Delta x) - k \cdot f(x)}{\Delta x}$$

$$= k \cdot \lim_{\Delta x \to 0} \frac{f(x + \Delta x) - f(x)}{\Delta x}$$

$$= k \cdot f'(x)$$

(3) $\displaystyle f'(x) = \lim_{\Delta x \to 0} \frac{f(x + \Delta x) - f(x)}{\Delta x}$

$$= \lim_{\Delta x \to 0} \frac{(x + \Delta x)^n - x^n}{\Delta x}$$

$$= \lim_{\Delta x \to 0} \frac{C_0^n x^n + C_1^n x^{n-1} \cdot \Delta x + \cdots + C_{n-1}^n \cdot x \cdot (\Delta x)^{n-1} + C_n^n \cdot (\Delta x)^n - x^n}{\Delta x}$$

$$= \lim_{\Delta x \to 0} (C_1^n x^{n-1} + C_2^n x^{n-2} \cdot (\Delta x) + \cdots + C_n^n (\Delta x)^{n-1})$$

$$= n x^{n-1}$$

 例題 2 ————————————

★ 強化學習

利用微分公式
(1) $(c)' = 0$
(2) $(x^n)' = n x^{n-1}$

試求下列函數之導數 $f'(x)$

(1) $f(x) = x^7$ 　　　　　　　(2) $f(x) = x^{-3}$

(3) $f(x) = x^{\frac{3}{2}}$ 　　　　　　(4) $f(x) = \sqrt{x}$

(5) $f(x) = 9$ 　　　　　　　(6) $f(x) = \dfrac{1}{x}$

解

(1) $f(x) = x^7 \Rightarrow f'(x) = 7x^6$

(2) $f(x) = x^{-3} \Rightarrow f'(x) = -3x^{-4}$

(3) $f(x) = x^{\frac{3}{2}} \Rightarrow f'(x) = \dfrac{3}{2} x^{\frac{3}{2} - 1} = \dfrac{3}{2} x^{\frac{1}{2}}$

(4) $f(x) = \sqrt{x} = x^{\frac{1}{2}} \Rightarrow f'(x) = \dfrac{1}{2} \cdot x^{\frac{-1}{2}} = \dfrac{1}{2\sqrt{x}}$

(5) $f(x) = 9 \Rightarrow f'(x) = 0$

(6) $f(x) = \dfrac{1}{x} = x^{-1} \Rightarrow f'(x) = -1 \cdot x^{-2} = \dfrac{-1}{x^2}$

例題**3**

求 y'

(1) $y = 5x^4$　　　　　　　　(2) $y = 5x^4 + x^2 + 7$

(3) $y = 2x^3 - 3x^2 + 2$　　　(4) $y = 3x^4 - 4x + 2$

解

(1) $y' = 5 \cdot 4x^3 = 20x^3$

(2) $y' = 5 \cdot 4x^3 + 2x + 0 = 20x^3 + 2x$

(3) $y' = 2 \cdot 3x^2 - 3 \cdot 2x + 0 = 6x^2 - 6x$

(4) $y' = 3 \cdot 4x^3 - 4 + 0 = 12x^3 - 4$

例題**4**

試求下列函數之導數 $f'(x)$

(1) $f(x) = (3x^2 + 7)(x^3 + x^2 + 5)$　　(2) $f(x) = (3x + 5)(2x - 3)$

(3) $f(x) = \dfrac{x + 2}{x - 1}$　　　　　　　　(4) $f(x) = \dfrac{x^2 - 3x + 1}{2 + 3x}$

強化學習

利用微分乘法、除法公式。

$(f \cdot g)' = f' \cdot g + f \cdot g'$

$(\dfrac{g}{f})' = \dfrac{g' \cdot f - g \cdot f'}{f^2}$

解

(1) $f'(x) = (3x^2 + 7)' \cdot (x^3 + x^2 + 5) + (3x^2 + 7)(x^3 + x^2 + 5)'$

　　$= 6x \cdot (x^3 + x^2 + 5) + (3x^2 + 7)(3x^2 + 2x)$

　　$= 6x^4 + 6x^3 + 30x + 9x^4 + 6x^3 + 21x^2 + 14x$

　　$= 15x^4 + 12x^3 + 21x^2 + 44x$

(2) $f'(x) = (3x + 5)' \cdot (2x - 3) + (3x + 5) \cdot (2x - 3)'$

　　$= 3 \cdot (2x - 3) + (3x + 5) \cdot 2$

　　$= 6x - 9 + 6x + 10 = 12x + 1$

(3) $f'(x) = (\dfrac{x + 2}{x - 1})' = \dfrac{(x + 2)'(x - 1) - (x + 2)(x - 1)'}{(x - 1)^2}$

　　$= \dfrac{1 \cdot (x - 1) - (x + 2) \cdot 1}{(x - 1)^2} = \dfrac{-3}{(x - 1)^2}$

(4) $f'(x) = (\dfrac{x^2 - 3x + 1}{2 + 3x})'$

　　$= \dfrac{(x^2 - 3x + 1)'(2 + 3x) - (x^2 - 3x + 1)(2 + 3x)'}{(2 + 3x)^2}$

　　$= \dfrac{(2x - 3)(2 + 3x) - (x^2 - 3x + 1) \cdot 3}{(2 + 3x)^2}$

　　$= \dfrac{4x - 6 + 6x^2 - 9x - 3x^2 + 9x - 3}{(2 + 3x)^2} = \dfrac{3x^2 + 4x - 9}{(2 + 3x)^2}$

5

若 $C(x) = 300 + 20x + x^2$ 表某工廠每週生產 x 件產品之總成本，
試求：

(1) 固定成本

(2) 邊際成本 $MC(x) = C'(x)$

(3) $C'(10)$

解

(1) 固定成本 $= C(0) = 300$

(2) 邊際成本 $MC(x) = C'(x) = 20 + 2x$

(3) $C'(10) = 20 + 2 \cdot 10 = 40$

 6

若 $f(x) = x^2 + ax + 3$ 在點 $x = 2$ 之切線斜率為 5，求 a 值。

解

$f'(x) = 2x + a$

切線斜率：$m = f'(2) = 4 + a = 5$

$\therefore a = 1$

 7

H&M 公司預估營業前 5 年之總銷售金額為 $S = f(x) = \dfrac{0.5x^3}{1 + x^2}$，

$(0 \leq x \leq 5)$ 其中 S 以百萬元計且 $x = 0$ 代表第一年開始營業之日。
試求第三年營業開始時銷售金額增加之速度有多大？

解

公司總銷售額之變化率為

$$S' = \frac{(0.5x^3)'(1 + x^2) - 0.5x^3(1 + x^2)'}{(1 + x^2)^2}$$

$$= \frac{1.5x^2(1 + x^2) - 0.5x^3 \cdot 2x}{(1 + x^2)^2}$$

所以第三年一開始時，銷售金額增加之速度為

$$S'(2) = \frac{6 \cdot 5 - 4 \cdot 4}{25} = \frac{14}{25} = 0.56$$

⇒第三年營業開始時，增加速度為 0.56

即每年增加 560000 元

隨堂練習

1.　求 $f(x) = 5x^3 - 2x + 7$ 之 $f'(x)$。

2.　求 $f(x) = \dfrac{5x - 2}{x^2 + 1}$ 在 $x = 2$ 之切線斜率。

習題 3-3

1. 求下列函數之導函數 $f'(x)$

(1) $f(x) = x^{100}$

(2) $f(x) = 5x^3 - 2x^2 + 7$

(3) $f(x) = \sqrt{x}$

(4) $f(x) = \dfrac{1}{\sqrt{x}}$

(5) $f(x) = 3x^{-2} - 4x^{\frac{3}{2}}$

(6) $f(x) = 2x + 7$

(7) $f(x) = \dfrac{x^5}{3} + \dfrac{3}{x^3}$

(8) $f(x) = 2x + \dfrac{1}{\sqrt{x}}$

2. 求下列函數之導函數 y'

(1) $y = \dfrac{1}{x^2} - \dfrac{1}{x^3} + \dfrac{2}{x^4}$

(2) $y = \dfrac{x}{x^2 + 9}$

(3) $y = \dfrac{50x^2}{10 + x^2}$

(4) $y = \dfrac{5x + 3}{x + 2}$

(5) $y = (3x^2 - 6x)(x^2 + 2x)$

(6) $y = \dfrac{(x^2 + 7)(x + 2)}{x - 3}$

3. 求曲線 $y = x^3 - 2x + 1$ 在其圖形上一點 $(1, 0)$ 之切線斜率。

4. 求函數 $f(x) = \dfrac{x}{5 - x^2}$ 在點 $(2, 2)$ 之切線方程式。

5. 求函數 $f(x) = \dfrac{x^2}{x - 1}$ 的圖形在何點有水平切線。

6. 若函數 $f(x) = (x^2 - x)(2x + 3)$ 在某點之切線斜率 $m = -3$，求切點座標。

7. 若 $f(x) = x^{50}$，求 $\displaystyle\lim_{x \to 1} \dfrac{f(x) - f(1)}{x - 1}$。

8. 設直線 $y = 2x + a$ 為曲線 $y = x^2$ 之切線，求 a 之值。

9. 一實驗室作細菌繁殖培養實驗，細菌數 P 可表示為 $P(t) = 300 + \dfrac{1000t}{50 + t^2}$，$t$ 為時間(以小時計)，求當 $t = 2$ 時，P 對 t 之變化率。

10. 有一學生把下列函數之導數寫錯了，請幫他更正！

(1) $f(x) = \dfrac{2x^2 + 3}{x^5 + 1} \Rightarrow f'(x) = \dfrac{4x}{5x^4} = \dfrac{4}{5x^3} = \dfrac{4}{5}x^{-3}$

(2) $f(x) = \dfrac{x^3 + 1}{x^2} \Rightarrow f'(x) = \dfrac{3x^2}{2x} = \dfrac{3}{2}x$

3-4　連鎖律法則(Chain Rule)

除了上一節介紹的微分基本公式，讓我們得以快速求出導數，本節還要介紹一種很重要的微分公式──連鎖律法則(Chain Rule)。此微分法則應用在求合成函數的導數。

例如求下列之導數

不用連鎖律公式	要用連鎖律公式
$y = x^{50}$	$y = (x^5 + 2)^{50}$
$y = \sqrt{x}$	$y = \sqrt{x^2 + 1}$
$y = \dfrac{5x + 3}{x^2 + 1}$	$y = (\dfrac{5x + 3}{x^2 + 1})^{20}$

下面是連鎖律法則基本公式：

連鎖律

若 $y = f(u)$ 為對 u 之可微分函數，$u = g(x)$ 為對 x 之可微分函數，

則 $y = f(u) = f(g(x))$ 為對 x 之可微分函數

且 $\dfrac{dy}{dx} = \dfrac{dy}{du} \cdot \dfrac{du}{dx}$，即 $\dfrac{dy}{dx} = \dfrac{d}{dx} f(g(x)) = f'(g(x)) \cdot g'(x)$

冪函數微分公式

若 $f(x) = [u(x)]^n$，n 為任意非零實數，則 $f'(x) = n \cdot [u(x)]^{n-1} \cdot u'(x)$

冪函數微分是連鎖律的一個特例，證明如下：

令 $f(t) = t^n$，$t = u(x)$，皆為可微分函數

則 $f(t) = f(u(x)) = [u(x)]^n$

$\quad \dfrac{df}{dx} = \dfrac{df}{dt} \cdot \dfrac{dt}{dx} = n \cdot t^{n-1} \cdot u'(x)$

$\qquad\quad = n \cdot [u(x)]^{n-1} \cdot u'(x)$

例題 **1**

利用連鎖律公式求導數

(1) $y = (x^3 + 2)^{50}$　　(2) $y = \sqrt{x^2 + 1}$　　(3) $y = (\dfrac{5x + 3}{x^2 + 1})^{50}$

解

(1) $y = (x^3 + 2)^{50}$，用冪函數微分公式可快速求出導數

$y' = 50(x^3 + 2)^{50-1} \cdot (x^3 + 2)'$

$\quad = 50(x^3 + 2)^{49} \cdot (3x^2 + 0)$

$\quad = 150x^2(x^3 + 2)^{49}$

(2) $y = \sqrt{x^2 + 1} = (x^2 + 1)^{\frac{1}{2}}$

$y' = \dfrac{1}{2}(x^2 + 1)^{\frac{1}{2} - 1} \cdot (x^2 + 1)'$

$\quad = \dfrac{1}{2}(x^2 + 1)^{\frac{-1}{2}} \cdot 2x$

$\quad = x \cdot (x^2 + 1)^{\frac{-1}{2}}$

(3) $y = (\dfrac{5x + 3}{x^2 + 1})^{50}$

$y' = 50\,(\dfrac{5x + 3}{x^2 + 1})^{50-1} \cdot (\dfrac{5x + 3}{x^2 + 1})'$

$\quad = 50\,(\dfrac{5x + 3}{x^2 + 1})^{49}\,\dfrac{5 \cdot (x^2 + 1) - (5x + 3) \cdot 2x}{(x^2 + 1)^2}$

$\quad = 50\,(\dfrac{5x + 3}{x^2 + 1})^{49}\,\dfrac{5x^2 + 5 - 10x^2 - 6x}{(x^2 + 1)^2}$

$\quad = 50\,(\dfrac{5x + 3}{x^2 + 1})^{49}\,(\dfrac{-5x^2 - 6x + 5}{(x^2 + 1)^2})$

例題 **2**

求 $f'(x)$

(1) $f(x) = (x^2 + 2x + 3)^{100}$ 　　　　(2) $f(x) = \dfrac{1}{(x^3 + 2x + 3)^{10}}$

(3) $f(x) = (\dfrac{5x - 6}{x^2 - 1})^{20}$ 　　　　(4) $f(x) = (x^2 - 4)^{\frac{3}{2}}$

(5) $f(x) = (3x^2 + 2)^3 \cdot (3x + 1)^5$ 　　(6) $f(x) = \dfrac{(3x - 1)^2}{(2x + 3)^3}$

㊙ 解

(1) $f'(x) = 100(x^2 + 2x + 3)^{99} \cdot (x^2 + 2x + 3)'$

$\quad = 100(x^2 + 2x + 3)^{99} \cdot (2x + 2)$

$\quad = 200(x^2 + 2x + 3)^{99} \cdot (x + 1)$

(2) $f(x) = \dfrac{1}{(x^3 + 2x + 3)^{10}} = (x^3 + 2x + 3)^{-10}$

$\quad f'(x) = -10(x^3 + 2x + 3)^{-11} \cdot (3x^2 + 2)$

$\quad = -10(3x^2 + 2)(x^3 + 2x + 3)^{-11}$

(3) $f(x) = (\dfrac{5x - 6}{x^2 - 1})^{20}$

$\quad f'(x) = 20\,(\dfrac{5x - 6}{x^2 - 1})^{19} \cdot (\dfrac{5x - 6}{x^2 - 1})'$

$\quad = 20\,(\dfrac{5x - 6}{x^2 - 1})^{19} \cdot \dfrac{5(x^2 - 1) - (5x - 6) \cdot 2x}{(x^2 - 1)^2}$

$\quad = 20\,(\dfrac{5x - 6}{x^2 - 1})^{19} (\dfrac{-5x^2 + 12x - 5}{(x^2 - 1)^2})$

(4) $f(x) = (x^2 - 4)^{\frac{3}{2}}$

$\quad f'(x) = \dfrac{3}{2}(x^2 - 4)^{\frac{1}{2}} \cdot 2x = 3x\,(x^2 - 4)^{\frac{1}{2}}$

(5) 先用乘法微分公式

$\quad f'(x) = [(3x^2 + 2)^3]'(3x + 1)^5 + (3x^2 + 2)^3 \cdot [(3x + 1)^5]'$

再利用冪函數微分公式

$\Rightarrow f'(x) = 3(3x^2 + 2)^2 \cdot 6x \cdot (3x + 1)^5 + (3x^2 + 2)^3 \cdot 5(3x + 1)^4 \cdot 3$

$\quad = 18x(3x^2 + 2)^2 \cdot (3x + 1)^5 + 15(3x^2 + 2)^3 \cdot (3x + 1)^4$

$\quad = 3(3x^2 + 2)^2(3x + 1)^4[6x \cdot (3x + 1) + 5(3x^2 + 2)]$

$\quad = 3(3x^2 + 2)^2(3x + 1)^4(33x^2 + 6x + 10)$

(6) $f(x) = \dfrac{(3x - 1)^2}{(2x + 3)^3} = (3x - 1)^2 \cdot (2x + 3)^{-3}$

$\Rightarrow f'(x) = 2(3x - 1) \cdot 3(2x + 3)^{-3} + (3x - 1)^2 \cdot (-3)(2x + 3)^{-4} \cdot 2$

$\quad = 6(3x - 1)(2x + 3)^{-3} + (-6)(3x - 1)^2(2x + 3)^{-4}$

$\quad = 6(3x - 1)(2x + 3)^{-4}(2x + 3 - 3x + 1)$

$\quad = 6(3x - 1)(2x + 3)^{-4}(-x + 4)$

例題 ③

若 $y = u^3 + u^2 + 2u + 1$，$u = x^3 + 1$。求

(1) $\dfrac{dy}{du}$ ⟶⟶⟶⟶⟶⟶ (2) $\dfrac{du}{dx}$

(3) $\dfrac{dy}{dx}$ ⟶⟶⟶⟶⟶⟶ (4) $\dfrac{dy}{dx}\Big|_{x=0}$

解

(1) $\dfrac{dy}{du} = 3u^2 + 2u + 2$

(2) $\dfrac{du}{dx} = 3x^2$

(3) $\dfrac{dy}{dx} = \dfrac{dy}{du} \cdot \dfrac{du}{dx} = (3u^2 + 2u + 2)(3x^2)$

$\qquad = [3(x^3 + 1)^2 + 2(x^3 + 1) + 2] \cdot 3x^2$

(4) $\dfrac{dy}{dx}\Big|_{x=0} = (3 + 2 + 2) \cdot 0 = 0$

例題 ④

若 $y = u^2 + 2u + 1$，$u = t^3 + 2t + 3$，$t = x^2 + 7x - 1$，求 $\dfrac{dy}{dx}\Big|_{x=0}$。

解

利用連鎖律微分公式：

$\dfrac{dy}{dx} = \dfrac{dy}{du} \cdot \dfrac{du}{dt} \cdot \dfrac{dt}{dx}$

$\Rightarrow \dfrac{dy}{dx} = (2u + 2)(3t^2 + 2)(2x + 7)$

當 $x = 0$ 時，$t = -1$，$u = 0$

$\therefore \dfrac{dy}{dx}\Big|_{x=0} = 2 \cdot 5 \cdot 7 = 70$

例題 ⑤

物聯網之智慧手環應用越來越普及，預估未來平均售價為 $A(t) = \dfrac{2000}{(t+1)^{0.5}}$ $(0 \le t \le 5)$，當 $t = 0$ 對應於 2020 年初，試問 2023 年智慧手環平均售價之價格變化率是下降或上升？是下降多少或上升多少？

平均售價之價格變化率為 $A'(t)$

$A(t) = \dfrac{2000}{(t+1)^{0.5}} = 2000(t+1)^{-0.5}$

$A'(t) = 2000(-0.5)(t+1)^{-1.5} = -1000(t+1)^{-1.5}$

2023 年對應 $t = 3$，

$\therefore A'(3) = -1000 \times 4^{-1.5}$

$= -1000 \times 2^{-3}$

$= -125$

$\Rightarrow$ 2023 年價格變化率為 -125，是下降，每年下降 125 元

隨堂練習

1. $y = (x^3 + 1)^{10}$，求 y'。

2. $f(x) = (x^2 - 5)^{\frac{3}{2}}$，求 $f'(x)$。

習題 3-4

1. 利用連鎖律法則，求下列各題 $\dfrac{dy}{dx}\Big|_{x=1}$

(1) $y = u^2 + 2u + 3$，$u = x^3 + 2x + 1$ (2) $y = t^2 + 1$，$t = u^2 - 2u$，$u = 2x^3 - 1$

(3) $y = \sqrt{3u^2 + 1}$，$u = \dfrac{2x - 1}{x + 1}$ (4) $y = u^{10} + u^9 + u$，$u = 1 - x^2$

2. 已知 $f(1) = 1$，$f'(1) = -2$，試求下列各題

(1) $h(x) = 5f(x) + 2$，求 $h'(1)$ (2) $h(x) = x^3 \cdot f(x)$，求 $h'(1)$

(3) $h(x) = [1 + f(x)]^3$，求 $h'(1)$ (4) $h(x) = \dfrac{2f(1)}{1 + f(x)}$，求 $h'(1)$

3. 求 $f(x)$ 之導函數 $f'(x)$

(1) $f(x) = (3x + 5)^7$ (2) $f(x) = (x^2 - 2)^{\frac{3}{2}}$

(3) $f(x) = \sqrt{2x^2 + 5x + 1}$ (4) $f(x) = \left(\dfrac{5x + 3}{x^2 - 1}\right)^{10}$

(5) $f(x) = \dfrac{1}{(x^2 + 3x + 2)^7}$ (6) $f(x) = \dfrac{(x^2 + 2x + 5)^3}{x^2 - 6x + 3}$

(7) $f(x) = x^2 (3x + 2)^4$ (8) $f(x) = (1 + x^2)^3 (1 - 2x^2)^8$

4. 求 $f(x) = (1 - x^2)^3$ 於點 $P(1, 0)$ 之切線方程式。

5. 某細菌在培養皿中之數目 $P(t) = 200\left(1 + \dfrac{3t}{20 + t^2}\right)^2$，其中 t 表時間(以小時計)，求 $t = 2$ 之變化率。

6. 某工廠生產 x 件產品，每月總成本為 $C(x) = 200 + \sqrt{9 + 3x^2}$，求邊際成本函數 $MC(x) = C'(x)$。

7. 生物食物鏈顯示，狐和兔在適當環境下共存，兔之數目依紅蘿蔔的數量 c 來決定，設兔的數目為 $r(c) = 50 + 0.1c + c^2$，而狐之數目依兔之數目 r 而定，設狐之數目為 $f(r) = (r^2 + 1)^{\frac{1}{4}}$，求 $\dfrac{df}{dc}$。

8. 某考生把下列導數算錯，請幫他更正！

$y = (1 + x^2)^{\frac{1}{2}}$ 則 $y' = \dfrac{1}{2}(1 + x^2)^{\frac{-1}{2}}$。

3-5　高階導數(Higher-order derivative)

$y = f(x)$的導數$y' = f'(x)$，其代表函數$y = f(x)$之變化率。如果繼續對$f'(x)$求其導數，其導數為$f''(x)$，稱為$y = f(x)$的二階導數(second derivative)。二階導數對畫函數圖形，判斷函數圖形之凹向性很重要。對於 $s(t)$時間距離函數，$s'(t)$表示速度，$s''(t)$表示速率之變化率，即所謂加速度。其他高階微分在微分方程或無窮級數中都被廣泛應用。

高階導數的符號

一階導數 $f'(x)$，y'，$\dfrac{dy}{dx}$，$\dfrac{df}{dx}$

二階導數 $f''(x)$，y''，$\dfrac{d^2y}{dx^2}$，$\dfrac{d^2f}{dx^2}$

三階導數 $f'''(x)$，y'''，$\dfrac{d^3y}{dx^3}$，$\dfrac{d^3f}{dx^3}$

n 階導數 $f^{(n)}(x)$，$y^{(n)}$，$\dfrac{d^ny}{dx^n}$，$\dfrac{d^nf}{dx^n}$

例題 1

設 $y = x^3 + 6x + 7$，求 y''。

解

$y' = 3x^2 + 6$

$(y')' = 3 \cdot 2x$

$y'' = 6x$

例題 2

令 $f(x) = \dfrac{1}{x}$，求 $f^{(10)}(1)$。

解

$f'(x) = -1 \cdot x^{-2}$

$f''(x) = -1 \cdot -2 \cdot x^{-3}$

$$f'''(x) = -1 \cdot -2 \cdot -3 \cdot x^{-4}$$

$$f^{(10)}(x) = -1 \cdot -2 \cdot -3 \cdots -10 \cdot x^{-11}$$

$$f^{(10)}(x) = 10! \, x^{-11}$$

$$f^{(10)}(1) = 10!$$

例題 **3**

設 $y = \dfrac{x-1}{x+1}$，求 y''。

解

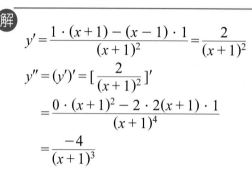

$$y' = \frac{1 \cdot (x+1) - (x-1) \cdot 1}{(x+1)^2} = \frac{2}{(x+1)^2}$$

$$y'' = (y')' = \left[\frac{2}{(x+1)^2}\right]'$$

$$= \frac{0 \cdot (x+1)^2 - 2 \cdot 2(x+1) \cdot 1}{(x+1)^4}$$

$$= \frac{-4}{(x+1)^3}$$

例題 **4**

設某產品成本函數 $C(x) = -100x^2 + 450x + 1100$，求

(1) 固定成本

(2) 邊際成本：$MC(x)$

(3) 邊際成本之變化率

解

(1) 固定成本 $C(0) = 1100$

(2) $MC(x) = C'(x) = -200x + 450$

(3) $MC'(x) = -200$

例題 **5**

某輛車子沿高速公路由台北往台中，在時間 t (小時)，其所行走距離為 $s(t) = 25t^2 - 2t^3$ 公里。求

(1) 車子在 $t \in [0, 5]$ 之平均速度

(2) 車子在 $t = 2$ 處，求其速度

(3) 車子在 $t = 2$ 處，求其加速度

解

(1) 平均速度 $= \dfrac{s(5) - s(0)}{5 - 0} = \dfrac{375}{5} = 75$

(2) $s'(2) = 50 \cdot 2 - 6 \cdot 2^2$

$\qquad = 100 - 24$

$\qquad = 76$

(3) 加速度 $= s''(t)$

$\quad s''(t) = 50 - 12t$

$\quad s''(2) = 50 - 24 = 26$

 強化學習

$s'(t) = 50t - 6t^2$

例題 6

求指定的導函數

(1) 若 $s(t) = 3t^3 - 2t + 5$，求 $\dfrac{d^2 s}{dt^2}$。

(2) 若 $y = \dfrac{1}{1 + x^2}$，求 $\dfrac{d^2 y}{dx^2}$。

解

(1) $\dfrac{ds}{dt} = 9t^2 - 2$，$\dfrac{d^2 s}{dt^2} = 18t$

(2) $\dfrac{dy}{dx} = \dfrac{-1 \cdot 2x}{(1 + x^2)^2} = \dfrac{-2x}{(1 + x^2)^2}$

$\quad \dfrac{d^2 y}{dx^2} = \dfrac{-2(1 + x^2)^2 - (-2x) \cdot 2(1 + x^2)(2x)}{(1 + x^2)^4}$

$\qquad = \dfrac{-2(1 + x^2)\left[(1 + x^2) - (2x)(2x)\right]}{(1 + x^2)^4}$

$\qquad = \dfrac{-2(1 - 3x^2)}{(1 + x^2)^3}$

隨堂練習

1. $f(x) = \sqrt{x}$，求 $f'''(x)$。
2. $f(x) = x^3 + 9$，求 $f''(x)$。
3. $f(x) = \dfrac{x}{x^2 + 1}$，求 $f''(x)$。

習題 3-5

1. 求二階導數

   (1) $f(x) = x^5 + 3$ 　　　　　　　(2) $f(x) = \dfrac{x-1}{x+1}$

   (3) $f(x) = (x^2 + 1)^{10}$ 　　　　(4) $f(x) = \sqrt{x}$

2. 若 $g(t) = 5t^4 + 10t^2 + 3$，求 $g''(2)$。

3. 若 $f(x) = \dfrac{1}{x}$，求 $f^{(100)}(1)$。

4. 若 $f(x) = \dfrac{1}{2x+1}$，求 $f^{(100)}(0)$。

5. 若 $f(x) = x^{100}$，求 $f^{(100)}(x)$。

6. 若 $f(x) = x^3$，求 $f^{(5)}(x)$。

7. 若 $f(x) = (x+1)(x+2)(x+3)(x+4)(x+5)$，求 $f^{(5)}(x)$

8. (1) 求 $\dfrac{d^3}{dx^3}(5x^4 - 3x^2 + 7x + 6)$。

   (2) 求 $\dfrac{d^2}{dx^2}(x^2 + 2x)^{10}$。

9. Google 實驗室無人駕駛車實驗顯示，行駛 t 秒後之距離 S 為
   $S(t) = -t^3 + 8t^2 + 20t \ (0 \le t \le 10)$，求該車在 $t = 2$ 之加速度。

3-6　隱函數微分(Implicit differentiation)

　　我們之前介紹的函數都是 $y = f(x)$ 型式，其對應關係很清楚，此類型函數稱爲顯函數(explicit function)。例如：$y = 2x + 3$，$y = x^2 + 2x + 5$，$y = (x^2 + 5)^{10}$，……等皆是顯函數，但並非每個函數都可以顯函數型式展示，例如方程式 $x^3 + xy + y^2 - 2x + 3y = 100$，我們無法解出 y 表示 x 顯函數型式，但是可能存在一些函數 $f(x)$，使得 $y = f(x)$ 時滿足

$$x^3 + x \cdot f(x) + [f(x)]^2 - 2x + 3 \cdot [f(x)] = 100$$

像這樣由 x，y 方程式所間接定義出來的函數，我們稱之爲隱函數(implicit function)。對於隱函數導數之求法，我們不必解方程式，只要利用連鎖律和導數的四則運算公式便可以求出隱函數之導數，這些方法和技巧在微分方程和工程領域是很常用的。

隱函數微分技巧

1. 假設 y 為 x 之函數。
2. 求 $\dfrac{dy}{dx}$ 時，必須認知微分是對 x 運算的。
3. 微分項只有 x 變數時，直接微分。
4. 微分項只有 y 變數時，要用連鎖律、導數四則運算。

例題 **1**

對 $x^2 + y^2 = 9$，求 $\dfrac{dy}{dx}$，$\dfrac{dy}{dx}\Big|_{x=1，y=\sqrt{8}}$

用隱函數微分

等號兩邊對 x 微分

$$\frac{d}{dx}(x^2 + y^2) = \frac{d}{dx}(9)$$

$$\downarrow \quad \downarrow \quad \swarrow$$

$$2x + 2y \cdot y' = 0 \; (\because \frac{d}{dx} y^2 = 2 \cdot y^{2-1} \cdot y' = 2y \cdot y')$$

移項，$2y \cdot y' = -2x$

$$y' = \frac{-x}{y}$$

$$\frac{dy}{dx} = \frac{-x}{y}$$

$$\frac{dy}{dx}\bigg|_{x=1 \, , \, y=\sqrt{8}} = \frac{-1}{\sqrt{8}} = \frac{-\sqrt{8}}{8}$$

例題 2

對 $y^3 - x^3 + 5x - 2y + 1 = 0$，求 y'。

解

兩邊對 x 微分，

$$\frac{d}{dx}(y^3 - x^3 + 5x - 2y + 1) = \frac{d}{dx}(0)$$

$$\because \frac{d}{dx} y^3 = 3y^2 \cdot y' \, , \, \frac{d}{dx} x^3 = 3x^2 \, , \, \frac{d}{dx} 2y = 2 \cdot y'$$

$$\Rightarrow 3y^2 y' - 3x^2 + 5 - 2y' = 0$$

$$\Rightarrow 3y^2 y' - 2y' = 3x^2 - 5$$

$$(3y^2 - 2)y' = 3x^2 - 5$$

$$y' = \frac{3x^2 - 5}{3y^2 - 2}$$

★ 強化學習

$[f(x) \cdot g(x)]'$
$= f'(x) \cdot g(x) + f(x) \cdot g'(x)$
$(3x^2 y)'$
$= (3x^2)' \cdot y + 3x^2 \cdot y'$
$= 6x \cdot y + 3x^2 y'$

例題 3

對 $x^2 + 3x^2 y + y = 10$，求

(1) $\dfrac{dy}{dx}$ \quad (2) $\dfrac{dx}{dy}$ \quad (3) $\dfrac{dy}{dx}\bigg|_{x=0 \, , \, y=10}$

解

(1) 兩邊同時對 x 微分

$$\frac{d}{dx}(x^2 + 3x^2 y + y) = \frac{d}{dx}(10)$$

$$\because \frac{d}{dx} x^2 = 2x \, , \, \frac{d}{dx} 3x^2 y = 6x \cdot y + 3x^2 \cdot y' \, , \, \frac{d}{dx} y = y'$$

$$\therefore 2x + 6xy + 3x^2 y' + y' = 0$$

移項　$3x^2 y' + y' = -2x - 6xy$

$$(3x^2 + 1)y' = -2x - 6xy$$

$$y' = \frac{-2x - 6xy}{3x^2 + 1}$$

$$\frac{dy}{dx} = \frac{-2x - 6xy}{3x^2 + 1}$$

(2) $\dfrac{dx}{dy} = \dfrac{1}{\dfrac{dy}{dx}} = \dfrac{3x^2 + 1}{-2x - 6xy}$

(3) $\left. \dfrac{dy}{dx} \right|_{x=0 \, , \, y=10} = \dfrac{-2 \cdot 0 - 6 \cdot 0 \cdot 10}{3 \cdot 0 + 1} = \dfrac{0}{1} = 0$

例題 ❹ ────────────────────────

求橢圓 $x^2 + 9y^2 = 9$ 於點$(\sqrt{6}, \dfrac{1}{\sqrt{3}})$之切線斜率。

────────────────────────

解

先求 $\dfrac{dy}{dx}$ ，$\dfrac{d}{dx}(x^2 + 9y^2) = \dfrac{d}{dx}(9)$

$\Rightarrow 2x + \dfrac{d}{dx}(9y^2) = 0$

$\Rightarrow 2x + 9 \cdot 2y \cdot y' = 0$

$\Rightarrow y' = \dfrac{-2x}{18y}$

$\Rightarrow \dfrac{dy}{dx} = \dfrac{-x}{9y}$

$\therefore \left. \dfrac{dy}{dx} \right|_{x=\sqrt{6} \, , \, y=\frac{1}{\sqrt{3}}} = \dfrac{-\sqrt{6}}{9 \cdot \dfrac{1}{\sqrt{3}}}$

$$= \dfrac{-\sqrt{18}}{9}$$

$$= -\dfrac{\sqrt{2}}{3}$$

例題 **5**

求曲線 $x^2 - 9y^2 = 16$ 於點(5, 1)之切線斜率。

解

$$\frac{d}{dx}(x^2 - 9y^2) = \frac{d}{dx}(16)$$

$$2x - 18y \cdot \frac{dy}{dx} = 0$$

$$\frac{dy}{dx} = \frac{2x}{18y} = \frac{x}{9y}$$

$$\therefore \left. \frac{dy}{dx} \right|_{x=5,\, y=1} = \frac{5}{9}$$

隨堂練習

1. $x^2 + y^2 + 2x - 7 = 0$，求 $\frac{dy}{dx}$。

2. $x^2 + xy = 8$，求 $\frac{dy}{dx}$。

習題 **3-6**

1. 求 $\dfrac{dy}{dx}$

    (1) $x^2 + 3x^2y^2 + y = 10$

    (2) $x^2 - 9y^2 = 10$

    (3) $x^2y^2 - x - y = 5$

    (4) $x^3 + y^3 = 27$

    (5) $x^2y - 2y - 3x + 7 = 0$

    (6) $\sqrt{x^2 + y^2} = x$

2. 求 $\dfrac{dy}{dx}$ 在指定點之值

    (1) $x^2 + y^2 = 25$ ， $x = 3$ ， $y = 4$

    (2) $x + xy = 5$ ， $x = 1$ ， $y = 4$

    (3) $x^2y + 2x + 3y = 10$ ， $x = 1$ ， $y = 2$

    (4) $y^2 = 3x^3$ ， $x = 3$ ， $y = 9$

3. 求橢圓 $3x^2 + y^2 = 12$ 在點 $(-1, 3)$ 之切線斜率。

4. 對下列方程式，判斷是否要用隱函數微分法求 $\dfrac{dy}{dx}$ 。

    (1) $y = x^2 + 3x + 9$

    (2) $y = x^2 + 2x + 3y^2$

5. 求曲線 $xy - y^3 = 4$ 在點 $(5, 1)$ 之切線方程式。

3-7　微分量與變化量應用

函數 $y = f(x)$ 導數之定義 $f'(x) = \lim\limits_{\Delta x \to 0} \dfrac{f(x + \Delta x) - f(x)}{\Delta x} = \lim\limits_{\Delta x \to 0} \dfrac{\Delta y}{\Delta x}$，

其中導數 $f'(x) = \dfrac{dy}{dx}$ 是切線斜率，$\dfrac{\Delta y}{\Delta x}$ 是割線斜率，如下圖所示當

Δx 變化量很小時，$f'(x) = \dfrac{dy}{dx} \approx \dfrac{\Delta y}{\Delta x}$，即切線斜率很近似於割線斜

率。

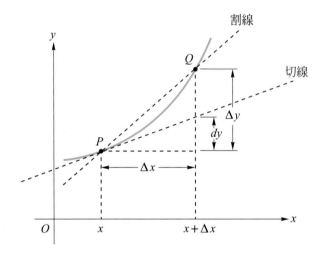

我們給予 dx，dy 適當定義，稱為微分量(differential)，藉以利

用微分和變化量關係去求函數的近似值。

微分量定義(differential)

設 $y = f(x)$ 為可微分函數

(1) 定義 $dx = \Delta x$，稱為 x 之微分量。

(2) 定義 $dy = f'(x)dx = f'(x)\Delta x$，稱為 y 之微分量。

利用 $\dfrac{\Delta y}{\Delta x} \approx f'(x)$，當 Δx 極小時

$$\Delta y \approx f'(x) \cdot \Delta x$$
$$f(x + \Delta x) - f(x) \approx f'(x) \cdot \Delta x$$
$$\Rightarrow f(x + \Delta x) \approx f(x) + f'(x) \cdot \Delta x$$

求函數近似值之公式

$$f(x + \Delta x) \approx f(x) + f'(x) \cdot \Delta x$$

例題 1

令 $y = f(x) = x^3$，當 x 從 2 變化到 2.01 時，

(1) 求 x 之變化量 Δx

(2) 求 y 之變化量 Δy

(3) 求 dy

(4) 求 $|dy - \Delta y|$，並觀察 dy 和 Δy 之差別？

解

(1) $\Delta x = 2.01 - 2 = 0.01$

(2) $\Delta y = f(x + \Delta x) - f(x) = f(2.01) - f(2)$

$\qquad = (2.01)^3 - 2^3 = 0.120601$

(3) $dy = f'(x) \cdot \Delta x = 3 \cdot 2^2 \cdot (0.01) = 0.12$

(4) $|dy - \Delta y| = 0.000601$

觀察到 dy 和 Δy 之值很接近，

利用 dy 去估算 Δy 函數真正變化量。

例題 2

求 dy

(1) $y = x^2 + 3x$ 　　　　　　(2) $y = x^5 - 2x^2 + 3$

解

(1) $\dfrac{dy}{dx} = 2x + 3$，$\therefore dy = (2x + 3)dx$

(2) $\dfrac{dy}{dx} = 5x^4 - 4x$，$\therefore dy = (5x^4 - 4x)dx$

例題 3

利用微分求近似值

(1) 求 $(1.01)^{20}$ 　　　　　　(2) $(1.99)^{10}$

（解） 公式：$f(x + \Delta x) \approx f(x) + f'(x) \cdot \Delta x$

(1) 先令 $f(x) = x^{20}$，則 $f'(x) = 20x^{19}$

　　取 $x = 1$，$\Delta x = 0.01$

　　得 $f(1.01) \approx f(1) + f'(1) \cdot (0.01)$

　　$(1.01)^{20} \approx 1^{20} + 20 \cdot (0.01) \Rightarrow (1.01)^{20} \approx 1.2$

(2) 令 $f(x) = x^{10}$，則 $f'(x) = 10x^9$

　　取 $x = 2$，$\Delta x = 1.99 - 2 = -0.01$

　　得 $f(1.99) \approx f(2) + f'(2) \cdot (-0.01)$

　　$\Rightarrow (1.99)^{10} \approx 2^{10} + 10 \cdot 2^9(-0.01)$

　　　　　　$= 1024 - 51.2 = 972.8$

 例題 **4**

利用微分求近似值

(1) $\sqrt{26}$　　　　　　　　　(2) $\sqrt{99}$

 解

(1) 令 $f(x) = \sqrt{x}$，取 $x = 25$

　　得 $f'(x) = \dfrac{1}{2\sqrt{x}}$，$\Delta x = 26 - 25 = 1$

　　利用公式：

　　$f(x + \Delta x) \approx f(x) + f'(x) \cdot \Delta x$

　　$\sqrt{x + \Delta x} \approx \sqrt{x} + f'(x) \cdot \Delta x$

　　$\sqrt{26} \approx \sqrt{25} + f'(25) \cdot 1$

　　$\Rightarrow \sqrt{26} \approx 5 + \dfrac{1}{10} \cdot 1 = 5.1$

(2) 令 $f(x) = \sqrt{x}$，取 $x = 100$，$\Delta x = 99 - 100 = -1$

　　$f'(x) = \dfrac{1}{2\sqrt{x}}$，$f'(100) = \dfrac{1}{20}$

　　$\therefore \sqrt{99} \approx \sqrt{100} + f'(100) \cdot (-1) = 10 - \dfrac{1}{20} = 9.95$

例題

一個正方形立體金屬盒子，每邊長為 9 公分，今將之加熱，使邊長增加 0.2 公分，求此金屬盒子所增加體積的近似值。

解

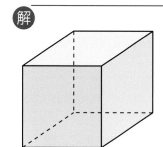 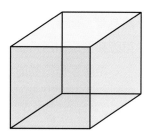

$v = x^3$，$x = 9$，$\Delta x = 0.2 \Rightarrow v' = 3x^2$

求 Δv，利用微分近似公式：

$\Delta v \approx v' \cdot \Delta x$

　　$= 3 \cdot 9^2 \cdot (0.2)$

　　$= 48.6$

∴ 膨脹增加的近似體積約 48.6 立方公分。

例題

銷售羊肉爐產品的利潤函數為 $p(x) = 400x - 10000 - 0.2x^2$，$x$ 為銷量。當銷量從 500 增加到 550 單位時，利用微分估算其利潤變化量。

解

$\Delta p = p(550) - p(500)$，$p'(x) = 400 - 0.4x$，

$\Delta x = 550 - 500 = 50$

利用微分近似公式

$\Delta p \approx dp = p'(x) \cdot \Delta x$

$\Delta p \approx [400 - 0.4(500)] \cdot (50) = 10000(元)$

隨堂練習

1. 求 $\sqrt{101}$ 近似值。

2. $f(x) = x^5 - 2x^3 + 1$，求 $f(2.01)$ 近似值。

數學知識加油站

希臘字母符號

只要談到科學、哲學、數學、藝術及文學，整個西方文化都受到古希臘文化的薰陶和影響。像希臘三哲人蘇格拉底、柏拉圖、亞里斯多德和阿基米德、畢達哥拉斯、歐幾里德等一代宗師都影響著西方文明甚鉅。希臘人在數學方面之卓越成就，使得今日數學所用之參數和符號都還是引用希臘字母。

希臘字母符號的念法

大寫	小寫	念法
A	α	alpha
B	β	beta
G	γ	gamma
Δ	δ	delta
E	ε	epsilon
Z	ζ	zeta
H	η	eta
Θ	θ	theta
I	ι	iota
K	κ	kappa
Λ	λ	lambda
M	μ	mu
N	ν	nu
Ξ	ξ	xi
O	o	omicron
Π	π	pi
P	ρ	rho
Σ	σ	sigma
T	τ	tau
Υ	υ	upsilon
Φ	ϕ	phi
X	χ	chi
Ψ	ψ	psi
Ω	ω	omega

數學統計式之例子：

1. 令α，β為 $ax^2 + bx + c = 0$ 之二根

2. $\sum\limits_{k=1}^{100} (2k+1)$

3. $L(\theta) = \prod\limits_{i=1}^{10} (2i+1)$

4. 常態分配：$X \sim N(\mu, \sigma^2)$

5. 伽瑪分配：$X \sim \Gamma(\alpha, \beta)$

6. 卡方分配：$\chi^2 = \dfrac{\sum\limits_{i=1}^{n}(x_i - \bar{x})^2}{\sigma^2}$

7. 謝比雪夫不等式：$\forall \varepsilon > 0$

$$P(|X - \mu| \geq \varepsilon) \leq \frac{E(X-\mu)^2}{\varepsilon^2}$$

習題 3-7

1. 求微分量 dy

   (1) $y = 5x^2 - 6$

   (2) $y = \sqrt{x^2 + 5}$

   (3) $y = (2x^2 + 1)^{10}$

   (4) $y = x^4 + 1$

2. $f(x) = x^2 + 1$，令 $x = 2$，$\Delta x = 0.1$

   (1) 求 Δy

   (2) 求 dy

   (3) 求 $|dy - \Delta y|$

3. 利用微分量估算函數 $f(x) = x^5 - 3x^2 + 1$，求 $f(2.01)$ 之估計值。

4. 求近似值

   (1) $\sqrt{101}$

   (2) $\sqrt[3]{28}$

   (3) $\sqrt{120}$

   (4) $\sqrt{63.9}$

5. 若 $f(10) = 20$，$f'(10) = -2$，估計 $f(9)$ 值。

6. 一塊正方形的柏油路面，邊長為 50 公尺，熱脹冷縮至邊長誤差可達 0.5 公尺，求近似面積之誤差範圍。

7. 奧美行銷公司每季利潤 $P(x)$ 與每季廣告支出 x 的關係為：

   $$P(x) = \frac{1}{8}x^2 + 7x + 30 \quad (0 \leq x \leq 50)$$

   其中 $P(x)$ 與 x 均以仟元計。若廣告支出從 24000 元增加到 26000 元，請利用微分量公式估算利潤可以增加多少？

第4章

導函數應用

數學家故事

笛卡兒(Rene Descartes, 1596-1650)

　　笛卡兒是法國著名的哲學家、數學家、物理學家及自然科學家。出生於圖爾(Touraine)一個富有律師的家庭，自幼體質柔弱，習個沉溺在床上直到中午，父母允許他在床上作功課，他常利用這段時刻思考，這種晚起的習慣一直持續到他的晚年。

　　他認為數學的偉大在於其證明所依據的公理是無缺點的，數學是獲得確定和有效證明的方法，而且數學是形而上的。他的名言：「我思故我在」，常影響著後人思惟。被稱為近代哲學之父，是歐陸理論三哲人之一。(另兩人是 Leibniz 和 Spinoza)

　　他批評希臘幾何太過於抽象，且討論之進行，全繫於圖形；也批評當時之代數，太過於遵守原則和公式，計算過於繁雜。他把代數應用到幾何，於 1637 年寫了一本書《La Geometrie(幾何學)》，該書是他唯一數學論著，也是解析幾何精華所在。牛頓就是在大學中讀了笛卡兒著《La Geometrie(幾何學)》使他對數學產生興趣。

　　他在數學上主要貢獻是：把代數和幾何融於一爐，發明了「直角座標系」(又稱為笛卡兒座標)，建構了「解析幾何」。基於座標，幾何圖形被表示成座標之間運算關係，幾何問題化成代數問題，代數問題透過幾何直觀，可以更容易導出新的結果。

GGB應用範例

4-1 遞增和遞減函數

　　自然界的潮汐現象，經濟景氣循環的趨勢或股票加權指數的震盪，這些曲線圖形都有高低起伏(如圖 4-1、4-2)。我們可以利用導函數去判斷函數遞增區間、遞減區間，進而求出函數的高低點。

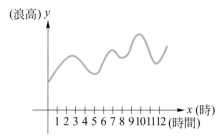

⬆ 圖 4-1　潮汐波動圖

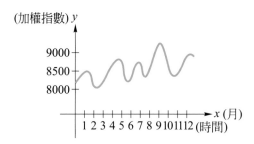

⬆ 圖 4-2　台股加權指數趨勢圖

遞增和遞減

　　若 x 往右移時，其函數圖形會往右上方移，則稱此函數遞增(increasing)；若 x 往右移時，其函數圖形會往右下方移，則稱此函數遞減(decreasing)。

遞增或遞減函數

(1) 若函數 f 對區間 I 的任意兩點 x_1，x_2，且 $x_2 > x_1$，

　　則 $f(x_2) > f(x_1)$，稱 f 在 I 為遞增函數(increasing function)

(2) 若函數 f 對區間 I 的任意兩點 x_1，x_2，且 $x_2 > x_1$，

　　則 $f(x_2) < f(x_1)$，稱 f 在 I 為遞減函數(decreasing function)

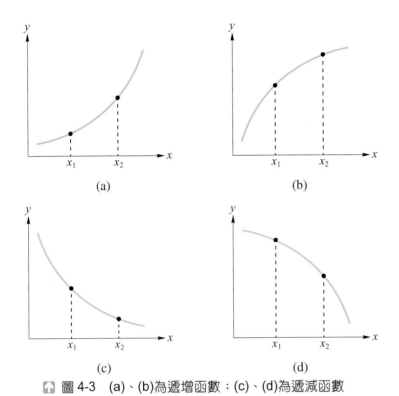

⬆ 圖 4-3 (a)、(b)為遞增函數；(c)、(d)為遞減函數

例題 1

$y = f(x)$，$x \in [a, d]$如右圖形，求

(1) 遞增區間

(2) 遞減區間。

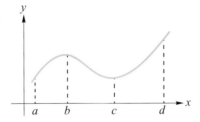

解

遞增區間：(a, b)和(c, d)

遞減區間：(b, c)

如果函數圖形沒有畫出來，那要如何求出函數的遞增和遞減區間呢？觀察圖 4-3(a)、(b)的函數圖形上切線，皆呈現左下角到右上角方向之直線；而圖(c)、(d)的函數圖形上切線，皆呈現左上角到右下角方向之直線。下面是判斷函數遞增或遞減區間之方法：

令 f 在 (a, b) 為可微分，則

1. 若對所有 $x \in (a, b)$，$f'(x) > 0$，則 f 在 (a, b) 為遞增函數。
2. 若對所有 $x \in (a, b)$，$f'(x) < 0$，則 f 在 (a, b) 為遞減函數。

★ ➕ 強化學習

導函數值 $f'(x_1)$ 表示過點 x_1 之切線斜率！

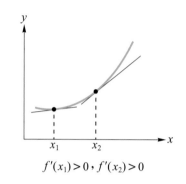

$f'(x_1) > 0,\ f'(x_2) > 0$

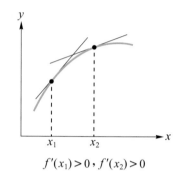

$f'(x_1) > 0,\ f'(x_2) > 0$

遞增、遞減判斷公式

(1) 遞增($\uparrow$)：若 $f'(x) > 0$，$\forall x \in (a, b)$，則 $f(x)$ 在 (a, b) 為遞增

(2) 遞減($\downarrow$)：若 $f'(x) < 0$，$\forall x \in (a, b)$，則 $f(x)$ 在 (a, b) 為遞減

(3) 若 $f'(x) = 0$，$\forall x \in (a, b)$，則 $f(x)$ 在 (a, b) 為常數函數

例題 ❷

求下列函數在何區間遞增？在何區間遞減？

(1) $f(x) = x^2 - 2x - 3$

(2) $f(x) = x^3 - 3$

解

(1) 求 $f(x) = x^2 - 2x - 3$ 之遞增、遞減區間

先求 $f'(x) = 2x - 2$

遞增：$f'(x) > 0 \Rightarrow 2x - 2 > 0 \Rightarrow x > 1$

即得開區間：$(1, \infty)$

遞減：$f'(x) < 0 \Rightarrow 2x - 2 < 0 \Rightarrow x < 1$

即得開區間：$(-\infty, 1)$

∴ 遞增區間：$(1, \infty)$，遞減區間：$(-\infty, 1)$

(2) 求 $f(x) = x^3 - 3$ 之遞增、遞減區間

　　先求 $f'(x) = 3x^2$

　　遞增：$f'(x) = 3x^2 > 0 \Rightarrow x^2 > 0$

　　　　　　即得開區間：$(-\infty, 0) \cup (0, \infty)$

　　遞減：$f'(x) < 0$

　　　　　　$\because f(x) = 3x^2$ 恆大於等於 0，不可能小於 0

　　　　　　$\therefore$ 不存在遞減區間

　　$\Rightarrow$ 遞增區間：$(-\infty, 0) \cup (0, \infty)$，遞減區間：無

 3

求函數 $f(x) = x^3 - 12x + 1$ 的遞增、遞減區間。

先求 $f'(x) = 3x^2 - 12 = 3(x^2 - 4) = 3(x - 2) \cdot (x + 2)$

遞增：$f'(x) > 0 \Rightarrow (x - 2)(x + 2) > 0$

遞減：$f'(x) < 0 \Rightarrow (x - 2)(x + 2) < 0$

函數遞增、遞減可用下表之方法檢測：

x 的區間	$x < -2$	-2	$-2 < x < 2$	2	$x > 2$
$f'(x)$ 之正負	+	0	−	0	+
$f(x)$	遞增		遞減		遞增

$f(x)$ 之遞增區間：$x < -2$ 或 $x > 2$，即 $(-\infty, -2) \cup (2, \infty)$

　　　遞減區間：$-2 < x < 2$，即 $(-2, 2)$

例題 **4**

某電動機車製造商每週銷售 x 輛電動車之收益為

　　$R(x) = 1200 + 108x - x^3$

在何銷售水準下，收益隨銷售水準之增加而增加？

(解) 求收益函數 $R(x)$ 之遞增區間，

$$R'(x) = 108 - 3x^2$$
$$= 3(36 - x^2)$$
$$= 3(6 - x)(6 + x)$$

x		-6		6	
$R'(x)$	$-$		$+$		$-$

得 $R(x)$ 之遞增區間：$(-6, 6)$

但 x 為每週銷售輛數，所以 $x \geq 0$

$\Rightarrow$ 銷售水準在 $[0, 6)$，其收益為遞增

例題 5

生產 LED 燈泡 x 個的總成本函數 $C(x) = 500 - 20x + 5x^2$

(1) 求固定成本

(2) 在何區間總成本 $C(x)$ 為遞增？

(3) 在何區間平均成本 $\overline{C}(x) = \dfrac{C(x)}{x}$ 為遞增？

(解)

(1) 固定成本 $= C(0) = 500$

(2) 求 $C'(x) > 0$

$\Rightarrow C'(x) = -20 + 10x$

$\Rightarrow -20 + 10x > 0$，得 $x > 2$

$\therefore C(x)$ 於區間 $(2, \infty)$ 為遞增

(3) $\overline{C}(x) = \dfrac{C(x)}{x} = \dfrac{500}{x} - 20 + 5x$

求 $\overline{C}(x)$ 之遞增區間，即求 $\overline{C}'(x) > 0$，

$$\overline{C}'(x) = \frac{-500}{x^2} + 5 = \frac{-500 + 5x^2}{x^2}$$

$$= \frac{-5(100 - x^2)}{x^2} = \frac{-5(10 - x)(10 + x)}{x^2}$$

$\overline{C}'(x) > 0 \Rightarrow (10 - x)(10 + x) < 0 \Rightarrow x < -10$ 或 $x > 10$

∵生產 x 個 LED 燈泡，恆 $x \geq 0$

∴平均成本函數 $\overline{C}(x)$ 於區間 $(10, \infty)$ 遞增

隨堂練習

1.　求函數 $f(x) = x^2$ 之遞增區間，遞減區間。

2.　求函數 $f(x) = x^3$ 之遞增區間，遞減區間。

習題 4-1

1. 求下列各函數之遞增區間、遞減區間。

(1) $f(x) = x^2 + 4x + 9$

(2) $f(x) = x^3 + 3x^2 + 10$

(3) $f(x) = 2x^3 - 3x^2 + 6$

(4) $f(x) = x^3 - 6x^2 + 9x + 5$

(5) $f(x) = -x^3 + 3x - 6$

(6) $f(x) = \dfrac{x}{x+1}$

2. 下列各題，依導函數檢測表格，求遞增區間、遞減區間。

(1)
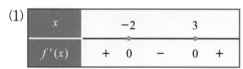

x		-2		3	
$f'(x)$	+	0	−	0	+

(2)
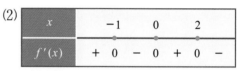

x		-1		0		2	
$f'(x)$	+	0	−	0	+	0	−

(3)
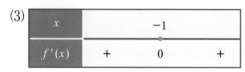

x		-1	
$f'(x)$	+	0	+

(4)
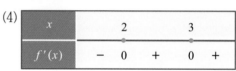

x		2		3	
$f'(x)$	−	0	+	0	+

3. 求下列函數圖形之遞增區間、遞減區間。

(1)
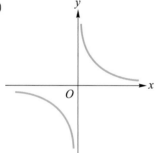

(2)
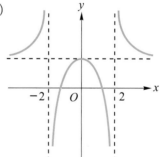

(3)
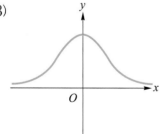

(4)
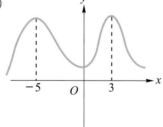

4. 大雄公司生產萬能 USB 充電器 x 件的成本和收入函數為

$C(x) = 100 - 12x + \dfrac{3}{2}x^2$，$R(x) = 125 + 2x + x^2$

試求：

⑴固定成本

⑵成本函數的遞增區間

⑶求利潤函數的遞增區間。(利潤函數 $P(x) = R(x) - C(x)$)

5. 每到冬天流感就盛行，根據國家衛生研究院研究報告，流行 t 天後感染人數為

$N(t) = 10000 + 10t^2 - t^3$，$t > 0$

⑴ 在哪些期間，流行感染人數成長？

⑵ 在哪些期間，流行感染人數衰退？

4-2 相對極大值與相對極小值

　　利用導函數可求出函數的遞增、遞減區間，從遞增轉變成遞減，或從遞減轉變成遞增的點，這些點就是圖形上的高低點。我們稱之為相對極大值(relative maxima)和相對極小值(relative minima)，合稱為相對極值(relative extreme)。這種尋求函數之極值的過程，數學上稱之為最佳化(optimization)。

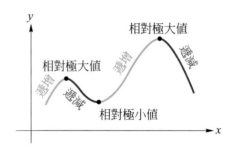

⬆ 圖 4-4

相對極大值和相對極小值

(1) 相對極大值：

　　$f(c)$為$f(x)$的相對極大值⇔若存在區間(a, b)含 c，使得所有在(a, b)的 x，均滿足 $f(x) \leq f(c)$，則稱$f(c)$為$f(x)$之相對極大值。

(2) 相對極小值：

　　$f(d)$為$f(x)$的相對極小值⇔若存在區間(a, b)含 d，使得所有在(a, b)的 x，均滿足 $f(x) \geq f(d)$，則稱$f(d)$為$f(x)$之相對極小值。

相對極值和導函數之關係？

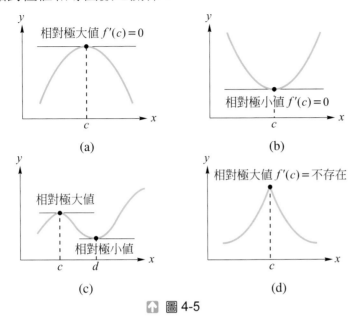

(a)

(b)

(c)

(d)

🔺 圖 4-5

　　由圖 4-5，我們發現相對極值的切線都是水平切線，或切線不存在。即相對極值皆出現在 $f'(x) = 0$ 或 $f'(x)$ 不存在。這些導函數等於 0 或導函數不存在的點，稱為臨界點(critical point)。

臨界點

若 $f(x)$ 在 c 有定義，且 $f'(c) = 0$ 或 $f'(c)$ 不存在，則稱 c 為 $f(x)$ 之臨界數(critical mumber)，而 $(c, f(c))$ 為 $f(x)$ 的臨界點(critical point)。

例題 **1**

$y = f(x)$ 如圖所示，求

(1) 有幾個相對極大值

(2) 有幾個相對極小值

(3) 有幾個臨界點

(4) 遞減區間

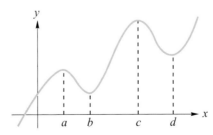

(5) $f(c)$ 為相對極大值或相對極小值？

(6) 比較 $f(a)$ 和 $f(d)$，有什麼發現？

⊙解

(1) 有兩個相對極大值：$f(a)$、$f(c)$

(2) 有兩個相對極小值：$f(b)$、$f(d)$

(3) 有四個臨界點：$x = a, b, c, d$

(4) 遞減區間：(a, b)，(c, d)

(5) $f(c)$為相對極大值

(6) $f(d)$比$f(a)$還高，即$f(d) > f(a)$，發現某個相對極小值可能
    大於另一個相對極大值

相對極值之一階導函數檢定法

若 c 為$f(x)$的一個臨界數，且(a, b)為包含 c 之一開區間：

(1) 在區間(a, b)上，$f'(x)$在 $x = c$ 之左方為負，$f'(x)$在 $x = c$ 之
    右方為正，則$f(c)$為相對極小值。(如圖 4-6(a))

(2) 在區間(a, b)上，$f'(x)$在 $x = c$ 之左方為正，$f'(x)$在 $x = c$ 之
    右方為負，則$f(c)$為相對極大值。(如圖 4-6(b))

(3) 在區間(a, b)上，$f'(x)$在 $x = c$ 之左方或右方，皆同一性質
    符號，則$f(c)$不是極值。(如圖 4-6(c))

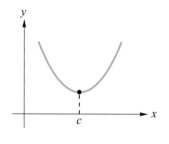
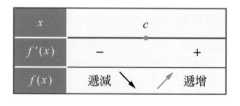

(a)

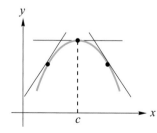
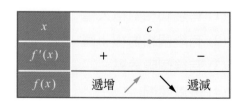

(b)

⤒ 圖 4-6

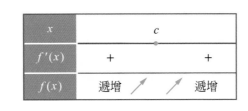

(c)
⬆ 圖 4-6　（續）

例題 ❷

求函數 $f(x) = x^3 - 12x + 5$ 的：

(1) 臨界點　　　　　　　(2) 遞增區間

(3) 遞減區間　　　　　　(4) 相對極大值

(5) 相對極小值

 利用導函數檢測法之表格求解

$f'(x) = 3x^2 - 12 = 3(x^2 - 4) = 3(x - 2)(x + 2)$

臨界點：$f'(0) = 0 \Rightarrow x = 2，-2$

　　　　　$(2, f(2)) = (2, -11)$

　　　　　$(-2, f(-2)) = (-2, 21)$

　　　　　$\Rightarrow (2, -11)、(-2, 21)$為臨界點

x		-2		2	
$f'(x)$	+		−		+
$f(x)$	↗		↘		↗

遞增區間：$(-\infty, -2) \cup (2, \infty)$

遞減區間：$(-2, 2)$

相對極大值↗↘：$f(-2) = 21$

相對極小值↘↗：$f(2) = -11$

⭐ ➕ 強化學習

$f(-2) = (-2)^3 + 24 + 5$
　　　$= 21$
$f(2) = 2^3 - 24 + 5$
　　　$= -11$

例題 **3**

求函數 $f(x) = x^4 - 4x^3$ 之相對極值

解 先求 $f'(x)$，再求臨界點

$f'(x) = 4x^3 - 12x^2 = 4x^2(x-3)$

臨界數：$x = 0$，3

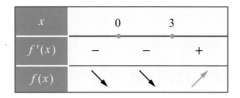

x		0		3	
$f'(x)$	−		−		+
$f(x)$	↘		↘		↗

只有相對極小值：$f(3) = 3^4 - 4 \cdot 3^3 = -27$

臨界數 $x = 0$ 沒有相對極值

例題 **4**

求函數 $f(x) = \dfrac{x-1}{x+2}$ 之相對極值。

解 先求 $f'(x) \Rightarrow$ 臨界點 $\Rightarrow$ 一階導函數檢測表

$f'(x) = \dfrac{1 \cdot (x+2) - (x-1) \cdot 1}{(x+2)^2} = \dfrac{3}{(x+2)^2}$

臨界數：$x = -2$

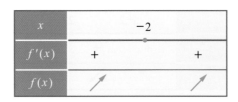

x		-2	
$f'(x)$	+		+
$f(x)$	↗		↗

$\Rightarrow f(x)$ 沒有相對極值，整個函數圖形是遞增的

　　相對極值是描述函數圖形局部性質(local)，如果想描述函數圖形整體區間之性質(global)。就要用絕對極大值(absolute maximum)和絕對極小值(absolute minimum)，合稱為絕對極值(absolute extreme)。

絕對極大值和絕對極小值

(1) 若對 $f(x)$ 定義域中任意 x，恆有 $f(c) \geq f(x)$，則稱 $f(c)$ 為

$f(x)$ 之絕對極大值。

(2) 若對 $f(x)$ 定義域中任意 x，恆有 $f(c) \leq f(x)$，則稱 $f(c)$ 為

$f(x)$ 之絕對極小值。

$$\text{極值(optimal)} \begin{cases} \text{相對極值(local)} \begin{cases} \text{相對極大值} \\ \text{相對極小值} \end{cases} \\ \text{絕對極值(global)} \begin{cases} \text{絕對極大值} \\ \text{絕對極小值} \end{cases} \end{cases}$$

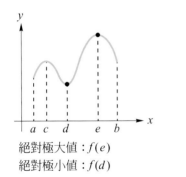
絕對極大值：$f(e)$
絕對極小值：$f(d)$

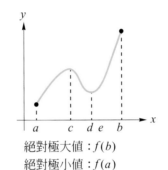
絕對極大值：$f(b)$
絕對極小值：$f(a)$

⬆ 圖 4-7 　$f(x)$ 定義於 $[a, b]$ 之絕對極值

定理 4-1

極值定理

若 $f(x)$ 在 $[a, b]$ 是連續，則 $f(x)$ 在 $[a, b]$ 必同時有絕對極大值和絕對極小值。

例題 **5**

求函數 $f(x) = x^2 - 4x + 2$ 在閉區間 $[0, 5]$ 的絕對極值。

解

先求臨界點，$f'(x) = 2x - 4 = 2(x - 2)$，得 $x = 2$ 為臨界數

端點 $x = 0$，$x = 5$

絕對極值一定位於臨界點和左、右端點，

$f(2) = -2$ ┈┈┈► min

$f(0) = 2$

$f(5) = 7$ ┈┈┈► max

∴ $f(x) = x^2 - 4x + 2$ 於 $[0, 5]$ 之

　絕對極大值：$f(5) = 7$

　絕對極小值：$f(2) = -2$

例題 6

嘉義手工蛋捲，讓人口齒留香，但老闆堅持古法手工限量生產，每天最多生產 3000 箱，假設其生產 x 箱之利潤函數為

$P(x) = 2.5x - \dfrac{x^2}{2000} - 200$，$0 \le x \le 3000$

求最大利潤之生產量。

解

因為每天最多生產 3000 箱，即 $0 \le x \le 3000$

此為絕對極大值問題，

求 $P'(x) = 2.5 - \dfrac{x}{1000}$，$P'(x) = 0$ 時，$x = 2500$

臨界點：$x = 2500$，端點：$x = 0$，$x = 3000$

將這些點代入利潤函數 $P(x)$，

$P(0) = -200$

$P(2500) = 6250 - 3125 - 200 = 2925$ max

$P(3000) = 7500 - 4500 - 200 = 2800$

當生產量 $x = 2500$ 時，產生最大利潤為 2925 元

隨堂練習

1. 求函數 $f(x) = x^3 - 27x + 5$ 之相對極值。
2. 求函數 $f(x) = x^3 - 6x^2 + 15$，$x \in [-2, 5]$ 之絕對極大值。

習題 4-2

1. 求下列各函數的相對極值：

    (1) $f(x) = -x^2 - 4x + 5$

    (2) $f(x) = -x^3 + 6x^2 + 15x + 2$

    (3) $f(x) = x^3 - 3x + 7$

    (4) $f(x) = \dfrac{6}{x^2 + 3}$

2. 求下列各函數在閉區間之絕對極值：

    (1) $f(x) = x^2 - 2x + 3$，$x \in [0, 5]$

    (2) $f(x) = x^3 - 12x + 1$，$x \in [-3, 3]$

    (3) $f(x) = x^3 - 3x^2 + 1$，$x \in [-2, 2]$

    (4) $f(x) = x^2 - 2x^3$，$x \in [0, 5]$

3. 已知生產 x 單位的總成本函數：

    $C(x) = 0.5x^2 + 15x + 5000$

    求使平均成本為最低之產量。

4. 某醫學中心研究指出，流感病毒的散播可表為

    $N(t) = -t^3 + 12t^2$，$0 \le t \le 12$，

    其中 t 是時間(以週計)，$N(t)$ 是感染人數(以千人計)。求

    (1) 第幾週時，感染人數最多？

    (2) 第幾週後，感染人數下降？

5. 函數 $f(x) = x^3 - ax^2 + 6$，在區間 $(0, 3)$ 為遞減，試求

    (1) a 之值

    (2) 相對極小值

6. 函數 $f(x) = x^3 - ax + b$，$x \in [0, 2]$，已知 $f(1) = 3$ 為絕對極值，試求：

    (1) a 與 b 之值

    (2) $f(1) = 3$ 是絕對極大值或絕對極小值

4-3 函數的凹向性和反曲點

我們已知利用導函數 $f'(x)$，求出函數的遞增、遞減區間及相對極值。這對函數趨勢的了解、描繪函數圖形有很大幫助。但是，有些函數較複雜，必需進一步探討函數的凹向性(concavity)，才能了解更多函數的資訊，進而描繪出更精確的函數圖形。

圖 4-8，顯示這兩個圖形都是遞增的，但遞增的幅度有差別，一個圖形向上彎；另一個圖形卻是向下彎。圖 4-9 亦顯示這兩個圖形皆是遞減的，但遞減降幅也有不一樣。我們稱圖形往上彎者為凹向上(concave upward)；圖形往下彎者為凹向下(concave downward)。

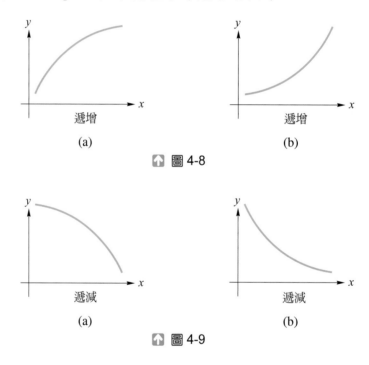

⬆ 圖 4-8

⬆ 圖 4-9

直觀上，函數圖形在某區域向上彎，即表示此函數在該區域是凹向上；若在該區域向下彎，則稱此函數在該區域是凹向下。實際上函數的凹向性，是以二階導函數 $f''(x)$ 來判斷。

函數凹向性之檢測公式

若函數 $f(x)$ 在 (a, b) 中二階可微分，則

(1) 若對所有 $x \in (a, b)$，$f''(x) > 0$，稱 $f(x)$ 在 (a, b) 為凹向上。

(2) 若對所有 $x \in (a, b)$，$f''(x) < 0$，稱 $f(x)$ 在 (a, b) 為凹向下。

如同一階導函數 $f'(x)$ 求相對極值時，要考慮臨界點，在二階導函數探討函數凹向性時，也有一種點要考慮，那就是反曲點(inflection point)。函數圖形上該點之左邊圖形和右邊圖形凹向性改變之點，稱為反曲點。(如圖 4-10)

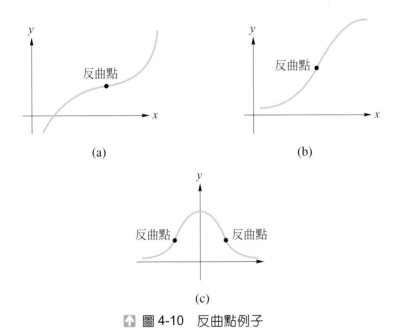

(a)

(b)

(c)

⬆ 圖 4-10　反曲點例子

反曲點性質

若 $(c, f(c))$ 為 $f(x)$ 之反曲點，則 $f''(c) = 0$ 或 $f''(c)$ 不存在。

例題 **1**

(1) 判斷下列函數圖形之凹向性

(2) 證明：函數凹向上時，$f''(x) > 0$

(3) 證明：函數凹向下時，$f''(x) < 0$

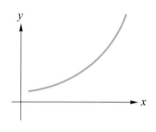

(a)

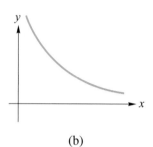

(b)

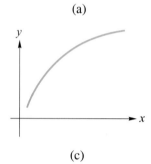

(c)

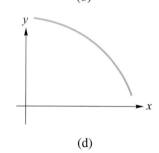

(d)

解

(1) 凹向上圖形：(a)、(b)

　　 凹向下圖形：(c)、(d)

(2) 凹向上圖形：(a)、(b)

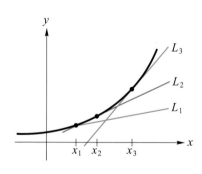

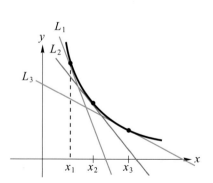

發現圖形上之切線斜率 $f'(x)$ 是遞增的，

即 $f'(x_3) > f'(x_2) > f'(x_1)$

導函數 $f'(x)$ 遞增 $\Rightarrow [f'(x)]' > 0 \Rightarrow f''(x) > 0$

(3) 凹向下圖形：(c)、(d)

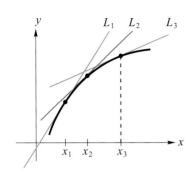 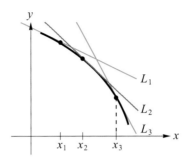

由圖形上之切線，發現切線斜率遞減，

即 $f'(x_3) < f'(x_2) < f'(x_1)$

$\Rightarrow$ 導函數 $f'(x)$ 遞減 $\Rightarrow [f'(x)]' < 0 \Rightarrow f''(x) < 0$

例題 2

求下列函數之凹向下、凹向上區間，反曲點

(1) $f(x) = x^2$　　　　　　(2) $f(x) = x^3$

(3) $f(x) = x^3 - 3x + 1$　　(4) $f(x) = \dfrac{2}{x^2 + 1}$

(1) $f(x) = x^2$，先求二階導函數 $f''(x)$

　　$f'(x) = 2x$

　　$f''(x) = 2 > 0 \Rightarrow$ 圖形是凹向上

　　整個圖形都是凹向上，沒有凹向下區間，沒有反曲點

(2) $f(x) = x^3$，先求 $f''(x)$

　　$f'(x) = 3x^2$

　　$f''(x) = 6x$

　　$f''(x) = 0 \Rightarrow x = 0$

x		0	
$f''(x)$	$-$		$+$

得凹向上區間：$(0, \infty)$

　凹向下區間：$(-\infty, 0)$

　反曲點：$(0, 0)$

(3) $f(x) = x^3 - 3x + 1$

　$f'(x) = 3x^2 - 3$

　$f''(x) = 6x$，$f''(x) = 0 \Rightarrow x = 0$

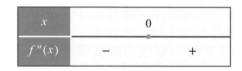

x		0	
$f''(x)$	−		+

得凹向上區間：$(0, \infty)$

　凹向下區間：$(-\infty, 0)$

　反曲點：$(0, 1)$

(4) $f(x) = \dfrac{2}{x^2 + 1}$

　$f'(x) = \dfrac{-4x}{(x^2 + 1)^2}$

　$f''(x) = \dfrac{-4(x^2 + 1)^2 - (-4x) \cdot 2 \cdot (x^2 + 1) \cdot 2x}{(x^2 + 1)^4}$

　$\quad = \dfrac{-4x^2 - 4 + 16x^2}{(x^2 + 1)^3}$

　$\quad = \dfrac{4(3x^2 - 1)}{(x^2 + 1)^3}$

　$f''(x) = 0 \Rightarrow x = \dfrac{\sqrt{3}}{3}$，$\dfrac{-\sqrt{3}}{3}$

x		$-\dfrac{\sqrt{3}}{3}$		$\dfrac{\sqrt{3}}{3}$	
$f''(x)$	+		−		+

取 $x = -2$，代入$f''(x) = \dfrac{4(3x^2 - 1)}{(x^2 + 1)^3}$，得$f''(-2) > 0$

$\therefore f''(x)$符號為正

取 $x = 0$，代入 $f''(x) = \dfrac{4(3x^2 - 1)}{(x^2 + 1)^3}$ 得 $f''(0) < 0$

∴ $f''(x)$符號為負

取 $x = 2$，代入 $f''(x)$，得 $f''(2) > 0$

∴ $f''(x)$符號為正

∴凹向上區間：$(-\infty, \dfrac{-\sqrt{3}}{3}) \cup (\dfrac{\sqrt{3}}{3}, \infty)$

　凹向下區間：$(\dfrac{-\sqrt{3}}{3}, \dfrac{\sqrt{3}}{3})$

　反曲點：$(\dfrac{-\sqrt{3}}{3}, \dfrac{3}{2})$，$(\dfrac{\sqrt{3}}{3}, \dfrac{3}{2})$

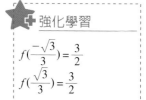

強化學習

$f(\dfrac{-\sqrt{3}}{3}) = \dfrac{3}{2}$

$f(\dfrac{\sqrt{3}}{3}) = \dfrac{3}{2}$

例題 3

求下列函數的臨界點、反曲點

(1) $f(x) = x^3$

(2) $f(x) = x^4$

解

(1) $f(x) = x^3$

　$f'(x) = 3x^2$，$f'(x) = 0 \Rightarrow x = 0$

　$f''(x) = 6x$，$f''(x) = 0 \Rightarrow x = 0$

　反曲點要由下表判斷凹向性

x		0	
$f''(x)$	−		+

　∴臨界點：$(0, 0)$

　　反曲點：$(0, 0)$

(2) $f(x) = x^4$

　$f'(x) = 4x^3$，$f'(x) = 0 \Rightarrow x = 0$

　$f''(x) = 12x^2$，$f''(x) = 0 \Rightarrow x = 0$

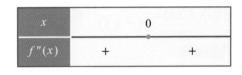

∴臨界點：$(0, 0)$

　　反曲點：無

由上述例子，發現 $f''(x) = 0$ 之點，不一定是反曲點。

反曲點和經濟學中的報酬遞減(diminishing returns)的概念是一樣的。

考慮投入和產出函數，如圖 4-11。

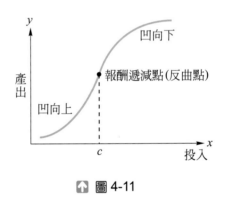

⬆ 圖 4-11

　　在 c 點左邊是凹向上圖形，表示此區間持續的投入，其產出越來越多，很有效益，但過了 c 點，呈凹向下圖形，表示持續的投入，其產出卻越來越少，此點稱爲報酬遞減點，超過此點的投資，被視爲資本的不智運用。

例題 ④

某行銷公司研究發現，3C 產品的廣告可依下列模式評估：

$$R(x) = \frac{1}{20000}(600x^2 - x^3)，0 \le x \le 300(\text{以萬計})$$

其中，x 是花費在廣告上金額，$R(x)$ 爲收入函數

求此廣告模式之報酬遞減點。

(解)

即求反曲點，

$$R'(x) = \frac{1}{20000}(1200x - 3x^2)$$

$$R''(x) = \frac{1}{20000}(1200 - 6x)$$

$$R''(x) = 0 \Rightarrow x = 200$$

x	200	
$R''(x)$	+	−

$\therefore x = 200$ 為圖形上之報酬遞減點

表示超過 $x = 200$ 持續投入廣告，其產出收入效益越來越少。

隨堂練習

1. 求 $f(x) = x^3 - 6x^2 + 9x + 1$ 之反曲點。

2. 求 $f(x) = \dfrac{2}{x+1}$ 之反曲點。

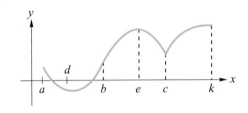

習題 4-3

1. $y = f(x)$ 如下圖：

(1) 求凹向上區間　　　　　　　　(2) 求凹向下區間

(3) 相對極大值　　　　　　　　　(4) 相對極小值

(5) 寫出 $f(x)$ 之反曲點

2. 根據下列導函數檢測表，回答各問題

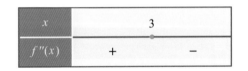

x		1		2	
$f'(x)$	+		−		+

x		3	
$f''(x)$	+		−

(1) 寫出反曲點　　　　　　　　　(2) 遞減區間

(3) 凹向下區間　　　　　　　　　(4) 臨界點

(5) 相對極大值

3. 求下列函數之反曲點、凹向上及凹向下區間：

(1) $f(x) = x^2 - 3x + 1$　　　　　(2) $f(x) = x^3 - 3x + 2$

(3) $f(x) = x^3 - 9x^2 + 12x - 12$　　(4) $f(x) = \dfrac{x}{x+1}$

4. 請寫出下列敘述和一階導函數 $f'(x)$ 和二階導函數 $f''(x)$ 之關係

(1) 房價急速上升　　　　　　　　(2) 防禦率緩慢下降

(3) 打擊率緩慢上升　　　　　　　(4) 體重快速下降

提示：圖解如下

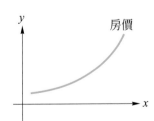

5. 求函數 $f(x) = x^4 - 2x^2$ 之凹向上、凹向下區間。

4-4　曲線作圖

　　由一階導函數、二階導函數及漸近線的求得，我們可以分析函數的特性，畫出精確的函數圖形。

曲線作圖的主要步驟

1. 求垂直漸近線
2. 求水平漸近線
3. 求臨界點
4. 求相對極大值、相對極小值
5. 求反曲點
6. 求凹向上、凹向下區間
7. 求 x 截距、y 截距

例題 1

試描繪分析函數 $f(x) = x^3 - 3x + 4$ 之圖形。

解

$f'(x) = 3x^2 - 3$，$f'(x) = 0 \Rightarrow 3x^2 - 3 = 0 \Rightarrow x = 1$，$-1$

$f''(x) = 6x$，$f''(x) = 0 \Rightarrow x = 0$

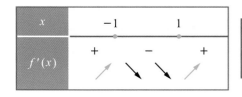

$\because f(x)$ 為多項式函數，無漸近線

臨界數：$x = -1$，1

相對極大值：$f(-1) = 6$

相對極小值：$f(1) = 2$

反曲點：$(0, f(0)) = (0, 4)$

凹向上：$(0, \infty)$

凹向下：$(-\infty, 0)$

y 截距：4

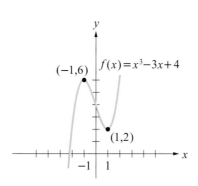

例題 **2**

作函數 $f(x) = \dfrac{1}{x^2 - 1}$ 之圖形。

解

$$f'(x) = \frac{-2x}{(x^2-1)^2}$$

$$f''(x) = \frac{6x^2+2}{(x^2-1)^3}$$

臨界數：$x = 0$，1，-1

$f''(x) = 0$ 或 $f''(x)$ 不存在 $\Rightarrow x = 1$，-1

x		-1		0		1	
$f'(x)$	$+$		$+$		$-$		$-$

x		-1		1	
$f''(x)$	$+$		$-$		$+$

相對極大值：$f(0) = -1$

凹向上：$(-\infty, -1) \cup (1, \infty)$

凹向下：$(-1, 1)$

對於有理函數，還要借助漸近線來作圖，

$$f(x) = \frac{1}{x^2 - 1}$$

垂直漸近線：$x = 1$，$x = -1$

水平漸近線：$y = 0$

綜合上述分析，作圖如下：

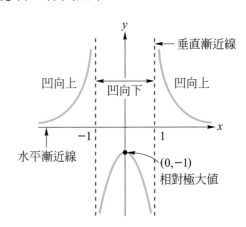

作圖時，先描相對極值畫漸近線虛線，再據遞增、遞減、凹向上、凹向下判斷，圖形兩端要貼近漸近線，圖即大功告成。

隨堂練習

1.　作圖 $f(x) = 4 - x^2$
2.　作圖 $f(x) = x^3 - 3x + 1$
3.　作圖 $f(x) = \dfrac{2}{x - 1}$

習題 4-4

1. 下列那一個圖形，是 $f(x) = \dfrac{x}{x^2 - 1}$ 的圖形？

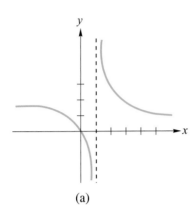

(a)

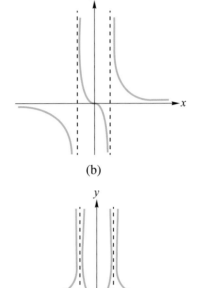

(b)

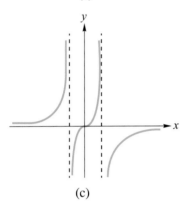

(c)

(d)

2. 作圖 $f(x) = x^3 + 3x^2 - 9x + 6$

3. 作圖 $f(x) = \dfrac{x^2 - 9}{x^2 - 4}$

4-5　導數在商業與經濟學之應用

　　利用導數可以求出函數遞增、遞減問題、相對極值,並據以描繪出函數圖形及求解最佳化問題,也可以利用微分求函數的估計值等。除了這些功用外,導數的概念被應用在經濟學的邊際分析、需求彈性分析、管理上的決策分析等。至於工程上各領域之應用更是廣泛。

　　本節著重在商業與經濟學之應用:

(一)邊際分析(marginal analysis)

　　邊際分析是經濟理論的重要部分,若 $P(x)$、$R(x)$ 及 $C(x)$ 分別表示生產或銷售水準 x 時之利潤、收益及總成本函數,重要摘要、關係整理如下表:

x:生產(或銷售)的單位數 p:單位產品之價格	
$R(x)$:收入函數 $R(x):x \cdot p$	邊際收入 $= \dfrac{dR}{dx} = R'(x)$ 每新增加一單位之銷售,所增加之總收入
$C(x)$:總成本函數 $C(x)$:固定成本+變動成本	邊際成本 $= \dfrac{dC}{dx} = C'(x)$ 新增加一單位之生產,所增加之總成本
$\overline{C}(x)$;$\dfrac{C(x)}{x}$ (每單位之平均成本)	邊際平均成本 $\dfrac{d\overline{C}}{dx} = \overline{C}'(x)$ 新增加一單位之生產,所增加之總平均成本
$P(x)$:利潤函數 $P(x):R(x) - C(x)$ 利潤=收入-成本	邊際利潤 $= \dfrac{dP}{dx} = P'(x)$ 新增加一單位之銷售,所增加之總利潤 $P'(x) = R'(x) - C'(x)$

(二)需求的價格彈性分析(price elasticity of demand)

　　消費者對某一商品之需求與它的售價有關,經濟學衡量消費者對某產品價格變動之反應,是以需求的價格彈性表示。例如,蔬菜

等產品屬於有彈性(elastic)；油、水等產品，屬於無彈性(inelastic)。當蔬菜價格震盪時，其需求量也跟著反應，稱此種需求為彈性，相反地，當汽油或水之價格變動時，需求並沒有相對應反應，稱此種需求為無彈性。

$$需求的價格彈性 = \frac{需求的變化率}{價格的變化率}$$

$$= \frac{\dfrac{\Delta X}{X}}{\dfrac{\Delta P}{P}}$$

$$= \frac{\Delta X}{X} \cdot \frac{P}{\Delta P}$$

$$= \frac{\Delta X}{\Delta P} \cdot \frac{P}{X}$$

$$\approx \frac{dX}{dP} \cdot \frac{P}{X}$$

其中需求量 X 是售價 P 之函數。且當 ΔP 很小時，$\dfrac{\Delta X}{\Delta P} \approx \dfrac{dX}{dP}$

需求彈性

若需求函數 $X = f(P)$ 為可微分函數，則需求彈性定義為

$$E = \frac{dX}{dP} \cdot \frac{P}{X}$$

對於一給定價格，若 $|E| > 1$，則需求有彈性(elastic)；

若 $|E| < 1$，則需求無彈性(inelastic)；

若 $|E| = 1$，則需求稱為單一彈性(unit elasticity)。

例題 1

某公司生產 LED 節能燈泡，其總成本函數為

$C(x) = 0.2x^2 + 25x + 100(0 \le x \le 200)$

收入函數 $R(x) = 400x$。求

(1) 固定成本　　　　　　　(2) 平均成本函數 $\overline{C}(x)$

(3) 邊際成本函數 $C'(x)$　　(4) 邊際利潤函數 $P'(x)$

(5) 求 $x = 10$ 時之邊際成本　　(6) 解釋 $C'(10)$ 之意義

(7) 在何種生產水準，每單位之平均成本等於邊際成本？

 解

(1) 總成本 = 固定成本 + 變動成本

　　固定成本 = $C(0) = 100$

(2) 平均成本 $\overline{C}(x) = \dfrac{C(x)}{x} = 0.2x + 25 + \dfrac{100}{x}$

(3) 邊際成本函數 $C'(x) = 0.4x + 25$

(4) 邊際利潤函數 $P'(x)$

　　因為 $P(x) = $ 收入 − 成本

$$= R(x) - C(x)$$

$$= 400x - 0.2x^2 - 25x - 100$$

$$= 375x - 0.2x^2 - 100$$

　　$\therefore P'(x) = 375 - 0.4x$

(5) 求 $C'(10)$

　　$C'(10) = 4 + 25 = 29$

(6) 邊際成本 $C'(10)$ 可解釋當產量為 10 單位時，再增加生產一單位所需增加之成本。

(7) $\overline{C}(x) = C'(x)$

　　$0.2x + 25 + \dfrac{100}{x} = 0.4x + 25$

　　$\dfrac{100}{x} = 0.2x \Rightarrow x = \sqrt{500} \approx 22.36$

 例題 2

運動型耳機之成本函數 $C(x)$、收入函數 $R(x)$ 如下：

$C(x) = 0.2x^2 + 25.5x + 5000$

$R(x) = 70x - \dfrac{x^2}{1000}$

試求邊際成本、邊際收入、邊際利潤之函數

解

邊際成本函數 $C'(x) = 0.4x + 25.5$

邊際收入函數 $R'(x) = 70 - \dfrac{x}{500}$

邊際利潤函數 $P'(x)$

$\because P(x) = R(x) - C(x)$

$\therefore P'(x) = R'(x) - C'(x)$

$\qquad = 70 - \dfrac{x}{500} - 0.4x - 25.5$

$\qquad = 44.5 - 0.402x$

例題 3

某產品之需求函數為 $X = 600 - 2P^2$，$5 \le P \le 200$，

(1) 求需求為有彈、無彈性之區間

(2) 求 $P = 50$ 之需求彈性

 解

需求彈性：$E = \dfrac{dX}{dP} \cdot \dfrac{P}{X}$

$\because X = 600 - 2P^2$

得 $\dfrac{dX}{dP} = -4P$

$\therefore E = -4P \cdot \dfrac{P}{600 - 2P^2}$

$|E| = \left| \dfrac{4P^2}{600 - 2P^2} \right| = 1$，$P = 10, -10$

(1) 需求有彈性：$|E| > 1 \Rightarrow P > 10$

　　需求無彈性：$|E| < 1 \Rightarrow P < 10$

　　所以當 $P \in (10, 200]$，此區間需求有彈性；

　　當 $P \in [5, 10)$，此區間需求無彈性

(2) $|E(50)| = \left| \dfrac{4 \cdot 50 \cdot 50}{600 - 5000} \right| = \dfrac{25}{11} > 1$

　　當售價 $P = 50$ 時，此需求具彈性。

例題

假設網購鳳梨酥的需求與售價關係為 $X = 40 + 6P - P^2$，求

(1) 需求函數 $f(P)$

(2) $P = 4$ 時，需求是具彈性還是不具彈性？

解

(1) 需求函數 $f(P) = 40 + 6P - P^2$

(2) 需求彈性 $E = \dfrac{dX}{dP} \cdot \dfrac{P}{X}$

$\because \dfrac{dX}{dP} = 6 - 2P$，得 $E = \dfrac{6P - 2P^2}{40 + 6P - P^2}$

$|E(4)| = \left|\dfrac{24 - 2 \cdot 16}{40 + 24 - 16}\right| = \dfrac{1}{6} < 1$

$\therefore P = 4$ 時，不具彈性

隨堂練習

1. 求需求函數 Q 在給定價格 P_0 的彈性

   (1) $Q(P) = 20 - 2P^2$，$P_0 = 2$

   (2) $Q(P) = \dfrac{1}{P^2}$，$P_0 = 3$

2. 求成本函數 $C(x) = 200 + 150x + 0.5x^2$

   (1) 求 $x = 10$ 之邊際成本

   (2) 求 $x = 10$ 之平均成本

習題 4-5

1. 設某產品之總成本函數 $C(x) = x^3 - 6x^2 + 30x + 32$，求

   (1) 最小平均成本

   (2) 最小邊際成本

2. 某產品之總收入函數 $R(x) = 125 + 2x + x^2$

   　　　總成本函數 $C(x) = 100 - 2x + \dfrac{3}{2}x^2$

   　　　利潤函數 $P(x) = R(x) - C(x)$

   (1) 求生產多少件可獲得最大利潤？

   (2) $x = 5$ 時，邊際利潤？

   (3) $x = 10$ 時，邊際成本？

3. 行銷公司研究，廣告投入之獲利模式為 $P(x) = -2x^3 + 35x^2 - 100x + 200$，$x$ 為廣告投入金額(以萬元台幣計)，$P(x)$為獲得之利潤。求

   (1) 最大利潤

   (2) 報酬遞減點

4. 求各需求函數在特定 x 值之需求彈性

需求函數	需求數量
(1) $P = 300 - 0.2x^2$	$x = 30$
(2) $P = 400 - 3x$	$x = 30$

5. 求各需求函數在特定價格 P_0 之需求彈性

需求函數	需求數量
(1) $X = 169 - P^2$	$P_0 = 6$
(2) $X = 45 - 0.2P^2$	$P_0 = 4$

4-6 牛頓法——求方程式根

　　本節介紹一種求方程式近似根的方法，它的求解很有效率，很常被應用在工程領域求解，這種方法就是牛頓法(Newton's method)。

　　牛頓法是利用導數關係，重覆疊代去求方程式近似根，牛頓法的收斂速度很快，其解法說明如下：

$y = f(x)$是可微分函數，如下圖

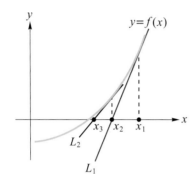

> **強化學習**
>
> L_1 是過點$(x_1, f(x_1))$之切線，L_1 和 x 軸之交點為 x_2；L_2 是過點$(x_2, f(x_2))$ 之切線，L_2 和 x 軸之交點為 x_3

　　先找一個初始值 x，令 $x_1 = x$，牛頓法之疊代公式為

$$x_{n+1} = x_n - \frac{f(x_n)}{f'(x_n)}$$

即

$$x_2 = x_1 - \frac{f(x_1)}{f'(x_1)}$$

$$x_3 = x_2 - \frac{f(x_2)}{f'(x_2)}$$

$$x_4 = x_3 - \frac{f(x_3)}{f'(x_3)}$$

$$\vdots$$

$$x_1 \rightarrow x_2 \rightarrow x_3 \rightarrow \cdots 趨近於方程式之根$$

　　一直重覆疊代計算，直到適當誤差才停止，停止前之 x_n 即為方程式 $f(x) = 0$ 之近似值。

　　牛頓法之理論、收斂條件在數值分析課程，會有詳細解說。在此用簡明例子應用如下，希望讀者能快速學會此種方法。

例題 **1**

求下列方程式之近似根，直至近似值相差小於 0.00001

(1) $f(x) = x^2 - 2$

(2) $f(x) = 2x^3 + x^2 - x + 1$

(3) $f(x) = e^x + x$

解

求方程式根，如果是一元二次方程式之根，可代公式，

$ax^2 + bx + c = 0$

$$x = \frac{-b \pm \sqrt{b^2 - 4ac}}{2a}$$

但多次方程式根，就沒有公式可用，甚至希望求出根之精確近似值。這時，可用數值分析之方法，牛頓法是其中之一個很好的方法。

(1) $f(x) = x^2 - 2$，得 $f'(x) = 2x$

求 $f(x) = x^2 - 2 = 0$ 之根

利用疊代公式：$x_{n+1} = x_n - \dfrac{f(x_n)}{f'(x_n)}$

$$x_{n+1} = x_n - \frac{x_n^2 - 2}{2x_n}$$

$x_1 = 1$

$$x_2 = x_1 - \frac{x_1^2 - 2}{2x_1} = 1 - \frac{1-2}{2} = 1.5$$

$$x_3 = x_2 - \frac{x_2^2 - 2}{2x_2} = 1.5 - \frac{1.5^2 - 2}{2(1.5)} = 1.416667$$

反覆疊代計算如下表：

n	x_n	x_{n+1}
1	1	1.5
2	1.5	1.416667
3	1.416667	1.414216
4	1.414216	1.414214

強化學習

(1) x_1 初值，取 $f(x)$ 常數項係數附近之數

(2) $\sqrt{2} \cong 1.41$，近似值取到小數點第 2 位

(3) 用 Excel 試算表，輸入疊代公式求解

求近似值至小數後第 5 位，近似根為：1.41421 (這個題目

之解：即 $\sqrt{2} \fallingdotseq 1.41421$)

(2) $f(x) = 2x^3 + x^2 - x + 1$，得 $f'(x) = 6x^2 + 2x - 1$

取 $x_1 = -1$

$$x_2 = x_1 - \frac{f(x_1)}{f'(x_1)} = -1 - \frac{f(-1)}{f'(-1)}$$

$$= -1 - \frac{1}{3} = -1.333333$$

$$x_3 = x_2 - \frac{f(x_2)}{f'(x_2)} = 1.333333 - \frac{f(-1.333333)}{f'(-1.333333)}$$

$$= -1.243386$$

疊代計算表如下：

n	x_n	x_{n+1}
1	-1	-1.333333
2	-1.333333	-1.243386
3	-1.243386	-1.233855
4	-1.233855	-1.233751
5	-1.233751	-1.233751

精確至小數點第 5 位之近似根：-1.23375

(3) $f(x) = e^x + x$，得 $f'(x) = e^x + 1$

取 $x_1 = -1$

疊代計算表如下：

n	x_n	x_{n+1}
1	-1	-0.537882
2	-0.537882	-0.566986
3	-0.566987	-0.567143
4	-0.567143	-0.567143
5	-0.567143	-0.567143

精確至小數點第 5 位之近似根：-0.56714

★ ➕強化學習

可藉助畫函數 $f(x)$ 圖形觀察！

　　這些疊代計算，用EXCEL計算，更容易！希望讀者掌握知識，多了解微積分之應用，這些核心的能力，是你未來勝出之關鍵。

隨堂練習

1. 求 $\sqrt{3}$ 之近似值。(精確至小數後 5 位)

數 學 知 識 加 油 站
魔方陣(magic square)

　　目前公認世界上最早的魔方陣是出現在中國。相傳四千多年前，大禹治水時，在洛水岸邊發現一隻大烏龜，背上刻有圖一的圖案，若用數字表示就是圖二的三階魔方陣，所以後來圖二的三階魔方陣就被稱做洛書。

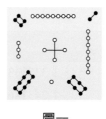

4	9	2
3	5	7
8	1	6

　　　　圖一　　　　　　　　　　圖二

　　魔方陣是一個 n 階的數字方陣，每行、每列及兩個對角線上的數字之和都相等。在十五世紀時傳入西方，變成益智遊戲與組合學的一個論題。魔方陣的解法是一種很好的邏輯思考訓練，像九宮格遊戲、井字遊戲、數獨等都是魔方陣之推廣應用。

　　宋朝楊輝在《續古摘奇算經》記載有洛書的排法口訣：「九子斜排，上下對易，左右相更，四維挺出，載九履一，左三右七，二四為肩，六八為足。」

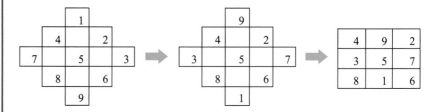

練習題一：三階魔方陣共有八種解答，除了圖二解答，想想看還有那
　　　　　七種解答？

練習題二：找出五階魔方陣解答？

習題 4-6

1. 利用牛頓法，在給定初值 x_1，求下列方程式近似根。(精確至小數點後 3 位)

   (1) $f(x) = x^3 - 2x - 3$，$x_1 = -1$

   (2) $f(x) = x^3 - x^2 + 2x + 3$，$x_1 = -1$

   (3) $f(x) = x^3 - 3x - 1$，$x_1 = 2$

   (4) $f(x) = x^5 - x - 0.2$，$x_1 = 1$

2. 求 $\sqrt[3]{28}$ 之近似值。(精確至小數點後 3 位)

3. 求 $f(x) = x - e^{-x^2}$ 之近似根。(精確至小數點後 4 位)

4. 求 $\sqrt{4.4}$ 之近似值。(精確至小數點後 3 位)

5. 求 $\sqrt[6]{2}$ 之近似根。(精確至小數點後 4 位)

第5章

指數函數與對數函數

數學家故事　高斯(Gauss, Carl Friedrich 1777-1855)

　　德國偉大數學家、物理學家和天文學家。和牛頓、阿基米得被譽為史上三大數學家，又稱為數學王子Gauss(1777年4月30日～1855年2月23日)出生在德國Brunswick一貧窮勞工家庭。他的父親叫做 Gebhard Dietdich Gauss(1744-1808)，母親是 Dorothea Benze (1743-1839)。德國政府曾發行約五馬克紀念金幣，上面就有高斯的像，以紀念這位十八、十九世紀德國最偉大、最傑出的科學家。如果單純以他的數學成就來說，很少在一門數學的分支裏沒有用到他的一些研究成果。從小展露數學天賦，小學有一天上課老師要求全班同學算出：「1＋2＋3＋…＋100＝？」。一會兒高斯馬上算出 5050 的答案，小小年紀已導出梯形公式，其算法如下：

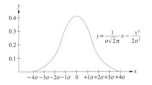

$$y = \frac{1}{\sigma\sqrt{2\pi}} e^{-\frac{x^2}{2\sigma^2}}$$

　　像統計學常用到之鐘形分配又稱高斯分配，感覺上高斯與我們同在。1807 年就任哥庭根天文台台長，在此崗位直到去世為止。此時期他在天文、大地測量有豐碩研究成果，由於測量需要研究曲面理論，如高斯曲率等性質，這些結果開創後來微分幾何之發展 1831 年起高斯和其亦師亦友好友韋伯(Wilhelm Weber)一起研究電磁學，合作發明電磁式電信機，並完成世界第一張地球磁場圖，且定出地球南極北極的位置。

　　高斯之名言：「寧可少些，但要成熟。」(Few but ripe)所以他畢生不多寫作品，但所寫成作品以敘述簡潔、內容豐富著稱。

本章介紹兩個很重要的特殊函數：指數函數和對數函數。這兩個函數被應用在很多領域：例如經濟學、統計、財務工程、年金計算等。更深入了解這兩個函數，對於商管知識的學習很重要。

GGB應用範例

5-1 指數函數

指數函數

以 a 為底的指數函數為 $f(x) = a^x$，其中 $a > 0$，且 $a \neq 1$，a 稱為指數函數的底，x 為指數

指數的性質

設 $a，b > 0$ 且 $x，y \in \mathbb{R}$，則

(1) $a^0 = 1$

(2) $a^x \cdot a^y = a^{x+y}$

(3) $(\dfrac{a^y}{a^x}) = a^{y-x}$

(4) $(a^x)^y = a^{x \cdot y}$

(5) $(a \cdot b)^x = a^x \cdot b^x$

(6) $(a^{-n}) = \dfrac{1}{a^n}$

(7) $a^{\frac{1}{n}} = \sqrt[n]{a}$

例題 1

請畫出指數函數圖形

(1) $f(x) = 2^x$　(2) $f(x) = 3^x$　(3) $f(x) = (\dfrac{1}{2})^x$

解

(1) 我們用描點的方法把圖形畫於下

$f(x) = 2^x$

x	-2	-1	0	1	2	3
$f(x)$	$\dfrac{1}{4}$	$\dfrac{1}{2}$	1	2	4	8

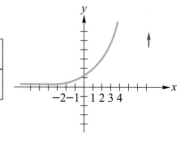

(2) $f(x) = 3^x$

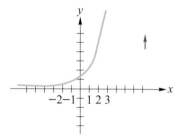

x	-2	-1	0	1	2	3
$f(x)$	$\frac{1}{9}$	$\frac{1}{3}$	1	3	9	27

(3) $f(x) = (\frac{1}{2})^x$

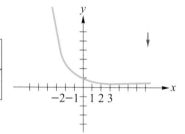

x	-2	-1	0	1	2	3
$f(x)$	4	2	1	$\frac{1}{2}$	$\frac{1}{4}$	$\frac{1}{8}$

註：↑表示遞增，隨著 x 增加，圖越來越高，

　　如：$f(x) = 2^x(↑)$

　　↓表示遞減，隨著 x 增加，圖越來越低，

　　如：$f(x) = (0.5)^x(↓)$

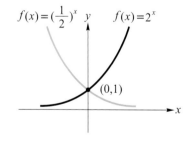 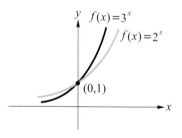

　　由上面例子，可以整理出指數函數 $f(x) = a^x$，$f(x) = (\frac{1}{a})^x$ 之特性如下：

1. 指數函數 $f(x) = a^x$，$f(x) = (\frac{1}{a})^x$ 通過點 $(0, 1)$。

2. $a > 1$ 時，$f(x) = a^x$ 為遞增函數。

3. $a < 1$ 時，$f(x) = a^x$ 為遞減函數。

4. $f(x) = a^x$ 與 $f(x) = (\frac{1}{a})^x$，對軸於 y 軸。

5. $a > 1$ 時，$\lim\limits_{x \to \infty} a^x = \infty$，$\lim\limits_{x \to -\infty} a^x = 0$。

6. $a < 1$ 時，$\lim\limits_{x \to \infty} a^x = 0$，$\lim\limits_{x \to -\infty} a^x = \infty$。

7. $a > 1$ 時，指數函數 $f(x) = a^x$，底越大，其圖形越陡。

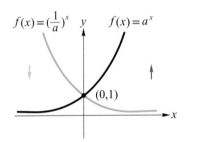
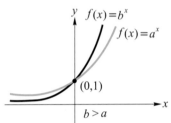

例題 2

利用指數性質，化簡下列各式：

(1) 5^0 (2) $(0.2)^0$

(3) π^0 (4) $(\frac{1}{2})^3$

(5) 2^{-2} (6) $(\frac{1}{2})^{-2}$。

解

任何一個數的 0 次方為 1，($a^0 = 1$，$a \neq 0$)

(1) $5^0 = 1$

(2) $(0.2)^0 = 1$

(3) $\pi^0 = 1$

(4) $(\frac{1}{2})^3 = (\frac{1}{2}) \cdot (\frac{1}{2}) \cdot (\frac{1}{2}) = \frac{1}{8}$

(5) $2^{-2} = \frac{1}{2^2} = \frac{1}{4}$

(6) $(\frac{1}{2})^{-2} = \frac{1}{(\frac{1}{2})^2} = \frac{1}{\frac{1}{4}} = 4$

   或 $(\frac{1}{2})^{-2} = (2^{-1})^{-2} = 2^{(-1) \cdot (-2)} = 2^2 = 4$

註：$(\frac{1}{2}) = 2^{-1}$，$(\frac{1}{3}) = 3^{-1}$，$(\frac{1}{5}) = 5^{-1}$

 強化學習

負指數定義：

$a^{-n} = \frac{1}{a^n}$

例題 ③

試求下列各式：

(1) $9^{\frac{1}{2}}$　　　　　　　　(2) $27^{\frac{1}{3}}$

(3) $25^{\frac{3}{2}}$　　　　　　　(4) $32^{\frac{2}{5}}$

(5) $27^{\frac{-2}{3}}$

解

(1) $9^{\frac{1}{2}} = \sqrt{9} = 3$

(2) $27^{\frac{1}{3}} = \sqrt[3]{27} = 3$

(3) $25^{\frac{3}{2}} = (5^2)^{\frac{3}{2}} = 5^{2 \cdot \frac{3}{2}} = 5^3 = 125$

(4) $32^{\frac{2}{5}} = (2^5)^{\frac{2}{5}} = 2^{5 \cdot \frac{2}{5}} = 2^2 = 4$

(5) $27^{\frac{-2}{3}} = (3^3)^{\frac{-2}{3}} = 3^{-2} = \frac{1}{3^2} = \frac{1}{9}$

自然指數：e

「e」又稱尤拉數，是數學家尤拉(Euler, 1707～1783)所創造定義的。數學上兩個重要的無理數：一個是 π，另一個就是 e。自然指數 e 在微積分、統計、財務計量、連續複利等領域扮演重要角色。

自然指數 e

$$e = \lim_{n \to \infty} (1 + \frac{1}{n})^n$$

e 的近似值，$e \approx 2.71828$

例題 ④

利用 EXCEL，求自然指數 e 之近似值。

解

儲存格公式：(1 + 1/A2)^A2

$\therefore e \approx 2.718282$

例題 5

畫出下列指數函數之圖形。

(1) $f(x) = e^x$ (2) $f(x) = e^{-x}$

(1) $e \approx 2.71$，$e > 1$

    $\therefore f(x) = e^x$ 為遞增函數

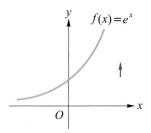

(2) $f(x) = e^{-x} = (\dfrac{1}{e})^x$

    $\because \dfrac{1}{e} \approx \dfrac{1}{2.71}$，$\dfrac{1}{e} < 1$

    $\Rightarrow f(x) = e^{-x}$ 為遞減函數

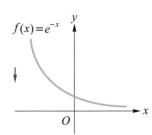

隨堂練習

1. 化簡下列各數：

   (1) $9^{\frac{3}{2}} \cdot 27^{\frac{4}{3}}$

   (2) $(\frac{36}{81})^{\frac{1}{2}}$

   (3) $(\frac{1}{16})^{\frac{-3}{4}}$

2. 畫下列函數圖形：

   (1) $f(x) = 2^{-x}$

   (2) $f(x) = (0.2)^x$

習題 5-1

1. 設 $f(x) = 2^x$

   (1) 求函數值：$f(0)$，$f(3)$，$f(-10)$

   (2) 求 $\lim\limits_{x \to \infty} 2^x$

   (3) 求 $\lim\limits_{x \to -\infty} 2^x$

2. 自然指數 e 最接近哪個整數？

3. 試求下列各題之值。

   (1) $25^{\frac{3}{2}} \cdot 5^2 \cdot 5^{-3}$

   (2) $[(25)^{\frac{1}{2}} \cdot (125)]^{\frac{3}{4}}$

   (3) $64^{\frac{3}{4}} \cdot 32^{\frac{2}{5}}$

   (4) $(9^{\frac{3}{2}}) \cdot (3^{\frac{3}{2}}) \cdot (\frac{1}{27})$

4. 從圖(a)～(c)，選出各函數的圖形。

   (1) $f(x) = (1.2)^x$

   (2) $f(x) = (0.3)^x$

   (3) $f(x) = -2^x$

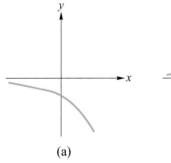
(a)

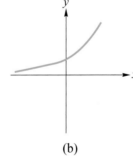
(b)

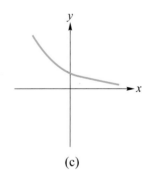
(c)

5-2 自然指數函數

　　以 e 為底之指數函數稱為自然指數函數。在統計、學習理論、財務計量等領域有很多重要的自然指數函數相關的應用模式。例如圖(a)～(d)S型的成長曲線、統計機率的鐘型分配、指數成長或指數衰變等，這些都是未來我們必須深入探索的。

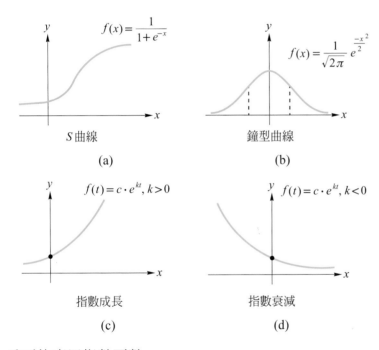

$$f(x) = \frac{1}{1+e^{-x}}$$

S 曲線

(a)

$$f(x) = \frac{1}{\sqrt{2\pi}} e^{\frac{-x^2}{2}}$$

鐘型曲線

(b)

$$f(t) = c \cdot e^{kt}, k > 0$$

指數成長

(c)

$$f(t) = c \cdot e^{kt}, k < 0$$

指數衰減

(d)

　　重要的應用指數函數

1. 邏輯成長函數(logistic growth function)

   $$f(t) = \frac{b}{1 + a \cdot e^{-kt}}，k > 0，圖(a)$$

2. 標準常態機率密度函數(standard normal probability density function)

   $$f(x) = \frac{1}{\sqrt{2\pi}} \cdot e^{-\frac{x^2}{2}}，x \in \mathbb{R}，圖(b)$$

3. 指數成長(exponential growth)和指數衰減(exponential decay)

   $f(t) = c \cdot e^{kt}$，c 為初始值，k 為比例常數，

   (1) $k > 0$ 時，$f(t) = c \cdot e^{kt}$ 為指數成長，圖(c)。

(2) $k<0$ 時，$f(t)=c \cdot e^{kt}$ 為指數衰減，圖(d)。

4. 懸索線函數(catenary function)

$$f(x) = a \cdot (e^{\frac{x}{b}} + e^{\frac{-x}{b}}) \ , \ -a \le x \le a$$

上面各函數之理論和應用時機，不擬深入探討，謹用淺顯之應用例子介紹如下：

強化學習

利用 EXCEL 軟體，
@EXP( )函數求解，
及畫圖

例題 **1**

設一邏輯成長函數 $f(t) = \dfrac{500}{1 + e^{-0.3t}}$，$t > 0$

(1) 求 $t = 0, 1, 5, 10, 50, 100, 1000$ 之函數值

(2) 求 $t \rightarrow \infty$ 時，邏輯函數 $f(t)$ 之極限值

(3) 畫此邏輯函數 $f(t)$ 圖形

解

$\dfrac{500}{1 + e^{-0.3t}}$ 之 EXCEL 儲存格公式：

=500/(1+EXP(-0.3*t))

強化學習

$f(0) = \dfrac{500}{1 + e^0} = \dfrac{500}{2}$
$\quad\quad = 250$

(1) t 所對應函數值 $f(t)$ 如下表：

t	$f(t)$
0	250
1	287.2213
5	408.7872
10	476.2871
50	499.9998
100	500
1000	500

(2) 由(1)表可觀察到，當 $t \rightarrow \infty$ 時，$f(t) = 500$ 極限之求法：

$$\lim_{t \to \infty} f(t) = \lim_{t \to \infty} \frac{500}{1 + e^{-0.3t}} = \lim_{t \to \infty} \frac{500}{1 + \dfrac{1}{e^{0.3t}}} = \frac{500}{1 + 0} = 500$$

強化學習

$\because \lim\limits_{t \to \infty} \dfrac{1}{e^{0.3t}} = 0$

(3) 利用 EXCEL 公式，建立如(1)之表格，再據以畫 x - y 散布圖，如下所示：

t	$f(t)$
0	⋮
0.1	
0.2	
0.3	
⋮	
50	

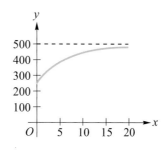

註：(1) $f(0)$ 表示邏輯成長函數之初始值。

　　(2) $\lim\limits_{x \to \infty} f(x)$ 表示邏輯成長函數之成長極限。

　　(3) $f(t)$：↑

　　(4) $y = 500$ 是此邏輯成長函數之水平漸近線。

例題 **2** ————————————————————

利用 EXCEL 畫下列函數之圖形：

(1) $f(x) = \dfrac{1}{\sqrt{2\pi}} \cdot e^{-\frac{x^2}{2}}$，$x \in \mathbb{R}$

(2) $f(x) = 40(e^{\frac{x}{80}} + e^{\frac{-x}{80}})$，$-40 \leq x \leq 40$

解 ————————————————————

(1) $f(x) = \dfrac{1}{\sqrt{2\pi}} e^{-\frac{x^2}{2}}$

EXCEL 儲存格公式：

1/((2*PI)^0.5)*EXP(-(x^2/2))

其圖形是一個鐘形曲線如下圖

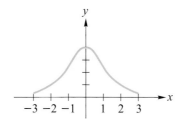

$f(0) = \dfrac{1}{\sqrt{2\pi}} \cdot e^0 = \dfrac{1}{\sqrt{2\pi}} \approx 0.398942$

此函數在統計領域，常常用到！

(2) $f(x) = 40(e^{\frac{x}{80}} + e^{\frac{-x}{80}})$，$-40 < x < 40$

EXCEL 儲存格公式：

=40*(EXP(x/80)+EXP(-(x/80)))

其圖形恰似兩支電線桿之間的懸掛線，如下圖：

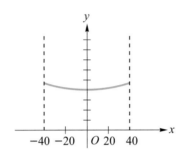

$f(0) = 40(e^0 + e^0) = 80$

此函數在工程方面應用較多！

 3

生物學家研究發現蝙蝠族群成長依下列邏輯成長模式：

$f(t) = \dfrac{120}{1 + 5 \cdot e^{-0.2t}}$，$t$ 為時間(以月計)。

問：

(1) 初始蝙蝠有幾隻？

(2) 10 個月後，蝙蝠有幾隻？

(3) 此蝙蝠族群，成長之最大極限是多少隻蝙蝠？

解

(1) 初始蝙蝠，即 $f(0) = \dfrac{120}{1 + 5 \cdot 1} = \dfrac{120}{6} = 20$

(2) 10 個月後，蝙蝠有 $f(10) = \dfrac{120}{1 + 5 \cdot e^{-2}} \approx 71.57$

(3) $\lim\limits_{t \to \infty} f(t) = \lim\limits_{t \to \infty} \dfrac{120}{1 + \dfrac{5}{e^{0.2t}}} = \dfrac{120}{1 + 0} = 120$

此蝙蝠族群初始有 20 隻，經 10 個月後繁殖成長至約 71 隻，最大成長極限約成長至 120 隻

1. 很多生物的成長模型、傳染病蔓延、學習曲線或行銷模式,都符合邏輯成長曲線模式。(即「S」曲線)。

2. 此曲線,初期增加速度很快,較不受環境影響,符合指數成長,但增加至某一個程度(即遇到反曲點),受環境影響,成長速度會緩慢下來,最後接近成長極限,達到穩定狀態。

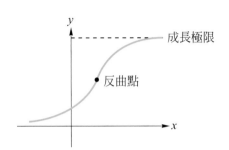

 4

放射性同位素,同位素鈽(^{239}Pu),是屬於放射性超鈾元素,具有很強之放射性毒物,其半衰期更長達 23460 年,請問若燃料棒含 1 公克 ^{239}Pu,試問 1000 年後,殘留的鈽多少?

解

設鈽之指數衰減函數為

$f(t) = c \cdot e^{kt}$,$k < 0$

$\because f(0) = c \cdot e^{k \cdot 0} = 1$,得 $c = 1$

利用半衰期公式,

$\dfrac{1}{2} = 1 \cdot e^{k \cdot 23460}$

兩邊取 $\ln$,$\ln \dfrac{1}{2} = 23460 \cdot k$

$\therefore k = \dfrac{1}{23460} \cdot (-\ln 2)$

指數衰減函數為:$f(t) = 1 \cdot e^{-0.00002955 \cdot t}$

1000 年後,殘存之量:$f(1000) = 0.970882332$

上面解答,由 EXCEL 指數函數 EXP( ),或工程用計算機輕易求得,從上例子,可看出放射性元素鈽,經 1000 年後,只衰減消失 0.03 公克。

例題 **5**

生物學家發現，某細菌以指數成長模式繁殖。若現在細菌數量是 2000，20 分鐘後增加到數量 5000，試問一天後，細菌的數量為何？

解

設指數成長函數為 $f(t) = c \cdot e^{k \cdot t}$，$k > 0$

∵ $f(0) = c = 2000$

⇒ $f(20) = 2000 \cdot e^{k \cdot t}$

$\qquad\qquad = 2000 \cdot e^{20k}$

$\qquad\qquad = 5000$

★➕強化學習

一天 = 24 小時

$\qquad = (24 \times 60)$分鐘

$\qquad = 1440$ 分

得 $e^{20k} = \dfrac{5}{2}$，$k = \dfrac{\ln(\dfrac{5}{2})}{20} \approx 0.0458$

一天後細菌數量：

$f(1440) = c \cdot e^{kt}$

$\qquad\qquad = 2000 \cdot e^{(0.0458)(1440)}$

$\qquad\qquad \approx 8.7825304 \cdot 10^{31}$

$\qquad\qquad \approx 8.7E + 31$

細菌經過一天之繁殖後，已變成一個天文數字的數量，可知流行病傳染之傳播速度很嚇人的！

隨堂練習

1. 令 $f(t) = \dfrac{50}{1 + e^{-2t}}$，求 $f(0)$，$\lim\limits_{t \to \infty} f(t)$

2. 令 $f(t) = 100 \cdot e^{0.2t}$，求 $f(0)$，$\lim\limits_{t \to \infty} f(t)$

習題 5-2

1. 求極限

(1) $\lim\limits_{x \to \infty} e^{-x}$

(2) $\lim\limits_{x \to \infty} \dfrac{20}{1+e^x}$

(3) $\lim\limits_{x \to 0} \dfrac{100}{1+e^{-x}}$

(4) $\lim\limits_{x \to \infty} (1 - e^{-x})$

2. 從圖(a)～(e)，選出各函數之圖形

(1) $f(x) = e^{-2x}$

(2) $f(x) = e^{-x^2}$

(3) $f(x) = \dfrac{20}{1+e^{-x}}$

(4) $f(x) = 10 \cdot e^{0.3x}$

(5) $f(x) = 1 - e^{-x}$, $x \geq 0$

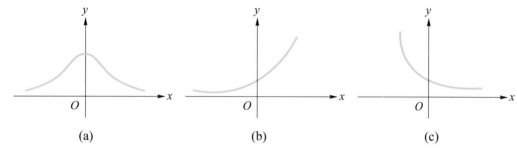

(a)　　　　　　　　(b)　　　　　　　　(c)

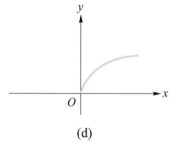 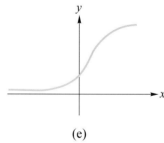

(d)　　　　　　　　(e)

3. 大雄勤練中文打字，練習到第 t 天，每分鐘可打 $f(t) = 80(1 - e^{-0.2t})$ 個中文字，請問大雄練習到第幾天，每分鐘可打 50 個字？

4. 假設未來 10 年，每年之通貨膨脹為 3%，若目前電影院票價為 200 元，試估計 5 年後之票價。

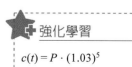

★ 強化學習

$c(t) = P \cdot (1.03)^5$

5. 畫出函數 $f(x) = e^{-x}$ 之圖形。

5-3 對數函數

對數函數是指數函數的反函數，其定義如下：

$$a^b = x \Leftrightarrow \log_a x = b$$

對數函數 $\begin{cases} \text{常用對數：以 10 為底之對數，例 } \log_{10} x \\ \text{自然對數：以 } e \text{ 為底之對數，例 } \log_e x \end{cases}$

常用對數通常以 $\log x$ 表示，即 $\log_{10} x = \log x$。

自然對數通常以 $\ln x$ 表示，即 $\log_e x = \ln x$。

自然指數 e 和自然對數 $\ln x$ 在統計、財務工程、工程領域很重要。

 例題 1

求下列對數值

(1) $\log_2 1024$ (2) $\log_2 8$

(3) $\log_7 1$ (4) $\log 100$

(5) $\log_2 \dfrac{1}{4}$

解

(1) $\log_2 1024 = 10$ $(\because 2^{10} = 1024 \Leftrightarrow \log_2 1024 = 10)$

(2) $\log_2 8 = 3$ $(2^3 = 8)$

(3) $\log_7 1 = 0$ $(7^0 = 1)$

(4) $\log 100 = 2$(常用對數以 10 為底，$10^2 = 100$)

(5) $\log_2 \dfrac{1}{4} = \log_2 (\dfrac{1}{2})^2 = \log_2 (2^{-2}) = -2$

對數基本性質：$a > 0$，$x, y > 0$

(1) $\log_a x \cdot y = \log_a x + \log_a y$

(2) $\log_a (\dfrac{y}{x}) = \log_a y - \log_a x$

(3) $\log_a (x^r) = r \log_a x$

(4) $\log_x y = \dfrac{\log_a x}{\log_a y}$ (換底公式)

(5) $\log_a 1 = 0$

(6) $\log_a a = 1$

 例題 2 ────────────────────────────

畫出下列對數函數圖形：

(1) $f(x) = \log_2 x$ 　　　　　　(2) $f(x) = \log_3 x$

(3) $f(x) = \log_{\frac{1}{2}} x$

解

(1) $f(x) = \log_2 x$

x	1	2	4	8	$\frac{1}{2}$	$\frac{1}{4}$	$\frac{1}{8}$
$f(x)$	0	1	2	3	-1	-2	-3

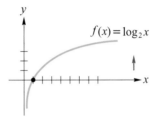

(2) $f(x) = \log_3 x$

x	1	3	9	27	$\frac{1}{3}$	$\frac{1}{9}$	$\frac{1}{27}$
$f(x)$	0	1	2	3	-1	-2	-3

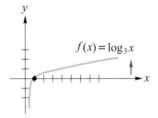

(3) $f(x) = \log_{\frac{1}{2}} x$

x	$\frac{1}{2}$	$\frac{1}{4}$	$\frac{1}{8}$	1	2	4	8
$f(x)$	1	2	3	0	-1	-2	-3

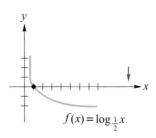

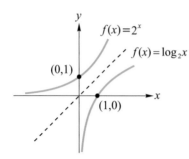

$f(x) = 2^x$ 與 $f(x) = \log_2 x$

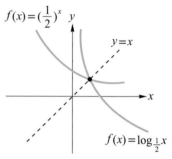

$f(x) = (\dfrac{1}{2})^x$ 與 $f(x) = \log_{\frac{1}{2}} x$
對稱於 $y = x$ 直線

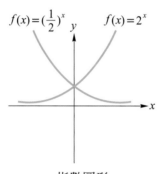

指數圖形

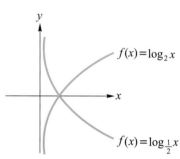

對數圖形

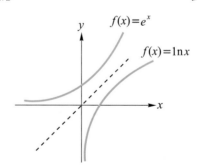

自然指數和對數圖形

在指數對數運算中，常用到下列性質：

1. $\ln e^x = x$

2. $e^{\ln x} = x$

【證明】

令 $e^{\ln x} = b$

$\log_e b = \ln x$

$\ln b = \ln x \Rightarrow b = x \Rightarrow e^{\ln x} = x$

例題 3

求解下列方程式

(1) $e^{\ln x} = 5$

(2) $\ln x = 1$

(3) $e^x = 1$

(4) $e^{x + \ln x} = 3x$

 解

(1) $e^{\ln x} = x$

$\therefore x = 5$

(2) $\ln x = 1 \Rightarrow e^1 = x \Rightarrow x = e$

(3) $e^x = 1 \Rightarrow x = 0$

(4) $e^{x + \ln x} = e^x \cdot e^{\ln x} = e^x \cdot x = 3x \Rightarrow e^x = 3 \Rightarrow x = \ln 3$

 例題 4

太陽能防盜鎖產品的成長模型：$f(t) = 10 + 2t + 2\ln t$，t 表時間 (月)，求

(1) $f(1)$

(2) $f(e)$

解

(1) $f(1) = 10 + 2 + 2 \cdot \ln 1 = 12$

(2) $f(e) = 10 + 2 \cdot e + 2\ln e$

$= 10 + 2 \cdot e + 2$

$= 12 + 2e \approx 17.42$

 強化學習

$\ln 1 = 0$

$\ln e = 1$

隨堂練習

1. 求下列各題之值：

   (1) e^0

   (2) $\ln e$

   (3) $\ln 1$

   (4) $e^{\ln 5}$

2. 解 $e^{x+1} = 4$

習題 5-3

1. 解下列各方程式：

   (1) $\ln x = 3$

   (2) $2 + 3 \cdot \ln x = 5$

   (3) $e^x = 3$

   (4) $2 + 3 \cdot e^x = 8$

   (5) $200 \cdot e^{-0.3x} = 500$

   (6) $4e^{x-2} = 4$

2. 下列那個函數是遞增函數？

   (1) $f(x) = \ln(x + 5)$

   (2) $f(x) = 50 \cdot e^{30x}$

   (3) $f(x) = 20 \cdot e^{-0.3x}$

   (4) $f(x) = 80 - 3 \cdot \ln x$

3. 市場研究平板電腦之需求函數為 $f(t) = 285 \cdot e^{0.2t}$ (單位：萬)

   $t = 0$ 表示 2010 年，求

   (1) 2010 年之需求量？

   (2) 何時才會達到 2000 萬台之需求量？

4. 求下列各式之值

   (1) $\ln e^5$

   (2) $e^{\ln 8}$

   (3) $\ln e + \ln 1 + \ln \sqrt{e}$

   (4) $\ln \dfrac{e^2 \cdot \sqrt{e}}{e^{0.3}}$

5-4　指數函數的導數

為了要分析含指數函數與對數函數之數學模型,我們需要求這些函數之導數。

自然指數函數 $f(x) = e^x$,導函數 $f'(x)$ 之證明推導過程如下:

$$f'(x) = \lim_{\Delta x \to 0} \frac{f(x + \Delta x) - f(x)}{\Delta x} \quad \text{導函數微分之定義}$$

$$= \lim_{\Delta x \to 0} \frac{e^{(x + \Delta x)} - e^x}{\Delta x}$$

$$= \lim_{\Delta x \to 0} \frac{e^x \cdot e^{\Delta x} - e^x}{\Delta x}$$

$$= \lim_{\Delta x \to 0} \frac{e^x (e^{\Delta x} - 1)}{\Delta x}$$

$$= \lim_{\Delta x \to 0} e^x \cdot \lim_{\Delta x \to 0} \frac{e^{\Delta x} - 1}{\Delta x}$$

$$= \lim_{\Delta x \to 0} e^x \cdot 1$$

$$= e^x$$

> **強化學習**
>
> $$\lim_{\Delta x \to 0} \frac{e^{\Delta x} - 1}{\Delta x} = 1$$

求 $\displaystyle\lim_{\Delta x \to 0} \frac{e^{\Delta x} - 1}{\Delta x}$

由 e 之定義:

$$e = \lim_{x \to \infty} (1 + \frac{1}{x})^x = \lim_{\Delta x \to 0} (1 + \Delta x)^{\frac{1}{\Delta x}}$$

$$\Rightarrow \lim_{\Delta x \to 0} e^{\Delta x} = \lim_{\Delta x \to 0} (1 + \Delta x)$$

$$\therefore \lim_{\Delta x \to 0} \frac{e^{\Delta x} - 1}{\Delta x} = \lim_{\Delta x \to 0} \frac{1 + \Delta x - 1}{\Delta x} = \lim_{\Delta x \to 0} \frac{\Delta x}{\Delta x} = 1$$

指數微分公式

$$\frac{d}{dx}e^x = e^x$$

$$\frac{d}{dx}e^{u(x)} = e^{u(x)} \cdot u'(x)$$

$$f(x) = e^x \Rightarrow f'(x) = e^x$$

$$f(x) = e^{u(x)} \Rightarrow f'(x) = e^{u(x)} \cdot u'(x)$$

例題 **1**

求下列各函數微分

(1) $f(x) = e^x$ (2) $f(x) = e^{5x}$

(3) $f(x) = e^{x^2}$ (4) $f(x) = e^{x^2+5}$

(5) $f(x) = e^{-x^2}$

解

(1) $f(x) = e^x \Rightarrow f'(x) = e^x$

(2) $f(x) = e^{5x} \Rightarrow f'(x) = e^{5x} \cdot 5 = 5 \cdot e^{5x}$

(3) $f(x) = e^{x^2} \Rightarrow f'(x) = e^{x^2} \cdot 2x = 2x \cdot e^{x^2}$

(4) $f(x) = e^{x^2+5} \Rightarrow f'(x) = e^{x^2+5} \cdot 2x = 2x \cdot e^{x^2+5}$

(5) $f(x) = e^{-x^2} \Rightarrow f'(x) = e^{-x^2} \cdot (-2x) = -2x \cdot e^{-x^2}$

例題 **2**

求下列各函數微分：

(1) $f(x) = x \cdot e^x$ (2) $f(x) = \frac{e^x - 1}{e^x + 1}$

(3) $f(x) = (1 + e^{x^2})^{10}$

強化學習

利用微分乘法公式：
$(u \cdot v)' = u' \cdot v + u \cdot v'$
利用微分除法公式：
$(\frac{v}{u})' = \frac{v'u - vu'}{u^2}$
利用連鎖律公式
$[f(x)^n]'$
$= nf(x)^{n-1} \cdot f'(x)$

解

(1) $f'(x) = 1 \cdot e^x + x \cdot e^x = e^x + x \cdot e^x$

(2) $f'(x) = \frac{e^x \cdot (e^x + 1) - (e^x - 1) \cdot e^x}{(e^x + 1)^2}$

$\qquad = \frac{e^{2x} + e^x - e^{2x} + e^x}{(e^x + 1)^2} = \frac{2e^x}{(e^x + 1)^2}$

(3) $f(x) = (1 + e^{x^2})^{10}$

$\quad f'(x) = 10(1 + e^{x^2})^9 \cdot (1 + e^{x^2})'$

$\qquad = 10(1 + e^{x^2})^9 \cdot e^{x^2} \cdot 2x$

$\qquad = 20x \cdot e^{x^2}(1 + e^{x^2})^9$

 3

求 $f(x) = e^{-x^2}$ 之相對極值

$f(x) = e^{-x^2}$

$f'(x) = e^{-x^2} \cdot -2x = -2x \cdot e^{-x^2}$

$f'(x) = 0 \Rightarrow x = 0$

臨界數：$x = 0$

遞增、遞減判斷：

x	0	
$f'(x)$	$+$	$-$

∴遞增範圍：$x < 0$，遞減範圍：$x > 0$

$\quad f(x)$ 有相對極大值：$f(0) = e^0 = 1$

 4

設 $f(x) = x \cdot e^{-x}$，求相對極值。

$f'(x) = 1 \cdot e^{-x} + x \cdot e^{-x} \cdot (-1)$

$\quad = e^{-x}(1 - x)$

$\because e^{-x} > 0 \quad \therefore f'(x) = 0 \Rightarrow x = 1$

x	1	
$f'(x)$	$+$	$-$

$\therefore x = 1$ 時，$f(x)$ 有相對極大值 $f(1) = e^{-1}$。

隨堂練習

1. 設 $f(x) = e^{-x^2}$，求此函數之反曲點。

2. 設 $f(x) = e^x + e^{-x}$，求相對極值。

3. 求 $f(x) = e^{5x^2+7}$ 之導函數。

習題 5-4

1. 求各函數之微分：

   (1) $f(x) = x^2 \cdot e^x$

   (2) $f(x) = e^{3x}$

   (3) $f(x) = e^{0.3x}$

   (4) $f(x) = \sqrt{e^x + 1}$

   (5) $f(x) = \dfrac{200}{1 + e^{-2x}}$

   (6) $f(x) = \dfrac{e^x}{e^x + 1}$

   (7) $f(x) = (5 - e^{-2x})^3$

   (8) $f(x) = x \cdot e^{-x^2}$

2. 畫出下列 logistic 函數之圖形，並求漸近線

   $$f(t) = \dfrac{1}{1 + e^{-2t}}$$

3. 畫出學習函數之圖形，並求其漸近線

   $$f(t) = 1 - e^{-2t}$$

4. 試求 $y = e^{-x^2}$ 過 $(1, e^{-1})$ 之切線方程式

5. 求 $f(x) = x \cdot e^{-x^2}$ 在 $[0, 2]$ 之絕對極大值

5-5　對數函數的導數

自然對數函數 $f(x) = \ln x$ 之導函數：利用指數、對數反函數之性質：

$$e^{\ln x} = x$$

兩邊同時對 x 微分：

$$\frac{d}{dx}(e^{\ln x}) = \frac{d}{dx}(x)$$

$$\Rightarrow e^{\ln x} \cdot \frac{d}{dx}(\ln x) = 1$$

$$\Rightarrow \frac{d}{dx}(\ln x) = \frac{1}{e^{\ln x}} = \frac{1}{x}$$

自然對數微分公式

$$\frac{d}{dx}(\ln x) = \frac{1}{x} \quad (x > 0)$$

$$\frac{d}{dx}[\ln(u(x))] = \frac{1}{u(x)} \cdot \frac{d}{dx}[u(x)] \quad (u(x) > 0)$$

$$f(x) = \ln x \Rightarrow f'(x) = \frac{1}{x}$$

$$f(x) = \ln(u(x)) \Rightarrow f'(x) = \frac{1}{u(x)} \cdot u'(x)$$

 1

求下列各函數之微分：

(1) $f(x) = \ln x$

(2) $f(x) = \ln(x^2 + 2)$

(3) $f(x) = x \cdot \ln x$

(4) $f(x) = \dfrac{5x + 2}{1 + \ln x}$

解

(1) $f(x) = \ln x \Rightarrow f'(x) = \dfrac{1}{x}$

(2) $f(x) = \ln(x^2 + 2) \Rightarrow f'(x) = \dfrac{1}{x^2 + 2} \cdot (x^2 + 2)' = \dfrac{2x}{x^2 + 2}$

(3) $f(x) = x \cdot \ln x \Rightarrow f'(x) = 1 \cdot \ln x + x \cdot \dfrac{1}{x} = \ln x + 1$

(4) $f(x) = \dfrac{5x + 2}{1 + \ln x}$

$\Rightarrow f'(x) = \dfrac{5 \cdot (1 + \ln x) - (5x + 2) \cdot (\frac{1}{x})}{(1 + \ln x)^2}$

例題 ②

求導函數 $f'(x)$

(1) $f(x) = \ln(5x^2 + 2x + 3)$　　(2) $f(x) = \ln(\ln(x^2 + 5))$

(3) $f(x) = \ln\left(\dfrac{5x + 3}{x^2 + 1}\right)$　　(4) $f(x) = \ln\left(\sqrt{5x^2 - 3}\right)$

解

(1) $f'(x) = \dfrac{1}{5x^2 + 2x + 3} \cdot (5x^2 + 2x + 3)' = \dfrac{10x + 2}{5x^2 + 2x + 3}$

(2) $f'(x) = \dfrac{1}{\ln(x^2 + 5)} \cdot [\ln(x^2 + 5)]'$

$= \dfrac{1}{\ln(x^2 + 5)} \cdot \dfrac{1}{x^2 + 5} \cdot (x^2 + 5)'$

$= \dfrac{1}{\ln(x^2 + 5)} \cdot \dfrac{1}{x^2 + 5} \cdot 2x$

$= \dfrac{2x}{(x^2 + 5) \cdot \ln(x^2 + 5)}$

(3) $f(x) = \ln\left(\dfrac{5x + 3}{x^2 + 1}\right) = \ln(5x + 3) - \ln(x^2 + 1)$

$\Rightarrow f'(x) = \dfrac{5}{5x + 3} - \dfrac{2x}{x^2 + 1}$

$= \dfrac{5(x^2 + 1) - 2x(5x + 3)}{(5x + 3)(x^2 + 1)}$

$= \dfrac{-5x^2 - 6x + 5}{(5x + 3)(x^2 + 1)}$

(4) $f(x) = \ln\left(\sqrt{5x^2 - 3}\right) = \ln(5x^2 - 3)^{\frac{1}{2}} = \dfrac{1}{2}\ln(5x^2 - 3)$

$\therefore f'(x) = \dfrac{1}{2} \cdot \dfrac{1}{5x^2 - 3} \cdot 10x = \dfrac{5x}{5x^2 - 3}$

對數微分法

　　若遇到函數含複雜之乘、除或次方時，求其微分可利用此「對數微分法」，首先對函數取對數，再利用對數性質簡化後再求微分，這種化繁為簡之微分法，稱為對數微分法，常用在特殊的微分問題。

求 $f(x) = \dfrac{(x^2+4)^2}{(x^2+1)^3 (x^2+2)^4}$ 之導數。

利用對數微分法：

首先兩邊取對數

$$\ln[\,f(x)] = \ln\left[\frac{(x^2+4)^2}{(x^2+1)^3 \cdot (x^2+2)^4}\right]$$

化簡

$$\ln[\,f(x)] = \ln(x^2+4)^2 - \ln[(x^2+1)^3 \cdot (x^2+2)^4]$$
$$= 2\ln(x^2+4) - 3\ln(x^2+1) - 4\ln(x^2+2)$$

兩邊對 x 微分

$$\frac{1}{f(x)} \cdot f'(x)$$

$$= 2 \cdot \frac{1}{x^2+4} \cdot 2x - 3 \cdot \frac{1}{x^2+1} \cdot 2x - 4\frac{1}{x^2+2} \cdot 2x$$

$$\Rightarrow f'(x) = \left[\frac{4x}{x^2+4} - \frac{6x}{x^2+1} - \frac{8x}{x^2+2}\right] \cdot f(x)$$

$$f'(x) = \left[\frac{4x}{x^2+4} - \frac{6x}{x^2+1} - \frac{8x}{x^2+2}\right] \cdot \left(\frac{(x^2+4)^2}{(x^2+1)^3 \cdot (x^2+2)^4}\right)$$

設 $f(x) = x^x$，$x > 0$，求 $f'(x)$

利用對數微分法

$$\ln(f(x)) = \ln(x^x)$$

$$\frac{d}{dx}\left[\ln(f(x))\right] = \frac{d}{dx}\left[\ln(x^x)\right]$$

$$\Rightarrow \frac{1}{f(x)} \cdot f'(x) = \frac{d}{dx}(x \cdot \ln x)$$

$$\Rightarrow \frac{1}{f(x)} \cdot f'(x) = 1 \cdot \ln x + x \cdot \frac{1}{x}$$

$$\Rightarrow f'(x) = (1 + \ln x) \cdot f(x)$$

$$\Rightarrow f'(x) = (1 + \ln x) \cdot x^x$$

隨堂練習

1. 求 $f'(x)$

(1) $f(x) = \ln(3x^2 + 7x + 2)$

(2) $f(x) = x^{x^2 + 5}$

習題 5-5

1. 求各函數之導數

　(1) $f(x) = \ln(x^2 + 5)$

　(2) $f(x) = \ln\left(\dfrac{2x - 3}{x^2 + 1}\right)$

　(3) $f(x) = [5 + \ln(x^2 + 3)]^{10}$

　(4) $f(x) = x^2 \cdot \ln x$

　(5) $f(x) = \ln[\ln(x^5 + 6)]$

　(6) $f(x) = \ln\left(e^{x^2} + e^{-x^2}\right)$

2. 利用對數微分法求導數

　(1) $f(x) = (x^2 + 1)^x$

　(2) $f(x) = (2x + 1)^4 \cdot (2x^2 + 3)^5$

　(3) $f(x) = \dfrac{(2x + 3)^2 \cdot (x + 1)^3}{(x^2 + 2)^4 \cdot (x^3 + 1)^5}$

3. 求 $f(x) = x \cdot \ln x$ 之相對極值。

4. 求函數 $f(x) = \dfrac{\ln x}{x}$ 在 $(1, 0)$ 之切線方程式。

5-6　連續複利

在銀行、保險金融或投資理財時，常需要計算報酬多少，投入本金(principal) P，依計算利息不同有如下三種計息之本利和 S：

本利和公式		
單利計息	$S = P(1 + n \cdot i)$	i：年利率，n：年
複利計息	$S = P(1 + i)^n$	P：本金
連續複利計息	$S = P \cdot e^{i \cdot n}$	

本利和 S 又稱爲終值或未來值，而投入之本金 P 又稱爲現值。

例題 1

存 10000 元於某銀行，年利率 3%，依下列計息方式，求 3 年後之本利和及利息。

(1) 依單利計息

(2) 依複利計息

解

(1) 單利計息本利和公式：

$S = P(1 + n \cdot i)$

$\quad = 10000(1 + 3 \cdot 3\%)$

$\quad = 10900$

本利和 $S = 10900$，利息 $= S - P = 900$

(2) 複利計息本利和公式：

$S = P(1 + i)^n$

$\quad = 10000(1 + 3\%)^3$

$\quad \approx 10927$

本利和 $S = 10927$ 元，利息 $= 927$ 元

如果一年複利 m 次，則存了 n 年後之本利和爲

$$S = P\left(1 + \frac{i}{m}\right)^{m \cdot n}$$

因爲一年複利 m 次，n 年即複利 $m \cdot n$ 次，若一年複利 m 次，則每一期之利率爲 $\dfrac{i}{m}$，圖解如下：

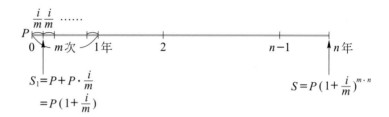

例題 2 ————————————————————————————————

小雄籌教育基金，存 10 萬元於銀行，其年利率為 3%，分別依下列計息方式求 4 年後之本利和：

(1) 每季複利 1 次

(2) 每月複利 1 次

(3) 每天複利 1 次(銀行年為 360 天)

解

(1) 因為 1 年有 4 季，即每年複利 4 次，($m = 4$，$n = 4$，$i = 3\%$)

$$S = P\left(1 + \frac{i}{m}\right)^{m \cdot n}$$

$$= 100000\left(1 + \frac{3\%}{4}\right)^{4 \cdot 4}$$

$$= 100000 \cdot (1.12699)$$

$$= 112699$$

(2) 每月複利 1 次計息，一年即複利 12 次，

　　($m = 12$，$n = 4$，$i = 3\%$)

$$S = P\left(1 + \frac{i}{m}\right)^{m \cdot n}$$

$$= 100000\left(1 + \frac{3\%}{12}\right)^{4 \cdot 12}$$

$$= 100000 \cdot (1 + 0.0025)^{48}$$

$$= 100000 \cdot (1.12733)$$

$$= 112733$$

(3) 每天複利 1 次，一年即複利 360 次，

$(m = 360，n = 4，i = 3\%)$

$$S = P\left(1 + \frac{i}{m}\right)^{m \cdot n}$$

$$= 100000\left(1 + \frac{3\%}{360}\right)^{4 \cdot 360}$$

$$= 100000 \cdot (1.12749)$$

$$= 112749$$

每年複利次數：m	本利和：S
年複利，$m = 1$	$S = 112551$
季複利，$m = 4$	$S = 112699$
月複利，$m = 12$	$S = 112733$
天複利，$m = 360$	$S = 112749$

我們發現，複利越多次，累積之利息越多，本利和就越多。是否複利無限次數，其本利和即膨脹到一個天文數字？

計算 $P\left(1 + \frac{i}{m}\right)^{m \cdot n}$，當 $m \to \infty$

$$\lim_{m \to \infty} P\left(1 + \frac{i}{m}\right)^{m \cdot n} = \lim_{m \to \infty} P\left[\left(1 + \frac{i}{m}\right)^{\frac{m}{i}}\right]^{i \cdot n}$$

$$= P \cdot \left[\lim_{x \to 0} (1 + x)^{\frac{1}{x}}\right]^{i \cdot n} \quad (x = \frac{i}{m})$$

$$= P \cdot e^{i \cdot n}$$

當複利次數無限次數時($m \to \infty$)，其本利和趨近於一個極限 $P \cdot e^{i \cdot n}$，此種計息方式稱為連續複利(continuous compounding)。

 3

老王把退休金 1000000 元，投入理財基金，採連續複利計算。預計年利率 3%，求 5 年後終值(final value)？

連續複利計息之本利和：

$S = P \cdot e^{i \cdot n}$

$i = 3\%$，$n = 5$，得

$S = 1000000 \cdot e^{(0.03) \cdot (5)}$

$\quad = 1161834 (元)$

 4

小陳想籌得一筆遊學基金：預估四年後獲得 500000 元，假設以連續複利計息，年利率 5%，則小陳現在應存入多少元？

利用本利和公式：

$S = P \cdot e^{i \cdot n}$

$500000 = P \cdot e^{(0.05) \cdot 4}$

$\Rightarrow P = 500000 \cdot e^{-0.2}$

$\qquad = 409365 (元)$

當初投入之本金，稱為現值(present value)

本利和 S (終值/未來值)	本金 P (現值)
$S = P(1+i)^n$	$P = \dfrac{S}{(1+i)^n} = S(1+i)^{-n}$
$S = P \cdot e^{i \cdot n}$	$P = \dfrac{S}{e^{i \cdot n}} = S \cdot e^{-i \cdot n}$

在年金計算或財務管理常用到有效利率(effective value)、牌告利率(nominal rate)：

牌告利率(nominal rate)(年利率) i	有效利率(effective rate)
每年複利 m 次	有效利率 $= (1 + \dfrac{i}{m})^{m} - 1$
連續複利	有效利率 $= e^{i} - 1$

　　每年複利幾次？多久複利 1 次？投資者更關心年終時，實際獲利之效益。公告之利率(i)稱為牌告利率，它無法反映出所得利息的實際利率，亦即複利的 有效利率(effective rate)。例如，若年利率 i，一年複利 m 次，則一年後利息：

$$S = P(1 + \frac{i}{m})^{m \cdot 1}，本利和$$

$$
\begin{aligned}
利息 &= 本利和 - 本金 \\
&= P(1 + \frac{i}{m})^{m} - P \\
&= P[(1 + \frac{i}{m})^{m} - 1]
\end{aligned}
$$

若採連續複利計息，則

$$
\begin{aligned}
利息 &= P \cdot e^{i \cdot 1} - P \\
&= P(e^{i} - 1)
\end{aligned}
$$

　　牌告利率為銀行掛牌之利率，而有效利率則是將一年所得利息換算為一年之利率。

 例題 **5**

　　蘋果銀行之牌告利率為 8%，請依下列計息方式，求其實際有效利率，以利投資評估：

(1) 每年複利一次　　　　　(2) 每季複利一次

(3) 每月複利一次　　　　　(4) 連續複利

 解

(1) $i_{\text{eff}} = (1 + \dfrac{i}{m})^{m} - 1$

　　每年複利一次，$m = 1$

$$\therefore i_{\text{eff}} = (1 + 0.08) - 1 = 0.08$$

有效利率：8%

(2) 每季複利一次，$m = 4$

$$\therefore i_{\text{eff}} = (1 + \frac{0.08}{4})^4 - 1$$

$$= (1.02)^4 - 1$$

$$\approx 0.0824$$

有效利率：8.24%

(3) 每月複利一次，$m = 12$

$$\therefore i_{\text{eff}} = (1 + \frac{0.08}{12})^{12} - 1$$

$$= (1.00667)^{12} - 1$$

$$\approx 0.0830$$

有效利率：8.3%

(4) 連續複利計息

$$\therefore i_{\text{eff}} = e^{0.08} - 1$$

$$= 0.08329$$

有效利率：8.329%

隨堂練習

1. 牌告年利率 8%，求下列計息方式之有效利率 i_{eff}：

   (1) 每半年複利一次

   (2) 每月複利一次

   (3) 連續複利

2. 若存款利率為 6%，每月複利計息，求存入 10 萬元，存了 10 年後之終值。

數學知識加油站

邏輯推理題目──台積電智力測驗考題

　　一夫、二郎、三吉、四祥、五平五個人，是青梅竹馬好朋友，如今長大成人，各自當上麵包店老闆、理髮師、肉店老闆、菸酒經銷商和公司職員。(上面的名字和職業是任意安排的，所以不能跟名字互相對照！)

　　提示：

1. 麵包店老闆不是三吉，也不是四祥。
2. 菸酒經銷商不是四祥也不是一夫。
3. 此外，三吉和五平住在同一棟公寓，隔壁是公司職員的家。
4. 三吉娶理髮師的女兒時，二郎是他們的媒人。
5. 一夫和三吉有空時，就和肉店老闆，麵包店老闆打牌。
6. 而且，每隔十天，四祥和五平一定要到理髮店修個臉。
7. 但是，公司職員則一向自己刮鬍子，從來不到理髮店去。

　　請由以上提示，將這五個人的名字和職業連接起來。

習題 5-6

1. 一公司以 3000000 元，購買新總部，若建物以年利率 5%，連續複利升值，求 20 年後的價值為多少？

2. 陳先生現欲存款作為孩子教育基金，若年利率為 8%，且連續複利計息，要在 10 年後有教育基金 500000 元，則現在要存入多少錢？

3. 存款 5 萬元，年利率 10%，以下列各利息方式，求 6 年後之本利和：

   (1) 每季複利一次

   (2) 每月複利一次

   (3) 每天複利一次

   (4) 連續複利

4. 若以月複利計息，年利率為 8%，求有效利率？

5. 若以連續複利計息，求下列各年利率之有效利率？

   (1) 8%

   (2) 10%

   (3) 5%

   (4) 6%

6. 連續複利計息，存款在 10 年後要增為兩倍，年利率應為多少？

7. 求極限值：

   (1) $\lim\limits_{n \to \infty} (1 + \dfrac{3}{n})^n$

   (2) $\lim\limits_{n \to \infty} (1 + \dfrac{5}{n})^n$

第 6 章

反導數與積分技巧

數學家故事　畢達哥拉斯(Pythagortas, 580BC-500BC)

　　在古希臘早期的數學家中，畢達哥拉斯的影響最大，他傳奇般的一生，也給後代留下了眾多神奇的傳說。畢達哥拉斯生於愛琴海的摩斯島，當時是希臘黃金時代的初期，也是羅馬帝國建國的時代。在東方，則是釋迦牟尼佛教與孔子周遊列國的時代。我們耳熟能詳的畢式定理即是古希臘數學家畢達哥拉斯的傑作，它也是古典幾何之精華。

　　定理(theorem)是什麼？What does theorem mean？

　　希臘人引進了定理的概念。所謂定理，是一個業經證明的數學命題。由公理或假設 p 出發，經邏輯步驟推導出結論 q，這樣表示證明了此定理。例如著名的畢式定理，一看到三角形就會聯想到畢式定理，有史以來有幾百種證明畢式定理的方法，今以兩種幾何方法圖示畢式定理如下：

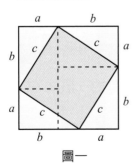

圖一

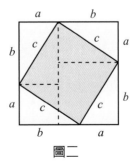

圖二

想想看，分別從圖一和圖二中，哪幾塊面積其關係滿足：$c^2 = a^2 + b^2$？

GGB應用範例

6-1 反導數

前幾章都在探討微分，求函數 $f(x)$ 之導函數 $f'(x)$，探討切線、變化率、函數極值之問題。但微積分的重要應用還包括積分，積分是微分的反運算，即由函數之導數求得原函數(就是積分)。積分主要是探討面積問題，本節先介紹反導數(不定積分)

例如 ——————————————————————

求下列函數 $f'(x)$ 之原始函數 $f(x)$

(1) $f'(x) = 2$ (2) $f'(x) = 3$

(3) $f'(x) = 2x$

 解 ——————————————————————

(1) 求 $f(x)$ 函數，使得其微分等於 $2 \Rightarrow f(x) = 2x$

(2) $f(x) = 3x$ 因為 $(3x)' = 3$

(3) $f(x) = x^2$ 因為 $(x^2)' = 2x$

這種由導數求得原函數的運算是微分的反運算，稱為反微分 (antidifferentiation)，也稱為積分(integration)。

> **反導數的定義**
> 若 $F(x)$ 可微分且 $F'(x) = f(x)$ 則稱函數 $F(x)$ 為函數 $f(x)$ 之反導數 (antiderivative)。

一個函數之反導數有無限多個，例如 $F_1(x) = 2x + 1$，$F_2(x) = 2x + 2$ 都是 $f(x) = 2$ 之反導數，這些反導數只相差一個常數。通常以 $\int f(x)\, dx$ 表示 $f(x)$ 之反導數的一般式。

積分符號   對 x 積分

被積分函數

$\int f(x)\,dx$ 是 $f(x)$的不定積分(indefinite integral)，$\int_a^b f(x)\,dx$ 是 $f(x)$ 的定積分(definite integration)。

反導數之積分表示法

$\int f(x)\,dx = F(x) + c$

c 為任意常數，$F(x)$是$f(x)$的反導數，即 $F'(x) = f(x)$。

微分和積分之關係

$\dfrac{d}{dx}\left[\int f(x)\,dx\right] = f(x)$。

例題 **1**

求下列函數 $f(x)$之反導數 $F(x)$。(反導數寫成一般式)

(1) $f(x) = 5$　　　　　　　(2) $f(x) = x$

(3) $f(x) = x^2$　　　　　　(4) $f(x) = x^3$

 解

(1) 因為$(5x)' = 5 \Rightarrow F(x) = 5x + c$

(2) 因為$(\dfrac{1}{2}x^2)' = x \Rightarrow F(x) = \dfrac{1}{2}x^2 + c$

(3) 因為$(\dfrac{1}{3}x^3)' = x^2 \Rightarrow F(x) = \dfrac{1}{3}x^3 + c$

(4) 因為$(\dfrac{1}{4}x^4)' = x^3 \Rightarrow F(x) = \dfrac{1}{4}x^4 + c$

例題 **2**

求不定積分 $\int f(x)\,dx$

(1) $\int 5\,dx$　　　　　　(2) $\int \dfrac{1}{3}\,dx$

(3) $\int 2x\,dx$　　　　　　(4) $\int x^2\,dx$

 解

(1) 求$\int 5\,dx$，即求 5 之反導數 $\Rightarrow \int 5\,dx = 5x + c$

(2) $\int \dfrac{1}{3} dx = \dfrac{1}{3} x + c$

(3) $\int 2x dx = x^2 + c$

(4) $\int x^2 dx = \dfrac{x^3}{3} + c$

積分是微分的反運算，積分的一些基本性質和公式如下表，熟悉這些積分技巧，求解積分才能得心應手。

不定積分基本公式

(1) $\int K dx = Kx + c$，c 為常數

(2) $\int k f(x) dx = k \int f(x) dx$

(3) $\int [f(x) + g(x)] dx = \int f(x) dx + \int g(x) dx$

(4) $\int [f(x) - g(x)] dx = \int f(x) dx - \int g(x) dx$

(5) $\int x^n dx = \dfrac{x^{n+1}}{n+1} + c$，$n \neq -1$

微分

(1) $(Kx)' = K$

(2) $[k f(x)]' = k f'(x)$

(3) $(f(x) + g(x))' = f'(x) + g'(x)$

(4) $(f(x) - g(x))' = f'(x) - g'(x)$

(5) $(\dfrac{1}{n+1} \cdot x^{n+1})' = x^n$

例題 **3**

試求下列各不定積分：

(1) $\int x^{100} dx$ (2) $\int \dfrac{1}{x^5} dx$

(3) $\int \sqrt{x} \, dx$ (4) $\int x dx$

(1) $\int x^{100}dx = \dfrac{x^{100+1}}{100+1}+c = \dfrac{1}{101}\cdot x^{101}+c$

(2) $\int \dfrac{1}{x^5}\,dx = \int x^{-5}dx = \dfrac{x^{-5+1}}{-5+1}+c = \dfrac{-1}{4}\cdot x^{-4}+c$

(3) $\int \sqrt{x}\,dx = \int x^{\frac{1}{2}}dx = \dfrac{x^{\frac{1}{2}+1}}{\frac{1}{2}+1}+c = \dfrac{2}{3}x^{\frac{3}{2}}+c$

(4) $\int x\,dx = \int x^1 dx = \dfrac{1}{2}x^2+c$

例題 ➍

試求下列各不定積分：

(1) $\int 5x^3 + x^2 + 7\,dx$　　　　(2) $\int 2x^3 - 4x + 5\,dx$

(3) $\int x^2(x^3 + 1)\,dx$　　　　(4) $\int \dfrac{x^2+1}{x^5}\,dx$

解

(1) $\begin{aligned}[t] \int 5x^3 + x^2 + 7\,dx &= \int 5x^3 dx + \int x^2 dx + \int 7\,dx \\ &= 5\int x^3 dx + \int x^2 dx + \int 7\,dx \\ &= 5\cdot \dfrac{x^4}{4} + \dfrac{x^3}{3} + 7x + c \\ &= \dfrac{5}{4}x^4 + \dfrac{1}{3}x^3 + 7x + c \end{aligned}$

(2) $\begin{aligned}[t] \int 2x^3 - 4x + 5\,dx &= 2\cdot \dfrac{x^4}{4} - 4\cdot \dfrac{x^2}{2} + 5x + c \\ &= \dfrac{1}{2}x^4 - 2x^2 + 5x + c \end{aligned}$

(3) $\begin{aligned}[t] \int x^2(x^3 + 1)\,dx &= \int x^5 + x^2 dx \\ &= \dfrac{x^6}{6} + \dfrac{x^3}{3} + c \end{aligned}$

(4) $\begin{aligned}[t] \int \dfrac{x^2+1}{x^5}\,dx &= \int \dfrac{x^2}{x^5} + \dfrac{1}{x^5}\,dx \\ &= \int x^{-3} + x^{-5}dx \\ &= \dfrac{x^{-2}}{-2} + \dfrac{x^{-4}}{-4} + c \\ &= \dfrac{-1}{2}x^{-2} - \dfrac{1}{4}x^{-4} + c \end{aligned}$

⭐➕ 強化學習

錯誤算法：

(3) $\int x^2(x^3 + 1)\,dx$

$\neq \dfrac{x^3}{3}\cdot(\dfrac{x^4}{4}+x)+c$

(4) $\int \dfrac{x^2+1}{x^5}\,dx$

$\neq \dfrac{\frac{x^3}{3}+x}{\frac{x^6}{6}}+c$

例題 ⑤

已知 $F'(x) = x^3 - 3x^2 + 1$，且 $F(0) = 2$，試求 $F(x)$。

解

求反導數，

$$F(x) = \int x^3 - 3x^2 + 1\, dx$$

$$= \frac{x^4}{4} - 3 \cdot \frac{x^3}{3} + x + c$$

$$= \frac{x^4}{4} - x^3 + x + c$$

$$\because F(0) = 2 \Rightarrow c = 2$$

$$\therefore F(x) = \frac{x^4}{4} - x^3 + x + 2$$

因為邊際成本、邊際收益分別為總成本及總收益之導數(即 $MC(x) = C'(x)$；$MR(x) = R'(x)$)，如此便可以從邊際成本與邊際收益積分求出總成本及總收益。

求總成本與總收益

$$\int MC(x)dx = C(x) + K \quad K \text{ 為常數}$$

$$\int MR(x)dx = R(x) + K$$

例題 ⑥

開心農場所生產之有機米，每週生產 x 包之邊際成本為 $MC(x) = 32 - x$，已知每週之固定成本為 200 元，求每週之總成本函數 $C(x)$。

解

邊際成本即總成本之導函數，即 $[C(x)]' = MC(x)$

求 $C(x)$，即求 $MC(x)$之積分

$$\Rightarrow C(x) = \int 32 - x\, dx$$

$$= 32x - \frac{x^2}{2} + c$$

固定成本為 200 元

$\Rightarrow C(0) = 200 \Rightarrow c = 200$

故總成本函數

$C(x) = 32x - \dfrac{x^2}{2} + 200$

 例題 **7**

生產 LED 剎車燈之邊際收益函數為 $MR(x) = 300 - 2x$，求總收益函數 $R(x)$。

解

$R(x) = \displaystyle\int MR(x)dx = \int 300 - 2x\,dx$

$\qquad = 300x - x^2 + c$

因為 $R(0) = 0$，(沒有生產，就沒有收益)

$\Rightarrow R(0) = 300 \cdot 0 - 0^2 + c \Rightarrow c = 0$

$\therefore R(x) = 300x - x^2$

隨堂練習

1. 求 $\displaystyle\int 5x^6 - 3x^2 + 5\,dx$

2. 求 $\displaystyle\int x^5 - 2x^3 + 7\,dx$

3. 若 $F'(x) = x^2 + 1$ 且 $F(0) = 2$，求 $F(x)$

4. 數位相機銷售 x 台之邊際收益為 $MR(x) = 300 - \dfrac{x}{2}$ (元)，求總收益函數

習題 6-1

1. 求下列函數：

   (1) $F'(x) = 5$；$F(0) = 2$

   (2) $F'(x) = x^2 + 3x$；$F(0) = 3$

   (3) $F'(x) = 3\sqrt{x} + 3$；$F(1) = 4$

   (4) $F'(x) = 2 + e^x$；$F(0) = 5$

2. 求下列不定積分：

   (1) $\int 7dx$

   (2) $\int t^2 dt$

   (3) $\int x^{-5} dx$

   (4) $\int y^{\frac{3}{2}} dy$

   (5) $\int 2x^2 + 3x - 5 dx$

   (6) $\int \dfrac{x^3 + 1}{x^5} dx$

   (7) $\int \dfrac{1}{\sqrt{x}} dx$

   (8) $\int x^2 \sqrt{x}\, dx$

   (9) $\int (x^2 + 1)^2 dx$

   (10) $\int (2x^2 + 1)(x^3 + 1)\, dx$

3. 試由邊際成本和固定成本求得成本函數 $C(x)$。

   邊際成本 $\dfrac{dC}{dx} = 70$

   固定成本 $C(0) = 5500$

4. 研究指出某梅花鹿鹿群數目變化率為 $P'(t) = 3 + 2t$ 隻/年，$t > 0$，若原有 18 隻，求鹿群規模 $P(t)$。

5. 流行病研究報告指出，此波流行性感冒流行 t 日後某區域之擴散率是每天

   $\dfrac{dN}{dt} = 20 - t$ （人），其中 $N(t)$ 表示 t 天後感染人數，

   設 $N(0) = 2$，求

   (1) 求 $N(t)$ 函數

   (2) 流行 10 日後的感染人數。

6-2 代換積分法

　　6-1 介紹了反導數和不定積分之基本性質，但求不定積分的方法和技巧很多，接著將介紹基本積分技巧－代換積分法。

　　在介紹代換積分法之前，常用到下列基本之微分與積分公式，此為積分方法之基礎。

微分公式	積分公式
$\dfrac{d}{dx}(ax) = a$	$\displaystyle\int a\,dx = ax + c$
$\dfrac{d}{dx}(x^n) = n \cdot x^{n-1}$	$\displaystyle\int x^n\,dx = \dfrac{x^{n+1}}{n+1} + c$ ，$n \neq -1$
$\dfrac{d}{dx}(\ln x) = \dfrac{1}{x}$ ，$x > 0$	$\displaystyle\int \dfrac{1}{x}\,dx = \ln x + c$ ，$x > 0$
$\dfrac{d}{dx}(e^x) = e^x$	$\displaystyle\int e^x\,dx = e^x + c$

　　代換積分法：在求積分時，積分函數有時很複雜，因此需以某種代數代換積分函數，把複雜之題目化為簡單、基本的積分型態，再以上述熟悉的基本積分公式求答案。

　　以下用一些基本例子來介紹「代換積分法」之積分技巧。

 例題 1

求 $\displaystyle\int (5x + 3)^{100}\,dx$ 。

 強化學習

把 $(5x + 3)$ 視為一個變數 u。

解

對於積分函數 $f(x) = (5x + 3)^{100}$ ，令 $u = 5x + 3$ ，則 $\dfrac{du}{dx} = 5$ ，即

$du = 5dx$ ，$\dfrac{1}{5}du = dx$

$$\Rightarrow \int (5x+3)^{100}\,dx = \int u^{100} \cdot \frac{1}{5}\,du$$

$$= \frac{1}{5}\int u^{100}\,du$$

$$= \frac{1}{5} \cdot \frac{u^{101}}{101} + c$$

$$= \frac{1}{505}(5x+3)^{101} + c$$

求 $\int (5x+3)^{100} dx$ 不要將$(5x+3)^{100}$展開後再積分，只要藉由簡單 u 代換法，即可求此積分解答。

 例題 2

求 $\int 3x^2 \sqrt{1+x^3}\, dx$ 。

解

令 $u = 1 + x^3 \Rightarrow \dfrac{du}{dx} = 3x^2 \Rightarrow du = 3x^2 dx$

原式 $= \int u^{\frac{1}{2}} \cdot 3x^2 dx$

$= \int u^{\frac{1}{2}} du$

$= \dfrac{2}{3} u^{\frac{3}{2}} + c$

$= \dfrac{2}{3} (1+x^3)^{\frac{3}{2}} + c$

 例題 3

求 $\int x^2 (x^3+1)^{10} dx$ 。

解

令 $u = x^3 + 1 \Rightarrow \dfrac{du}{dx} = 3x^2 \Rightarrow du = 3x^2 dx \Rightarrow \dfrac{1}{3} du = x^2 dx$

$\therefore$ 原式 $= \int u^{10} \cdot x^2 dx$

$= \int u^{10} \cdot \dfrac{1}{3} du$

$= \dfrac{1}{3} \int u^{10} du$

$= \dfrac{1}{3} \cdot \dfrac{u^{11}}{11} + c$

$= \dfrac{1}{33} (x^3+1)^{11} + c$

4

$\int \sqrt{2x+1}\, dx$。

$\int \sqrt{2x+1}\, dx = \int (2x+1)^{\frac{1}{2}}\, dx$

令 $u = 2x+1 \Rightarrow \dfrac{du}{dx} = 2 \Rightarrow du = 2dx \Rightarrow \dfrac{1}{2}\, du = dx$

原式 $= \int u^{\frac{1}{2}} \dfrac{1}{2}\, du$

$\qquad = \dfrac{1}{2} \int u^{\frac{1}{2}}\, du$

$\qquad = \dfrac{1}{2} \cdot \dfrac{2}{3} u^{\frac{3}{2}} + c$

$\qquad = \dfrac{1}{3} (2x+1)^{\frac{3}{2}} + c$

例題 5

求 $\int x\sqrt{2x+1}\, dx$。

解

$\int x\sqrt{2x+1}\, dx = \int x(2x+1)^{\frac{1}{2}}\, dx$

令 $u = 2x+1$

$\Rightarrow \dfrac{du}{dx} = 2$

$\Rightarrow du = 2dx$

$\Rightarrow \dfrac{1}{2} du = dx$

原式 $= \int u^{\frac{1}{2}} \cdot x \dfrac{1}{2}\, du$

$\qquad = \dfrac{1}{2} \int u^{\frac{1}{2}} (\dfrac{u-1}{2})\, du$ ，$x = \dfrac{u-1}{2}$

$\qquad = \dfrac{1}{4} \int u^{\frac{3}{2}} - u^{\frac{1}{2}}\, du$

$\qquad = \dfrac{1}{4} [\, \dfrac{2}{5} u^{\frac{5}{2}} - \dfrac{2}{3} u^{\frac{3}{2}} \,] + c$

$\qquad = \dfrac{1}{10} (2x+1)^{\frac{5}{2}} - \dfrac{1}{6} (2x+1)^{\frac{3}{2}} + c$

例題 **6**

求指數函數積分

(1) $\int e^x dx$ (2) $\int e^{5x} dx$

(3) $\int 2x \cdot e^{x^2+1} dx$

解

(1) $\int e^x dx = e^x + c$

(2) 求 $\int e^{5x} dx$

    令 $u = 5x$，$du = 5dx$，$\dfrac{1}{5} du = dx$

    原式 $= \int e^u \cdot \dfrac{1}{5} du$

        $= \dfrac{1}{5} \int e^u du$

        $= \dfrac{1}{5} e^u + c$

        $= \dfrac{1}{5} e^{5x} + c$

(3) 求 $\int 2x \cdot e^{x^2+1} dx$

    令 $u = x^2 + 1$，則 $du = 2xdx$，

    原式 $= \int e^u du = e^u + c$

        $= e^{x^2+1} + c$

例題 **7**

求對數函數之積分

(1) $\int \dfrac{1}{x} dx$ (2) $\int \dfrac{1}{5x+8} dx$

(3) $\int \dfrac{3x^2+2}{x^3+2x} dx$ (4) $\int \dfrac{e^x}{1+e^x} dx$

解

(1) $\int \dfrac{1}{x} dx = \ln|x| + c$

(2) 令 $u = 5x + 8$，$du = 5dx$，$\dfrac{1}{5} du = dx$

$$原式 = \int \frac{1}{u} \cdot \frac{1}{5} \, du$$

$$= \frac{1}{5} \int \frac{1}{u} \, du$$

$$= \frac{1}{5} \ln |u| + c$$

$$= \frac{1}{5} \ln |5x + 8| + c$$

(3) 令 $u = x^3 + 2x$，則 $du = (3x^2 + 2)dx$

$$原式 = \int \frac{1}{u} \, du$$

$$= \ln |u| + c$$

$$= \ln |x^3 + 2x| + c$$

(4) 令 $u = 1 + e^x$，則 $du = e^x dx$

$$原式 = \int \frac{1}{u} \, du$$

$$= \ln |u| + c$$

$$= \ln |1 + e^x| + c$$

由上述積分例子，可以導出下面幾個基本積分公式：

1. $\displaystyle \int e^{ax} dx = \frac{1}{a} e^{ax} + c$

2. $\displaystyle \int \frac{1}{ax + b} \, dx = \frac{1}{a} \ln |ax + b| + c$

3. $\displaystyle \int e^{f(x)} \cdot f'(x) \, dx = e^{f(x)} + c$

4. $\displaystyle \int \frac{1}{f(x)} \cdot f'(x) \, dx = \ln |f(x)| + c$

5. $\displaystyle \int [f(x)]^n \cdot f'(x) \, dx = \frac{1}{n+1} [f(x)]^{n+1} + c$，$n \neq -1$

代數代換積分技巧，就是把原來的積分型式，改寫成完全以 u 和 du 表示，如下所示：

令代換變數 u	對 x 微分	適當轉換	代入原式
令 $u =$	$du = \quad ' \cdot dx$	$dx = (\quad) \cdot du$	原式 $= \int \quad du$

隨堂練習

求 $\int f(x)\,dx$ 不定積分

1. $\int (2x+10)^{30}dx$

2. $\int 2xe^{x^2+2}dx$

3. $\int \dfrac{1}{7x-8}dx$

4. $\int \dfrac{x^2-5}{x^3-15x}dx$

習題 6-2

利用代數代換積分方法，求下列不定積分：

1. $\displaystyle\int (x+1)(x^2+2x+3)^{10}\,dx$

2. $\displaystyle\int \frac{x^2+2x}{(x^3+3x^2+1)^4}\,dx$

3. $\displaystyle\int 2x\sqrt{x^2+1}\,dx$

4. $\displaystyle\int x(x+1)^{10}\,dx$

5. $\displaystyle\int e^{7x}\,dx$

6. $\displaystyle\int 3x^2 \cdot e^{x^3}\,dx$

7. $\displaystyle\int x \cdot e^{-x^2}\,dx$

8. $\displaystyle\int (x+1)\cdot e^{x^2+2x+1}\,dx$

9. $\displaystyle\int \frac{1}{3+2x}\,dx$

10. $\displaystyle\int \frac{x}{x^2+1}\,dx$

11. $\displaystyle\int \frac{e^{2x}}{5+e^{2x}}\,dx$

12. $\displaystyle\int \frac{x+3}{x^2+6x+10}\,dx$

13. $\displaystyle\int \frac{\ln x}{x}\,dx$

14. $\displaystyle\int \frac{1}{x \cdot \ln x}\,dx$

15. $\displaystyle\int (2x+5)^{20}\,dx$

16. $\displaystyle\int x^2(x+2)^{20}\,dx$

17. $\displaystyle\int \sqrt{3x+5}\,dx$

18. $\displaystyle\int x\sqrt{3x+5}\,dx$

19. $\displaystyle\int \frac{e^{-x}}{1+e^{-x}}\,dx$

20. $\displaystyle\int \frac{1}{(x+1)^{10}}\,dx$

6-3　分部積分法

　　本節介紹的積分方法為分部積分法(integration by parts)，當被積分函數明顯為兩類型函數的乘積時，例如

$$\int x \cdot e^x dx \text{、} \int x^2 \cdot e^x dx \text{、} \int x \cdot \ln x dx \text{、}$$

$$\int x^2 \cdot \ln x dx \text{、} \int x \cdot \sin x dx$$

(代數‧指數、代數‧對數、代數‧三角函數……等)。此類型積分，特別適用分部積分法。

　　分部積分法之公式和推導過程如下：

分部積分法公式

令 u 和 v 為 x 之可微分函數，則

$$\int u dv = u \cdot v - \int v du$$

此方法是由微分乘積公式推導而得。

$$\frac{d}{dx}(u(x) \cdot v(x)) = u(x) \cdot \frac{dv(x)}{dx} + v(x) \cdot \frac{du(x)}{dx}$$

　　上方等式兩邊對 x 積分後結果如下：

$$\int \frac{d}{dx}(u(x) \cdot v(x)) dx$$

$$= \int u(x) \cdot \frac{dv(x)}{dx} dx + \int v(x) \cdot \frac{du(x)}{dx} dx$$

$$\Rightarrow u(x) \cdot v(x) = \int u(x) dv(x) + \int v(x) du(x)$$

$$\Rightarrow u \cdot v = \int u dv + \int v du$$

$$\Rightarrow \int u dv = u \cdot v - \int v du$$

　　要利用分部積分法，必須把原來積分題目，轉換成 $\int u dv$ 的型式，再使用分部積分的公式：$\int u dv = u \cdot v - \int v du$ 進行運算。原被積分函數與 dx，被分派給 u 和 dv，其中 dv 必須包含 dx 項。一般令 u 是被積分函數之一部分，且其 u' 比 u 更簡化，再令 dv 等於其餘剩下部分。只要熟悉下面幾個例子，即可快速掌握此積分技巧。

例題 **1**

求 $\int xe^x dx$。

解 利用分部積分公式

$\int xe^x dx = \int u dv = u \cdot v - \int v du$

令 $u = x$，$dv = e^x dx$（$\because$令 $u = x$，$\Rightarrow u' = 1$ 比 u 更簡化！）

接著，求算 v 和 du，

$u = x \Rightarrow u' = 1 \Rightarrow \dfrac{du}{dx} = 1 \Rightarrow du = dx$

$dv = e^x dx \Rightarrow \int dv = \int e^x dx$

$\qquad\qquad \Rightarrow$ 兩邊積分 $\int dv = \int 1 dv = v$

$\qquad\qquad \Rightarrow v = e^x$

$\therefore$ 原式 $= u \cdot v - \int v du$

$\qquad\quad = x \cdot e^x - \int e^x dx$

$\qquad\quad = x \cdot e^x - e^x + c$

例題 **2**

求 $\int x^2 e^x dx$。

解 分部積分公式，

$\int x^2 e^x dx = \int u dv = u \cdot v - \int v du$

令 $u = x^2$，$dv = e^x dx$

（$\because$令 $u = x^2$，$\Rightarrow u' = 2x$ 比 $u = x^2$ 簡化！）

接著，求算 du 和 v，

$u = x^2 \Rightarrow \dfrac{du}{dx} = 2x \Rightarrow du = 2x dx$

$dv = e^x dx \Rightarrow \int dv = \int e^x dx$

$\qquad\qquad\qquad \Rightarrow v = e^x$

把這些替換式代入分部積分公式

強化學習

發現 $\int xe^x dx$ 為例題 1 題目，求 $\int xe^x dx$ 還是用分部積分法，得
$\int xe^x dx = xe^x - e^x + c$

$$\therefore 原式 = u \cdot v - \int v du$$
$$= x^2 \cdot e^x - \int e^x \cdot 2x dx$$
$$= x^2 \cdot e^x - 2\int x \cdot e^x dx$$
$$= x^2 \cdot e^x - 2(x \cdot e^x - e^x) + c$$
$$= x^2 \cdot e^x - 2xe^x + 2e^x + c$$

由 $\int x^2 e^x dx$ 得知，要使用兩次分部積分法；那麼 $\int x^3 e^x dx$ 是否要使用三次分部積分法呢？

 例題 3 ──────────────────────

求 $\int x \cdot \ln x dx$。

解

分部積分法公式
$$\int x \ln x dx = \int u dv = u \cdot v - \int v du$$
令 $u = x$，$dv = \ln x dx$，

或

令 $u = \ln x$，$dv = x dx$？

讀者可以把上述兩方法，都嘗試用分部積分方法求解，若求解過程，所轉化的題目不僅沒有簡化，反而越繁雜，則表示 u 和 dv 設定錯誤。

本題，令 $u = \ln x$，$dv = x dx$

($\because u = \ln x$，$u' = \dfrac{1}{x}$ 比 u 簡化；且 $dv = x dx$ 較好積分)

$$u = \ln x \Rightarrow \frac{du}{dx} = \frac{1}{x} \Rightarrow du = \frac{1}{x} dx$$

$$dv = x dx \Rightarrow \int dv = \int x dx \Rightarrow v = \frac{1}{2}x^2$$

$$\therefore 原式 = u \cdot v - \int v du$$
$$= \ln x \cdot \frac{1}{2}x^2 - \int \frac{1}{2}x^2 \cdot \frac{1}{x} dx$$
$$= \frac{1}{2}x^2 \cdot \ln x - \frac{1}{4}x^2 + c$$

例題 4

求 $\int \ln x\,dx$。

解

此題較特殊,直接求反導數不容易運算,故需使用分部積分方法,

令 $u = \ln x$,$dv = dx$

$u = \ln x \Rightarrow du = \dfrac{1}{x}\,dx$

$dv = dx \Rightarrow \int dv = \int dx \Rightarrow v = x$

$\therefore$ 原式 $= \int u\,dv$

$\qquad = u \cdot v - \int v\,du$

$\qquad = \ln x \cdot x - \int x \cdot \dfrac{1}{x}\,dx$

$\qquad = x \ln x - x + c$

分部積分方法設定技巧如下:

(1) $\int x^n \cdot e^x dx$ 令 $u = x^n$,$dv = e^x dx$

(2) $\int x^n \cdot \ln x\,dx$ 令 $u = \ln x$,$dv = x^n dx$

隨堂練習

1. $\int x^3 e^x dx$

2. $\int x^2 \ln x\,dx$

習題 6-3

1. 求下列不定積分：

(1) $\int x \cdot e^{2x} dx$

(2) $\int x \cdot e^{x^2} dx$

(3) $\int x \cdot e^{-x} dx$

(4) $\int \ln 3x \, dx$

(5) $\int t^2 \cdot e^t dt$

(6) $\int \dfrac{\ln x}{x} dx$

2. 求

(1) $\int (\ln x)^2 dx$　　(提示：先令 $u = \ln x$ 作代數代換)

(2) $\int x \cdot (\ln x)^2 dx$

(3) $\int \sqrt{x} \cdot \ln x \, dx$

(4) $\int \dfrac{\ln x}{\sqrt{x}} dx$

6-4　有理函數之積分

若函數 $f(x) = \dfrac{Q(x)}{P(x)}$，其中 $P(x)$ 與 $Q(x)$ 皆為多項式函數，

$P(x) \neq 0$，則稱 $f(x)$ 為有理函數(rational function)。

當 $f(x) = \dfrac{Q(x)}{P(x)}$ 為假分式時，即 $Q(x)$ 之次數 $\geq P(x)$ 之次數，可利

用長除法把 $f(x)$ 化成為：

$$f(x) = g(x) + \frac{Q_1(x)}{P(x)}$$

其中 $g(x)$ 為多項式，$\dfrac{Q_1(x)}{P(x)}$ 為真分式，因此

$$\int f(x)\,dx = \int g(x)\,dx + \int \frac{Q_1(x)}{P(x)}\,dx$$

因為 $g(x)$ 是多項式，$\int g(x)dx$ 很容易求解，所以有理函數之積分，

主要是探討當有理函數是真分式時之積分問題。

當 $f(x) = \dfrac{Q(x)}{P(x)}$ 為真分式時，求 $\int \dfrac{Q(x)}{P(x)}\,dx$ 之重要類型如下：

型一

$$f(x) = \frac{Q(x)}{P(x)} = \frac{Q(x)}{(a_1 x + b_1)(a_2 x + b_2) + \cdots + (a_n x + b_n)}$$

分母多項式 $P(x)$ 可以分解成數個不同因式時，把有理函數 $\dfrac{Q(x)}{P(x)}$

分解成多個簡單有理函數之和(即分解成部分分式)如下所示：

$$\frac{Q(x)}{P(x)} = \frac{c_1}{(a_1 x + b_1)} + \frac{c_2}{(a_2 x + b_2)} + \frac{c_3}{(a_3 x + b_3)} + \cdots + \frac{c_n}{(a_n x + b_n)}$$

$$\Rightarrow \int f(x)\,dx = \int \frac{Q(x)}{P(x)}\,dx$$

$$= \int \frac{c_1}{(a_1 x + b_1)}\,dx + \int \frac{c_2}{(a_2 x + b_2)}\,dx + \cdots + \int \frac{c_n}{(a_n x + b_n)}\,dx$$

$$= \frac{c_1}{a_1}\ln|a_1 x + b_1| + \frac{c_2}{a_2}\ln|a_2 x + b_2| + \cdots + \frac{c_n}{a_n}\ln|a_n x + b_n| + c$$

利用公式 $\int \dfrac{c}{ax+b}\,dx = \dfrac{c}{a}\ln|ax+b| + c$

例題 1

利用部分分式分解方法求下列不定積分：

(1) $\displaystyle\int \frac{3}{(x-1)(x+1)}\,dx$ 　　　　(2) $\displaystyle\int \frac{5}{x^2 - 4}\,dx$

(3) $\displaystyle\int \frac{x+7}{x^2 - 2x - 3}\,dx$

解

(1) 把 $\dfrac{3}{(x-1)(x+1)}$ 化解成部分分式之和，如下式：

$$\frac{3}{(x-1)(x+1)} = \frac{c_1}{x-1} + \frac{c_2}{x+1}$$

為求得 c_1，c_2 可先通分

$$\Rightarrow \frac{3}{(x-1)(x+1)} = \frac{c_1(x+1) + c_2(x-1)}{(x-1)(x+1)}$$

$$\Rightarrow 3 = c_1(x+1) + c_2(x-1)$$

$$\Rightarrow 3 = (c_1 + c_2)x + (c_1 - c_2)$$

$$\Rightarrow \begin{cases} c_1 + c_2 = 0 \\ c_1 - c_2 = 3 \end{cases} \Rightarrow \begin{cases} c_1 = \dfrac{3}{2} \\ c_2 = -\dfrac{3}{2} \end{cases}$$

$$\therefore \int \frac{3}{(x-1)(x+1)}\,dx = \int \frac{\frac{3}{2}}{x-1}\,dx + \int \frac{-\frac{3}{2}}{x+1}\,dx$$

$$= \frac{3}{2}\ln|x-1| - \frac{3}{2}\ln|x+1| + c$$

(2) 先把 $\dfrac{5}{x^2-4}$ 化解成部分分式之和，如下式：

$$\frac{5}{x^2-4}=\frac{c_1}{x-2}+\frac{c_2}{x+2}$$

通分，得

$$5=c_1(x+2)+c_2(x-2)$$

$$\Rightarrow 5=(c_1+c_2)x+2c_1-2c_2$$

$$\Rightarrow \begin{cases} c_1+c_2=0 \\ 2c_1-2c_2=5 \end{cases} \Rightarrow \begin{cases} c_1=\dfrac{5}{4} \\ c_2=\dfrac{-5}{4} \end{cases}$$

$$\therefore \int \frac{5}{x^2-4}\,dx = \int \frac{\dfrac{5}{4}}{x-2}\,dx + \int \frac{-\dfrac{5}{4}}{x+2}\,dx$$

$$= \frac{5}{4}\int \frac{1}{x-2}\,dx - \frac{5}{4}\int \frac{1}{x+2}\,dx$$

$$= \frac{5}{4}\ln|x-2| - \frac{5}{4}\ln|x+2| + c$$

(3) 首先把 $\dfrac{x+7}{x^2-2x-3}$ 化解成部分分式之和，如下式：

$$\frac{x+7}{x^2-2x-3}=\frac{x+7}{(x+1)(x-3)}=\frac{c_1}{x+1}+\frac{c_2}{x-3}$$

通分，得

$$x+7=c_1(x-3)+c_2(x+1)$$

$$\Rightarrow x+7=(c_1+c_2)x+(c_2-3c_1)$$

$$\Rightarrow \begin{cases} c_1+c_2=1 \\ -3c_1+c_2=7 \end{cases} \Rightarrow \begin{cases} c_1=\dfrac{-3}{2} \\ c_2=\dfrac{5}{2} \end{cases}$$

$$\therefore \int \frac{x+7}{x^2-2x-3}\,dx = \int \frac{\dfrac{-3}{2}}{x+1}\,dx + \int \frac{\dfrac{5}{2}}{x-3}\,dx$$

$$= \frac{-3}{2}\ln|x+1| + \frac{5}{2}\ln|x-3| + c$$

型二

$$f(x)=\frac{Q(x)}{P(x)}=\frac{Q(x)}{(ax+b)^n}$$

$\dfrac{Q(x)}{(ax+b)^n}$ 可以化解成如下部分分式之和：

$$\frac{Q(x)}{(ax+b)^n} = \frac{c_1}{(ax+b)} + \frac{c_2}{(ax+b)^2} + \cdots + \frac{c_n}{(ax+b)^n}$$

$$\Rightarrow \int \frac{Q(x)}{P(x)}\,dx = \int \frac{Q(x)}{(ax+b)^n}\,dx$$

$$= \int \frac{c_1}{(ax+b)}\,dx + \int \frac{c_2}{(ax+b)^2}\,dx + \cdots + \int \frac{c_n}{(ax+b)^n}\,dx$$

例題 **2**

求有理函數之積分：

(1) $\displaystyle\int \frac{3x+4}{(x+1)^2}\,dx$ 　　　　　　(2) $\displaystyle\int \frac{2x-3}{(x-1)^2}\,dx$

(3) $\displaystyle\int \frac{x^2+x+2}{(x-1)^3}\,dx$

解

(1) 先把 $\dfrac{3x+4}{(x+1)^2}$ 化解成如下部分分式之和：

$$\frac{3x+4}{(x+1)^2} = \frac{c_1}{x+1} + \frac{c_2}{(x+1)^2}$$

通分，得

$$\Rightarrow 3x+4 = c_1(x+1) + c_2$$

$$\Rightarrow 3x+4 = c_1 x + (c_1+c_2)$$

$$\Rightarrow c_1 = 3 \text{，} c_2 = 1$$

$$\therefore \int \frac{3x+4}{(x+1)^2}\,dx = \int \frac{3}{x+1}\,dx + \int \frac{1}{(x+1)^2}\,dx$$

$$= 3\ln|x+1| + \int (x+1)^{-2}\,dx$$

$$= 3\ln|x+1| - (x+1)^{-1} + c$$

(2) 先把 $\dfrac{2x-3}{(x-1)^2}$ 化解成部分分式之和，如下式：

$$\frac{2x-3}{(x-1)^2} = \frac{c_1}{(x-1)} + \frac{c_2}{(x-1)^2}$$

通分，得

$\Rightarrow 2x - 3 = c_1(x - 1) + c_2$

$\Rightarrow 2x - 3 = c_1 x - c_1 + c_2$

$\Rightarrow c_1 = 2 \text{，} c_2 = -1$

$\therefore \displaystyle\int \frac{2x - 3}{(x - 1)^2} dx = \int \frac{2}{x - 1} dx + \int \frac{-1}{(x - 1)^2} dx$

$\qquad\qquad = 2 \ln|x - 1| + (x - 1)^{-1} + c$

(3) $\dfrac{x^2 + x + 2}{(x - 1)^3}$ 化解成部分分式，如下式：

$\dfrac{x^2 + x + 2}{(x - 1)^3} = \dfrac{c_1}{x - 1} + \dfrac{c_2}{(x - 1)^2} + \dfrac{c_3}{(x - 1)^3}$

$\Rightarrow x^2 + x + 2 = c_1(x - 1)^2 + c_2(x - 1) + c_3 \cdots\cdots (*)$

為求 c_1，c_2，c_3 係數之值，可用上面例子之方法化簡求出，

也可用下面技巧求得 c_1，c_2，c_3：

把 $x = 0$，1，2 分別代入 $(*)$ 式子，得

$x = 0$ 代入 $\Rightarrow 2 = c_1 - c_2 + c_3$

$x = 1$ 代入 $\Rightarrow 4 = c_3$

$x = 2$ 代入 $\Rightarrow 8 = c_1 + c_2 + c_3$

$\Rightarrow c_3 = 4 \text{，} \begin{cases} c_1 - c_2 = -2 \\ c_1 + c_2 = 4 \end{cases}$

$\Rightarrow c_3 = 4 \text{，} c_1 = 1 \text{，} c_2 = 3$

$\therefore \displaystyle\int \frac{x^2 + x + 2}{(x - 1)^3} dx = \int \frac{1}{x - 1} dx + \int \frac{3}{(x - 1)^2} dx + \int \frac{4}{(x - 1)^3} dx$

$\qquad\qquad = \ln|x - 1| - 3(x - 1)^{-1} - 2(x - 1)^{-2} + c$

對於有理函數之積分 $\displaystyle\int \frac{Q(x)}{P(x)} dx$，主要的方法就是將有理函數化解成部分分式之和，上面兩型之題目，是較基本的類型，其他類型題目都是這兩型的混合應用。

隨堂練習

求有理函數之積分

1. $\int \dfrac{x+10}{(x-5)(x+5)} dx$

2. $\int \dfrac{5}{x^2-9} dx$

3. $\int \dfrac{5x-2}{(x+1)^2} dx$

4. $\int \dfrac{2x-1}{(x+2)^2} dx$

數 學 知 識 加 油 站

邏輯推理題目－德國邏輯思考學院考題

有五間房屋排成一列，所有的房屋外表及顏色都不一樣。請閱讀以下提示並找出答案。

提示：

1. 所有的屋主都來自不同國家，所有的屋主都養不同的寵物、喝不同的飲料、抽不同牌的香煙。

2. 美國人住在紅色房屋裡；瑞典人養了一隻狗；丹麥人喝茶。

3. 綠色的房子在白色房子的左邊、綠色房屋的屋主喝咖啡；抽 Pall Mall 香煙的屋主養鳥；黃色屋主抽 Dunhill；位於最中間的屋主喝牛奶。

4. 挪威人住在第一間房屋裡；抽 Blend 的人住在養貓人家的隔壁；養馬的屋主隔壁住抽 Dunhill 的人家；抽 Blue Master 的屋主喝啤酒。

5. 德國人抽 Prince；挪威人住在藍色房子的隔壁；只喝開水的人家住在抽 Blend 的屋主隔壁。

請由以上提示，請問誰養斑馬？

習題 6-4

求不定積分：

1. $\displaystyle\int \frac{3}{x^2 - 1}\, dx$

2. $\displaystyle\int \frac{1}{x^2 - 4x + 3}\, dx$

3. $\displaystyle\int \frac{2}{x^2 - 16}\, dx$

4. $\displaystyle\int \frac{2x - 3}{(x - 1)(x - 2)(x - 3)}\, dx$

5. $\displaystyle\int \frac{3}{x^2 + x - 6}\, dx$

6. $\displaystyle\int \frac{3x + 5}{(x - 1)(x^2 + 7)}\, dx$

7. $\displaystyle\int \frac{2x - 3}{(x + 2)^2}\, dx$

8. $\displaystyle\int \frac{3x - 5}{(x + 1)^2}\, dx$

9. $\displaystyle\int \frac{x - 1}{(x + 3)^3}\, dx$

10. $\displaystyle\int \frac{x^2 + x + 1}{x\,(x - 1)^2}\, dx$

第 **7** 章

定積分及其應用

數學家故事　歐幾里德(Euclid, 325BC-265BC)

歐幾里德是古希臘時代的幾何大師，創立了「歐氏幾何」，是第一個清楚定義「黃金比例」數學家，今日中學所學之平面幾何即是歐氏幾何。

他是《The Elements(幾何原本)》之作者，此書共十三卷，是關於幾何和數論的鉅作。這本書是數學史上最廣為人知和最暢銷的教科書，後人幾乎原封不動用了至少二千年，直到十九世紀中葉。像平面上之直線距離就是歐式距離，歐式即指歐幾里德。

哲學家柏拉圖曾說：「數學絕對是所有國家領導人及哲學家必修的教育。」更在柏拉圖學院入口銘刻著：「不懂幾何者，禁止入內。」歐幾里德也說過：「幾何之內，無君王之路。」可見幾何也是一種邏輯思維推理演繹訓練。

「時間怕金字塔；金字塔怕幾何；幾何怕歐幾里德。」

——阿拉伯諺語

前面章節，已介紹了反導數和求不定積分的方法和技巧。那積分有什麼用處呢？積分又是應用在什麼地方呢？本章主要介紹積分之應用。

以下將以面積概念介紹定積分的意義，接著介紹最重要的微積分基本定理，說明不定積分與定積分之關係，以及如何運用以求定積分之值。定積分在幾何上代表一塊面積，在定積分的應用上有：求取一曲線下不規則圖形之面積、曲線所圍區域之面積、曲線所圍區域繞一直線旋轉之旋轉體體積、曲線弧長等，以及求面積在各領域之應用。例如：經濟上之消費者剩餘、生產者剩餘；財務管理上之年金流量、年金終值、年金現值的各種應用。

另外在統計、財務工程應用甚多的瑕積分、數值積分，也將於本章詳細介紹。

GGB應用範例

7-1　和運算

和運算又稱為Σ運算。以面積介紹定積分之意義時，須利用到Σ運算，Σ運算熟練後，對於統計、無窮級數、財務模型或演算法之推演幫助極大。

Σ符號

(1) Σ是希臘字母大寫符號，唸成(sigma)。其小寫符號為 σ，在統計學裡較為常見。σ 指標準差，例如：$X \sim N(\mu, \sigma^2)$。

(2) Σ表示總和之意義(summation notation)。

設一數列有 n 個數，$\{a_1, a_2, \cdots, a_n\}$

此 n 個數之和：$a_1 + a_2 + \cdots + a_n$。可用符號 $\sum\limits_{k=1}^{n} a_k$ 表示。

即 $\sum\limits_{k=1}^{n} a_k = a_1 + a_2 + a_3 + \cdots + a_n$。

例題 **1**

列出下列 Σ 運算式之展開式。

(1) $\displaystyle\sum_{k=1}^{10} k^2$　(2) $\displaystyle\sum_{k=5}^{10} (k+3)$　(3) $\displaystyle\sum_{k=2}^{5} k^3$

(4) $\displaystyle\sum_{i=0}^{7} (2i+1)(i-3)$　(5) $\displaystyle\sum_{j=1}^{100} \frac{1}{j(j+1)}$

解

(1) $\displaystyle\sum_{k=1}^{10} k^2 = 1^2 + 2^2 + 3^2 + \cdots + 10^2$，共 10 項之和

(2) $\displaystyle\sum_{k=5}^{10} (k+3) = (5+3)+(6+3)+(7+3)+(8+3)+(9+3)+(10+3)$

　　共 6 項之和

(3) $\displaystyle\sum_{k=2}^{5} k^3 = 2^3 + 3^3 + 4^3 + 5^3$，共 4 項之和

(4) $\displaystyle\sum_{i=0}^{7} (2i+1)(i-3) = [(2\cdot 0+1)(0-3)] + \cdots + [(2\cdot 7+1)(7-3)]$

　　　　　　　　　　　 $= 1\cdot(-3) + 3\cdot(-2) + 5\cdot(-1) + \cdots + 15\cdot(4)$

　　共 8 項之和

(5) $\displaystyle\sum_{j=1}^{100} \frac{1}{j(j+1)} = \frac{1}{1\cdot 2} + \frac{1}{2\cdot 3} + \frac{1}{3\cdot 4} + \cdots + \frac{1}{100\cdot 101}$

　　共 100 項之和

> **強化學習**
>
> 第 1 項 k 代入 1
> 第 2 項 k 代入 2
> ⋮
> 第 10 項 k 代入 10

例題 **2**

將下列各題之和，以 Σ 形式表示。

(1) $1^2 + 2^2 + 3^2 + \cdots + 10^2$　　(2) $1^3 + 2^3 + 3^3 + \cdots + 50^3$

(3) $\dfrac{1}{1} + \dfrac{1}{2} + \dfrac{1}{3} + \cdots + \dfrac{1}{100}$　　(4) $3+3+3+3+3+3$

解

(1) $1^2 + 2^2 + 3^2 + \cdots + 10^2 = \displaystyle\sum_{k=1}^{10} k^2$，共 10 項之和

(2) $1^3 + 2^3 + 3^3 + \cdots + 50^3 = \displaystyle\sum_{k=1}^{50} k^3$，共 50 項之和

(3) $\dfrac{1}{1} + \dfrac{1}{2} + \dfrac{1}{3} + \cdots + \dfrac{1}{100} = \displaystyle\sum_{k=1}^{100} \frac{1}{k}$，共 100 項之和

(4) $3+3+3+3+3+3 = \displaystyle\sum_{k=1}^{6} 3$，共 6 項之和

Σ運算之重要性質

(1) $\sum\limits_{k=1}^{n} c = c + c + \cdots + c = n \cdot c$

(2) $\sum\limits_{k=1}^{n} c \cdot a_k = c \cdot \sum\limits_{k=1}^{n} a_k$

(3) $\sum\limits_{k=1}^{n} (a_k + b_k) = \sum\limits_{k=1}^{n} a_k + \sum\limits_{k=1}^{n} b_k$

(4) $\sum\limits_{k=1}^{n} (a_k - b_k) = \sum\limits_{k=1}^{n} a_k - \sum\limits_{k=1}^{n} b_k$

(5) $\sum\limits_{k=1}^{n} (c \cdot a_k + d \cdot b_k) = c \cdot \sum\limits_{k=1}^{n} a_k + d \cdot \sum\limits_{k=1}^{n} b_k$

(6) $\sum\limits_{k=1}^{n} (c \cdot a_k - d \cdot b_k) = c \cdot \sum\limits_{k=1}^{n} a_k - d \cdot \sum\limits_{k=1}^{n} b_k$

求Σ運算和之重要公式

(1) $\sum\limits_{k=1}^{n} k = 1 + 2 + 3 + \cdots + n = \dfrac{n \cdot (n+1)}{2}$

(2) $\sum\limits_{k=1}^{n} k^2 = 1^2 + 2^2 + \cdots + n^2 = \dfrac{n(n+1)(2n+1)}{6}$

(3) $\sum\limits_{k=1}^{n} k^3 = 1^3 + 2^3 + \cdots + n^3 = \left[\dfrac{n \cdot (n+1)}{2}\right]^2$

例題 **3**

求下列各題Σ和：

(1) $\sum\limits_{k=1}^{10} k$ (2) $\sum\limits_{k=1}^{100} k^2$

(3) $\sum\limits_{k=3}^{10} k^3$ (4) $\sum\limits_{k=1}^{10} (2k+1)(k-1)$

(5) $\sum\limits_{k=1}^{10} (k^2 + 2k + 3)$

解

強化學習

利用公式
$\sum\limits_{k=1}^{n} k = \dfrac{n \cdot (n+1)}{2}$

(1) $\sum\limits_{k=1}^{10} k = \dfrac{n \cdot (n+1)}{2} = \dfrac{10 \cdot 11}{2} = 55$

(2) $\sum\limits_{k=1}^{100} k^2 = \dfrac{n \cdot (n+1)(2n+1)}{6} = \dfrac{100 \cdot 101 \cdot 201}{6} = 338350$

(3) $\displaystyle\sum_{k=3}^{10} k^3 = \sum_{k=1}^{10} k^3 - \sum_{k=1}^{2} k^3$

$\qquad = [\dfrac{n \cdot (n+1)}{2}]^2 - [\dfrac{n_1 \cdot (n_1+1)}{2}]^2$

$\qquad = (\dfrac{10 \cdot 11}{2})^2 - (\dfrac{2 \cdot 3}{2})^2$

$\qquad = 3025 - 9$

$\qquad = 3016$

(4) $\displaystyle\sum_{k=1}^{10} (2k+1)(k-1)$

$\qquad = \displaystyle\sum_{k=1}^{10} (2k^2 - k - 1)$

$\qquad = 2\displaystyle\sum_{k=1}^{10} k^2 - \sum_{k=1}^{10} k - \sum_{k=1}^{10} 1$

$\qquad = 2 \cdot \dfrac{n \cdot (n+1) \cdot (2n+1)}{6} - \dfrac{n \cdot (n+1)}{2} - n \cdot c$

$\qquad = 2 \cdot \dfrac{10 \cdot 11 \cdot 21}{6} - \dfrac{10 \cdot 11}{2} - 10 \cdot 1$

$\qquad = 770 - 55 - 10$

$\qquad = 705$

(5) $\displaystyle\sum_{k=1}^{10} (k^2 + 2k + 3)$

$\qquad = \displaystyle\sum_{k=1}^{10} k^2 + 2 \cdot \sum_{k=1}^{10} k + \sum_{k=1}^{10} 3$

$\qquad = \dfrac{10 \cdot 11 \cdot 21}{6} + 2 \cdot \dfrac{10 \cdot 11}{2} + 10 \cdot 3$

$\qquad = 385 + 110 + 30$

$\qquad = 525$

等比級數之和：$\displaystyle\sum_{k=1}^{n} r^k$, $\displaystyle\sum_{k=1}^{n} ar^k$

(1) $\displaystyle\sum_{k=1}^{n} r^k = r^1 + r^2 + \cdots + r^n = \dfrac{r - r^{n+1}}{1 - r}$

(2) $\displaystyle\sum_{k=1}^{n} ar^k = ar^1 + ar^2 + ar^3 + \cdots + ar^n = \dfrac{ar - ar^{n+1}}{1 - r}$

$\qquad\qquad = \dfrac{首項 - 末項 \times r}{1 - r}$

等比級數之運算在判斷級數收斂或發散，及在年金計算時常用到，簡要公式證明如下：

證明：$\sum\limits_{k=1}^{n} ar^k = \dfrac{ar - ar^{n+1}}{1-r}$

令 $s = \sum\limits_{k=1}^{n} ar^k = ar + ar^2 + ar^3 + \cdots + ar^n$ ……①

$r \cdot s = r \cdot \sum\limits_{k=1}^{n} ar^k = ar^2 + ar^3 + \cdots + ar^n + ar^{n+1}$ ……②

①式 － ②式，得

$(1-r)s = ar - ar^{n+1} \Rightarrow s = \dfrac{ar - ar^{n+1}}{1-r}$

 例題 4

求和：

(1) $\sum\limits_{k=1}^{10} 2^k$　(2) $\sum\limits_{k=1}^{10} 3^k$　(3) $\sum\limits_{k=5}^{20} 2^k$

強化學習

$r = 2$，$n = 10$

 解

(1) $\sum\limits_{k=1}^{10} 2^k = 2^1 + 2^2 + \cdots + 2^{10}$

$= \dfrac{首項 － 末項 \times r}{1-r} = \dfrac{2 - 2^{10} \cdot 2}{1-2} = 2046$

強化學習

$r = 3$，$n = 10$

(2) $\sum\limits_{k=1}^{10} 3^k = \dfrac{首項 － 末項 \times r}{1-r} = \dfrac{3 - 3^{11}}{1-3} = \dfrac{1}{2}(3^{11} - 3)$

(3) $\sum\limits_{k=5}^{20} 2^k = 2^5 + 2^6 + \cdots + 2^{20} = \dfrac{2^5 - 2^{20} \cdot 2}{1-2}$

$= 2^{21} - 2^5 = 2^5 \cdot (2^{16} - 1)$

隨堂練習

求下列各題之和

1. $\sum\limits_{k=1}^{200} k$

2. $\sum\limits_{k=1}^{10} (k^2 + 3k + 2)$

3. $\sum\limits_{k=1}^{20} 4^k$

4. $\sum\limits_{k=1}^{20} (k+1)$

習題 7-1

1. 計算下列各題之和：

(1) $\displaystyle\sum_{k=1}^{10}(3k^2+5)$ 　　　　　(2) $\displaystyle\sum_{k=1}^{10}(2k+3)$

(3) $\displaystyle\sum_{k=1}^{10}7$ 　　　　　　　　(4) $\displaystyle\sum_{k=1}^{10}\pi$

(5) $\displaystyle\sum_{k=1}^{10}(k+1)(k-1)$ 　　　(6) $\displaystyle\sum_{k=1}^{10}(k+1)^2$

(7) $\displaystyle\sum_{k=1}^{10}2^k$ 　　　　　　　(8) $\displaystyle\sum_{k=1}^{10}(7-3k)$

(9) $\displaystyle\sum_{i=1}^{10}(\frac{1}{2})^i$ 　　　　　　(10) $\displaystyle\sum_{i=5}^{10}(\frac{1}{3})^i$

2. 若 $\displaystyle\sum_{i=1}^{100}a_i=A$，$\displaystyle\sum_{i=1}^{100}b_i=B$，$\displaystyle\sum_{i=10}^{100}a_i=C$，求下列之和：

(1) $\displaystyle\sum_{i=1}^{100}(5+a_i)$ 　　　　　(2) $\displaystyle\sum_{i=1}^{100}(a_i-2b_i)$

(3) $\displaystyle\sum_{i=1}^{9}a_i$ 　　　　　　　(4) $\displaystyle\sum_{i=1}^{100}(3a_i+2b_i)$

(5) 判斷 $\displaystyle\sum_{i=1}^{100}(\frac{a_i}{b_i})=\frac{A}{B}$ 嗎？

7-2 定積分和面積

　　本節介紹定積分的意義。定積分在幾何上的意義代表一塊區域的面積。在平面幾何上，一些簡單的幾何圖形：三角形、矩形、梯形和圓形等，都可以使用面積公式求得其面積，但對於不規則圖形(例如下圖(a)～(c))，卻沒有求面積的公式。

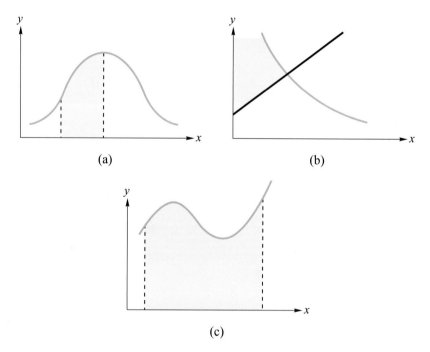

(a)　　　　　　　　　　　　　　(b)

(c)

　　定積分主要作用便是求得不規則圖形之面積。

定積分的定義：$\int_a^b f(x)dx$

令 $f(x)$ 定義為 $[a, b]$ 之連續函數，且 $f(x) \geq 0$。由 $f(x)$ 的圖形(如圖)、x 軸及直線 $x = a$，$x = b$ 所圍成之區域面積可表示為：

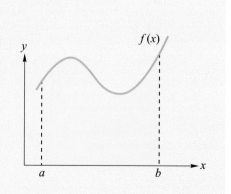

面積 $= \int_a^b f(x)dx$

$\int_a^b f(x)dx$ 稱爲定積分，a 稱爲此定積分之下限，b 稱爲定積分之上限，$\int f(x)dx$ 稱爲不定積分。$\int_a^b f(x)dx$ 代表函數 $f(x)$ 之圖形在 $x=a$ 和 $x=b$ 之間所圍成區域之面積。定積分和不定積分之差別在於定積分有積分上限和積分下限。

把下列各題所代表之圖形的面積，以定積分表示。

(1)
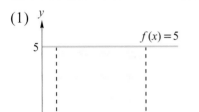

(2)
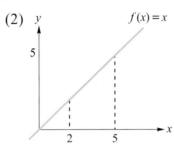

(3)
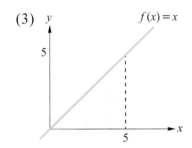

(4)
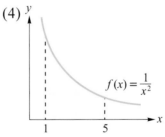

(5)
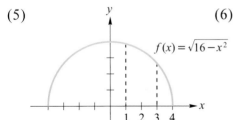

(6)
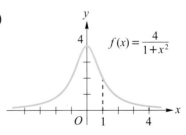

解

(1) 矩形面積 ＝ 長 · 寬 ＝ 6 · 5 ＝ 30

矩形面積用定積分表示如下：$\int_a^b f(x)\,dx = \int_1^7 5dx$

(2) 圖形是梯形　　轉成　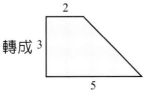

$$\text{梯形面積公式} = \frac{\text{高} \cdot (\text{上底} + \text{下底})}{2} = \frac{3 \cdot (2+5)}{2} = \frac{21}{2}$$

面積之定積分表示如下：$A = \int_a^b f(x)\, dx = \int_2^5 x\, dx$

(3) 圖形為三角形，三角形面積 $= \dfrac{\text{底} \cdot \text{高}}{2} = \dfrac{5 \cdot 5}{2} = \dfrac{25}{2}$

面積之定積分表示如下：$A = \int_a^b f(x)\, dx = \int_0^5 x\, dx$

(4) 此圖形無法以公式求面積，以定積分表示如下：

$$A = \int_a^b f(x)\, dx = \int_1^5 \frac{1}{x^2}\, dx$$

(5) 定積分表示如下：$A = \int_1^3 \sqrt{16 - x^2}\, dx$

(6) $A = \int_1^4 \dfrac{4}{1+x^2}\, dx$

圖(1)～(3)的圖形是規則圖形，求其面積都有對應之公式，不需要用定積分求面積；但圖(4)～(6)則沒有公式可運用以求面積，此時就可以用定積分方法求算。

接著以面積逼近概念來導出圖形面積之定積分算法。

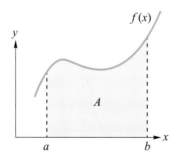

$$A = \int_a^b f(x)\, dx$$
$$= \lim_{n \to \infty} \frac{b-a}{n} \sum_{i=1}^n f\left(a + \frac{b-a}{n} \cdot i\right)$$

　　求面積 A 時，其上緣邊線，是由 $f(x)$ 之曲線圖形所構成的，它是不規則且變動的，所以沒有特定的面積公式可用。求 A 時，用逼近解決的方法，來估算真正面積 A，如下所示：

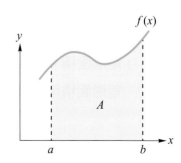

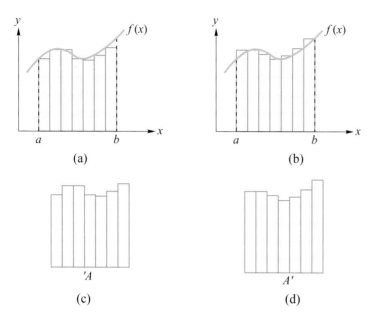

(a)　　　　　　　　　(b)

(c)　　　　　　　　　(d)

把 $[a, b]$ 分割成 n 等分，每等分 $\Delta x = \dfrac{b-a}{n}$，

得分割點：

$x_0, x_1, x_2, \cdots, x_n$ ，

　↑　　　　　↑

　a　　　　　b

利用矩形形成之長條形鋸齒狀圖形來估算真正面積 A，當 $[a, b]$ 分割越細時，其對應之鋸齒狀面積，就和真正面積 A 誤差越小。圖(a)矩形是以分割點左端點當高，圖(b)矩形是以分割點右端點當高，當 n 分割越多等分時，此三面積會越接近，即 $A \doteqdot {}'A \doteqdot A'$。

以圖(b)為例，求算 A' 面積，

$$
\begin{aligned}
A' &= ① + ② + ③ + \cdots + ⓝ \\
&= 長_1 \cdot 寬 + 長_2 \cdot 寬 + 長_n \cdot 寬 \\
&= 寬 \cdot (長_1 + 長_2 + \cdots + 長_n) \\
&= \Delta x \cdot [f(x_1) + f(x_2) + \cdots + f(x_n)] \\
&= \Delta x \cdot \sum_{k=1}^{n} f(x_k) \\
&= \frac{b-a}{n} \cdot \sum_{k=1}^{n} f\left(a + \frac{b-a}{n} \cdot k\right)
\end{aligned}
$$

當 $n \to \infty$ 時 $\Rightarrow A = \lim_{n \to \infty} \frac{b-a}{n} \sum_{k=1}^{n} f(a + \frac{b-a}{n}k)$

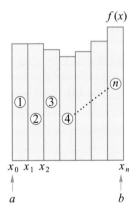

$$x_0 = a$$
$$x_1 = a + \Delta x$$
$$x_2 = a + 2 \cdot \Delta x$$
$$x_3 = a + 3 \cdot \Delta x$$
$$\vdots$$
$$x_n = a + n \cdot \Delta x$$

例題 2

設 $f(x) = x^2$，$x \in [0, 2]$，利用定積分求 $f(x)$ 在 $x = 0$ 和 $x = 2$ 所圍區域面積。

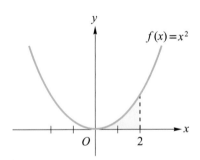

強化學習

分析：

$A = \int_a^b f(x)\, dx$

$= \lim_{n \to \infty} \frac{b-a}{n} \sum_{k=1}^{n} f(a + \frac{b-a}{n} \cdot k)$

$a = 0$，$b = 2$，

$\Delta x = \frac{b-a}{n} = \frac{2}{n}$，

$f(x) = x^2$

$f(a + \frac{b-a}{n} \cdot k)$

$= f(\frac{2k}{n})$

$= (\frac{2k}{n})^2$

解

$A = \int_0^2 x^2 dx = \lim_{n \to \infty} \frac{b-a}{n} \sum_{k=1}^{n} f(a + \frac{b-a}{n}k)$

$= \lim_{n \to \infty} \frac{2}{n} \sum_{k=1}^{n} (\frac{2k}{n})^2 = \lim_{n \to \infty} \frac{2}{n} \cdot \sum_{k=1}^{n} \frac{4k^2}{n^2}$

$= \lim_{n \to \infty} \frac{2}{n} \cdot \frac{4}{n^2} \sum_{k=1}^{n} k^2 = \lim_{n \to \infty} \frac{8}{n^3} \cdot \frac{n \cdot (n+1)(2n+1)}{6}$

$= \lim_{n \to \infty} \frac{8n(n+1)(2n+1)}{6n^3} = \lim_{n \to \infty} \frac{8}{6} \cdot \frac{n}{n} \cdot \frac{n+1}{n} \cdot \frac{2n+1}{n}$

$= \lim_{n \to \infty} \frac{8}{6} \cdot 1 \cdot (1 + \frac{1}{n})(2 + \frac{1}{n})$

$= \frac{16}{6} = \frac{8}{3}$

例題 3

利用定積分定義求 $\int_0^1 x^3 dx$。

 解

$$A = \int_a^b f(x)\,dx = \lim_{n\to\infty} \frac{b-a}{n} \sum_{k=1}^{n} f(a + \frac{b-a}{n} \cdot k)$$

$$a = 0 \text{，} b = 1 \text{，} f(x) = x^3 \Rightarrow \Delta x = \frac{b-a}{n} = \frac{1}{n}$$

$$f(a + \frac{b-a}{n} \cdot k) = f(\frac{1}{n} \cdot k) = (\frac{k}{n})^3$$

$$\therefore \int_0^1 x^3 dx = \lim_{n\to\infty} \frac{1}{n} \sum_{k=1}^{n} (\frac{k}{n})^3$$

$$= \lim_{n\to\infty} \frac{1}{n} \sum_{k=1}^{n} \frac{k^3}{n^3}$$

$$= \lim_{n\to\infty} \frac{1}{n} \cdot \frac{1}{n^3} \sum_{k=1}^{n} k^3$$

$$= \lim_{n\to\infty} \frac{1}{n^4} \cdot [\frac{n \cdot (n+1)}{2}]^2$$

$$= \lim_{n\to\infty} \frac{n^2 (n+1)^2}{4n^4}$$

$$= \lim_{n\to\infty} \frac{(n+1)^2}{4n^2}$$

$$= \lim_{n\to\infty} \frac{1}{4} (1 + \frac{1}{n})^2$$

$$= \frac{1}{4}$$

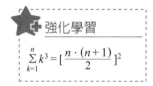

強化學習

$$\sum_{k=1}^{n} k^3 = [\frac{n \cdot (n+1)}{2}]^2$$

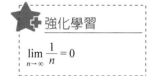

強化學習

$$\lim_{n\to\infty} \frac{1}{n} = 0$$

　　用定積分定義求算定積分值，或許顯得繁複冗長，卻可讓人領會定積分之意義。下節將介紹更簡單求算定積分之方法，利用微積分基本定理、反導數概念求算定積分值，此為牛頓、萊布尼茲的偉大發現。

例題 4

利用幾何圖形方法，求下列定積分。

(1) $\int_{-2}^{2}|x|\,dx$　　　　(2) $\int_{-2}^{2}\sqrt{4-x^2}\,dx$

解

(1) $f(x)=|x|$ 為絕對值函數，以其反導數或利用定積分定義，都不容易求定積分。用定積分的幾何意義卻很容易求其定積分。

$\int_{-2}^{2}|x|\,dx$ 如下圖之面積

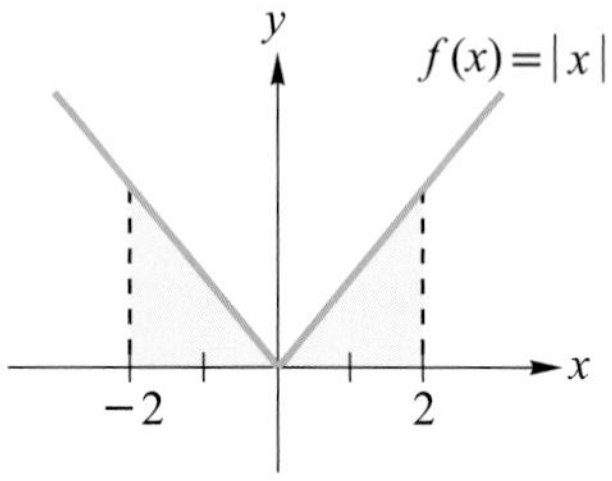

$\therefore \int_{-2}^{2}|x|\,dx=$ 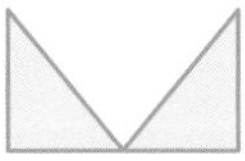 $=\frac{1}{2}\cdot 2\cdot 2+\frac{1}{2}\cdot 2\cdot 2=4$

(2) $\int_{-2}^{2}\sqrt{4-x^2}\,dx$ 如下圖之面積

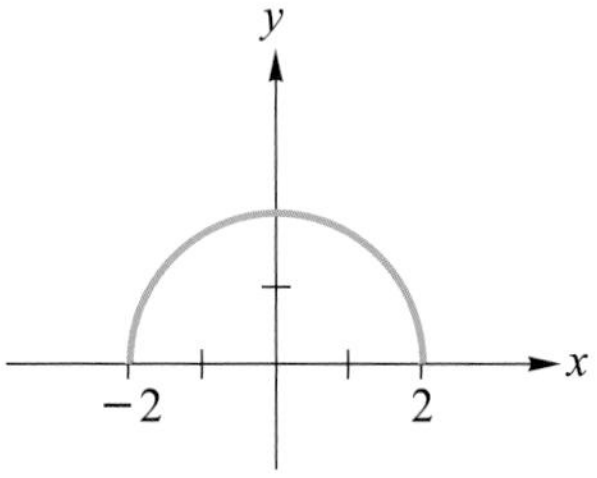

$\therefore \int_{-2}^{2}\sqrt{4-x^2}\,dx=$ 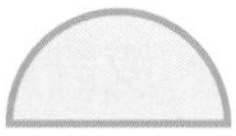 $=\frac{1}{2}\cdot\pi r^2=\frac{1}{2}\pi\cdot 4=2\pi$

強化學習

$f(x)=\sqrt{4-x^2}$

$y=\sqrt{4-x^2}$

$x^2+y^2=4$ 為一圓

隨堂練習

1. 用幾何法，求 $\int_{-3}^{2}|x|\,dx$
2. 求 $\int_{-2}^{2}|x|\,dx$
3. 求 $\int_{0}^{3}\sqrt{9-x^2}\,dx$

習題 7-2

1. 用幾何法，求下列定積分：

(1) $\int_{-3}^{3} |x|\, dx$

提示：$f(x) = |x - 1|$

(2) $\int_{-3}^{3} |x - 1|\, dx$

(3) $\int_{-3}^{5} |x + 2|\, dx$

(4) $\int_{0}^{5} 2|x + 2|\, dx$

(5) $\int_{-3}^{0} \sqrt{9 - x^2}\, dx$

(6) $\int_{0}^{5} [x]\, dx$

2. 利用定積分定義，求下列定積分：

(1) $\int_{0}^{3} x^2 dx$

(2) $\int_{0}^{3} x\, dx$

(3) 想想看 $\int_{2}^{2} x^2 dx$ 之答案？

3. 以定積分表示下列所給函數及 x 軸所圍區域面積

(1) $f(x) = x$，$1 \leq x \leq 5$

(2) $f(x) = x^2$，$-2 \leq x \leq 2$

(3) $f(x) = 1 - x^2$，$-1 \leq x \leq 1$

(4) $f(x) = 5$，$-2 \leq x \leq 3$

7-3 微積分基本定理

前一節已介紹定積分之意義,並推導出定積分定義為

$$\int_a^b f(x)\,dx = \lim_{n\to\infty} \frac{b-a}{n} \sum_{k=1}^{n} f\left(a + \frac{b-a}{n}\cdot k\right)$$

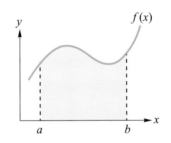

透過求算逼近近似和極限的過程得到定積分值,作法上相當繁雜冗長,如果每題定積分都用此方法算,將會讓人退避三舍。實際上,只要求出$f(x)$之反導數,即可快速求取定積分值,這個結果稱為微積分基本定理(Fundamental Theorem of Calculus),它說明了定積分和不定積分之關係,經由不定積分,可方便求取定積分之值。

定理 7-1

微積分基本定理

設$f(x)$在$[a, b]$連續,$F(x)$為$f(x)$之一反導數,則

$$\int_a^b f(x)\,dx = F(x)\Big|_a^b = F(b) - F(a)$$

欲求定積分$\int_a^b f(x)\,dx$

1. 求$f(x)$之反導數$F(x)$
2. 把$[a, b]$兩端點代入$F(x)$,$F(b) - F(a)$即定積分值

例題 1

求定積分值

(1) $\int_0^2 x^2 dx$

(2) $\int_{-2}^1 x^2 + x^3 dx$

(3) $\int_1^7 5 dx$

(4) $\int_1^3 (x^2 - 2x + 3)\,dx$

解

(1) $\int_0^2 x^2 dx = \dfrac{x^3}{3}\Big|_0^2$

$\qquad\qquad = \dfrac{2^3}{3} - \dfrac{0^3}{3}$

$\qquad\qquad = \dfrac{8}{3}$

(2) $\int_{-2}^1 x^2 + x^3 dx = \dfrac{x^3}{3} + \dfrac{x^4}{4}\Big|_{-2}^1$

$\qquad\qquad\quad = (\dfrac{1}{3} + \dfrac{1}{4}) - (\dfrac{-8}{3} + \dfrac{16}{4})$

$\qquad\qquad\quad = \dfrac{-3}{4}$

(3) $\int_1^7 5 dx = 5x\Big|_1^7$

$\qquad\quad = 35 - 5$

$\qquad\quad = 30$

(4) $\int_1^3 (x^2 - 2x + 3)\, dx = (\dfrac{x^3}{3} - x^2 + 3x)\Big|_1^3$

$\qquad\qquad\qquad = (\dfrac{27}{3} - 9 + 9) - (\dfrac{1}{3} - 1 + 3)$

$\qquad\qquad\qquad = \dfrac{20}{3}$

定積分的性質

設 $f(x)$，$g(x)$ 在 $[a, b]$ 連續，則有下列性質：

(1) $\int_a^a f(x)\, dx = 0$

(2) $\int_a^b k \cdot f(x)\, dx = k \cdot \int_a^b f(x)\, dx$

(3) $\int_a^b [\, f(x) + g(x)]\, dx = \int_a^b f(x)\, dx + \int_a^b g(x)\, dx$

(4) $\int_a^b [\, f(x) - g(x)]\, dx = \int_a^b f(x)\, dx - \int_a^b g(x)\, dx$

(5) $\int_a^b f(x)\, dx = \int_a^c f(x)\, dx + \int_c^b f(x)\, dx$

(6) $\int_a^b f(x)\, dx = -\int_b^a f(x)\, dx$

例題 **2**

若 $\int_0^7 f(x)\,dx = 8$，$\int_0^7 g(x)\,dx = 5$，$\int_2^7 f(x)\,dx = 3$，求下列各題之值。

(1) $\int_0^7 [2f(x) + g(x)]\,dx$ (2) $\int_0^7 [f(x) - g(x)]\,dx$

(3) $\int_0^7 [3f(x) + 2]\,dx$ (4) $\int_7^7 [f(x) + g(x)]\,dx$

(5) $\int_0^2 f(x)\,dx$ (6) $\int_7^0 [f(x) + g(x)]\,dx$

解

(1) 利用定積分性質：

$$\int_0^7 [2f(x) + g(x)]\,dx = \int_0^7 2f(x)\,dx + \int_0^7 g(x)\,dx$$
$$= 2\int_0^7 f(x)\,dx + \int_0^7 g(x)\,dx$$
$$= 2 \cdot 8 + 5 = 21$$

(2) $\int_0^7 [f(x) - g(x)]\,dx = \int_0^7 f(x)\,dx - \int_0^7 g(x)\,dx$
$$= 8 - 5 = 3$$

(3) $\int_0^7 [3f(x) + 2]\,dx = 3\int_0^7 f(x)\,dx + \int_0^7 2\,dx$
$$= 3 \cdot 8 + 2x\Big|_0^7 = 24 + 14 = 38$$

(4) $\int_7^7 [f(x) + g(x)]\,dx = 0$

(5) $\int_0^2 f(x)\,dx = \int_0^7 f(x)\,dx - \int_2^7 f(x)\,dx = 8 - 3 = 5$

(6) $\int_7^0 [f(x) + g(x)]\,dx = -\int_0^7 [f(x) + g(x)]\,dx = -13$

⭐ 強化學習

一點面積 = 0

⭐ 強化學習

利用定積分性質：
$\int_0^7 f(x)\,dx$
$= \int_0^2 f(x)\,dx$
$+ \int_2^7 f(x)\,dx$

定理 7-2

微積分第二基本定理

令 $F(x) = \int_a^{g(x)} f(t)\,dt$，$g(x)$ 為可微分函數，則

$$\frac{d}{dx}[F(x)] = \frac{d}{dx}\left[\int_a^{g(x)} f(t)\,dt\right]$$
$$= f(g(x)) \cdot g'(x)$$

定理 7-3

微積分第三基本定理

令 $F(x) = \int_{h(x)}^{g(x)} f(t)\, dt$，$g(x)$、$h(x)$為可微分函數，則

$$\frac{d}{dx}[F(x)] = \frac{d}{dx}\left[\int_{h(x)}^{g(x)} f(t)\, dt\right]$$
$$= f(g(x)) \cdot g'(x) - f(h(x)) \cdot h'(x)$$

例題 **3**

利用微積分基本定理，求下列各題：

(1) 令 $F(x) = \int_{5}^{x} t^2\, dt$，求 $F'(x)$

(2) 令 $F(x) = \int_{5}^{x^2} t^2\, dt$，求 $F'(x)$

(3) 令 $F(x) = \int_{5}^{x^2} \dfrac{1}{1+t^2}\, dt$，求 $F'(1)$

(4) 令 $F(x) = \int_{0}^{x} (t^2 - 5t + 6)^{10}\, dt$，求 $F'(1)$

(5) 令 $F(x) = \int_{x}^{x^2} (1 + t^2)\, dt$，求 $F'(1)$

解

(1) $F'(x) = \dfrac{d}{dx}\left[\int_{5}^{x} t^2\, dt\right] = x^2$

(2) $F'(x) = \dfrac{d}{dx}\left[\int_{5}^{x^2} t^2\, dt\right] = (x^2)^2 \cdot (x^2)' = x^4 \cdot 2x = 2x^5$

(3) $F'(x) = \dfrac{d}{dx}\left[\int_{5}^{x^2} \dfrac{1}{1+t^2}\, dt\right] = \dfrac{1}{1+(x^2)^2} \cdot (x^2)'$

$\qquad = \dfrac{1}{1+x^4} \cdot 2x = \dfrac{2x}{1+x^4}$

$\therefore F'(1) = \dfrac{2}{2} = 1$

(4) $F'(x) = \dfrac{d}{dx}\left[\int_{0}^{x} (t^2 - 5t + 6)^{10}\, dt\right] = (x^2 - 5x + 6)^{10}$

$\qquad \therefore F'(1) = (1 - 5 + 6)^{10} = 2^{10} = 1024$

(5) $F'(x) = \dfrac{d}{dx}\left[\int_{x}^{x^2} (1 + t^2)\, dt\right] = (1 + x^4) \cdot 2x - (1 + x^2)$

$\qquad \therefore F'(1) = 4 - 2 = 2$

函數平均值

若 $f(x)$ 在 $[a, b]$ 為連續函數，則 $f(x)$ 在 $[a, b]$ 的平均值(average value)為：

$$f(x) \text{ 在 } [a, b] \text{ 的平均值} = \frac{\int_a^b f(x)\,dx}{b - a}$$

平均值 $\dfrac{\int_a^b f(x)\,dx}{b - a}$，可解釋為 $f(x)$ 在 $[a, b]$ 間的平均高度。

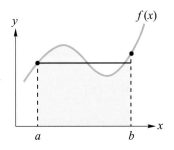

例題 4

函數平均值應用例子：

(1) 下圖為黃金金價過去一年走勢，請說明函數平均值代表之意義？

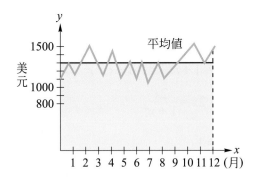

(2) 假設觸控 IC 未來每年一顆的成本估算函數為 $c(x) = 0.03x^2 + 0.2x + 1$，$0 \le x \le 12$ 其中 x 為時間(以月計)。請估算未來 1 年間 IC 平均單位成本。

(1) 函數平均值代表過去一年黃金平均價格

(2) 平均單位成本 $= \dfrac{1}{b-a}\displaystyle\int_a^b c(x)\,dx$

$$= \frac{1}{12}\int_0^{12}(0.03x^2 + 0.2x + 1)\,dx$$

$$= \frac{1}{12}\left(\frac{0.03x^3}{3} + \frac{0.2x^2}{2} + x\right)\Big|_0^{12}$$

$$= 3.64$$

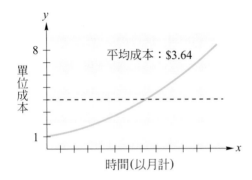

隨堂練習

1. 求函數 $f(x) = x^2 + 2x + 1$ 於區間 $[0, 2]$ 之平均值。

2. 令 $F(x) = \displaystyle\int_0^x (5t + 3)^{20}dt$，求 $F'(x)$。

3. 求定積分值：$\displaystyle\int_0^1 (x^5 - 3x^2 + 2)\,dx$。

4. 求定積分值：$\displaystyle\int_7^7 (\sin 5x)^2 dx$。

習題 7-3

1. 求定積分

(1) $\int_0^2 x^2 + 5\,dx$

(2) $\int_3^5 7\,dx$

(3) $\int_{-1}^2 x^3 - 6\,dx$

(4) $\int_0^2 e^{3x}\,dx$

2. 設 $\int_1^3 f(x)\,dx = 5$ ，$\int_3^5 f(x)\,dx = 3$ ，$\int_1^{10} f(x)\,dx = 10$ ，$\int_3^5 g(x)\,dx = 2$ ，求下列各值：

(1) $\int_3^5 [\,f(x) + g(x)]\,dx$

(2) $\int_3^5 [2f(x) - 3g(x)]\,dx$

(3) $\int_3^3 f(x)\,dx$

(4) $\int_1^5 f(x)\,dx$

(5) $\int_3^{10} f(x)\,dx$

(6) $\int_3^1 f(x)\,dx$

3. 計算下列各題：

(1) 令 $F(x) = \int_5^x e^t dt$ ，求 $F'(0)$

(2) 令 $F(x) = \int_2^{x^2} \sqrt{3 + t^4}\,dt$ ，求 $F'(1)$

(3) 令 $F(x) = \int_5^{x^2+1} \dfrac{e^t}{1 + t^3}\,dt$ ，求 $F'(1)$

(4) 令 $F(x) = \int_{x^2}^5 (t^2 + 1)^{10} dt$ ，求 $F'(1)$

4. 求各區域的面積

(1) $f(x) = x^2 + 1$ ，$x \in [1, 5]$

(2) $f(x) = -x^2 + x$ ，$x \in [0, 1]$

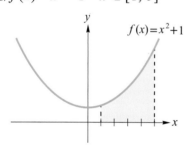
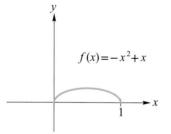

5. 求各函數在指定區間的平均值：

函數	區間
(1) $f(x) = \dfrac{1}{x}$	$[1, 5]$
(2) $f(x) = e^x$	$[0, 6]$
(3) $f(x) = x^2$	$[0, 2]$
(4) $f(x) = xe^x$	$[0, 3]$

7-4　兩曲線所圍成的面積

定積分是求取一曲線所圍成的面積，如下圖：

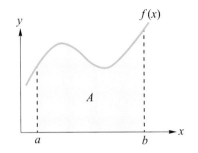

$$A = \int_a^b f(x)\, dx$$

兩曲線所圍成區域的面積，可分析為如下幾種情形：

1.

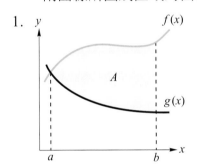

$f(x)$ 和 $g(x)$ 在 $[a, b]$ 所圍區域的面積
$= f(x)$ 下方區域的面積 $- g(x)$ 下方區域的面積

$$\Rightarrow A = \int_a^b f(x)\, dx - \int_a^b g(x)\, dx$$

$$= \int_a^b [\, f(x) - g(x)\,]\, dx$$

即

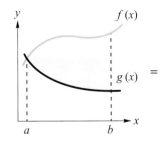　$=$　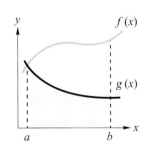

2.

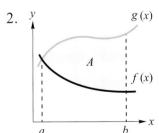

$f(x)$ 和 $g(x)$ 在 $[a, b]$ 所圍區域的面積 $= g(x)$
下方區域的面積 $- f(x)$ 下方區域的面積

$$\Rightarrow A = \int_a^b g(x)\, dx - \int_a^b f(x)\, dx$$

$$= \int_a^b [g(x) - f(x)]\, dx$$

由 1.、2.分析，可得下面求曲線面積的定理：

定理 7-4

設 $f(x)$ 和 $g(x)$ 在 $[a, b]$ 為連續函數，$\forall x \in [a, b]$，均有
$g(x) \leq f(x)$，則由兩曲線在 $[a, b]$ 所圍成區域的面積為
$$A = \int_a^b [f(x) - g(x)]\, dx$$

3. 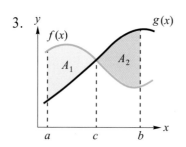 $f(x)$ 和 $g(x)$ 曲線有一個交叉點，此兩曲線所圍成區域的面積為 A_1 加上 A_2：

$$A = A_1 + A_2$$
$$= \int_a^c [f(x) - g(x)]\, dx$$
$$+ \int_c^b [g(x) - f(x)]\, dx$$

　　無論 $f(x)$，$g(x)$ 為正或負，只要由圖形知道 $f(x)$ 和 $g(x)$ 之大小關係(即大的函數減小的函數)，即可求其所圍區域面積。

 例題 1

求下列斜線區域之面積：

(1)

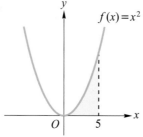

(2)

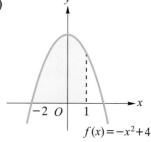

(3)

(4)

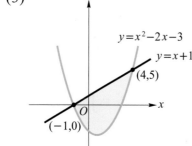

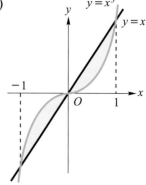

解

(1) $A = \int_a^b f(x)\,dx = \int_0^5 x^2\,dx = \frac{x^3}{3}\Big|_0^5 = \frac{125}{3}$

(2) $A = \int_{-2}^1 (-x^2 + 4)\,dx = \frac{-x^3}{3} + 4x\Big|_{-2}^1 = (\frac{-1}{3} + 4) - (\frac{8}{3} - 8) = 9$

(3) $A = \int_{-1}^4 (x+1) - (x^2 - 2x - 3)\,dx$

$\quad = \int_{-1}^4 (-x^2 + 3x + 4)\,dx = \frac{125}{6}$

(4) $A = \int_{-1}^0 x^3 - x\,dx + \int_0^1 x - x^3\,dx$

$\quad = \frac{x^4}{4} - \frac{x^2}{2}\Big|_{-1}^0 + \frac{x^2}{2} - \frac{x^4}{4}\Big|_0^1$

$\quad = 0 - (\frac{1}{4} - \frac{1}{2}) + (\frac{1}{2} - \frac{1}{4}) - 0$

$\quad = \frac{1}{2}$

例題 2

求各曲線所圍區域的面積。

(1) $f(x) = x^2$

$\quad g(x) = x$

(2) $f(x) = x^2 - 4$

$\quad g(x) = 0$

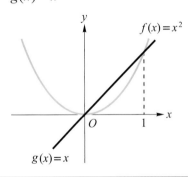

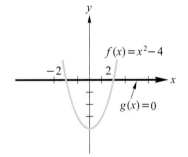

解

(1) $A = \int_0^1 [g(x) - f(x)]\,dx = \int_0^1 (x - x^2)\,dx$

$\quad = \frac{x^2}{2} - \frac{x^3}{3}\Big|_0^1 = \frac{1}{2} - \frac{1}{3} = \frac{1}{6}$

(2) $A = \int_{-2}^2 [0 - (x^2 - 4)]\,dx = \int_{-2}^2 (-x^2 + 4)\,dx$

$\quad = -\frac{x^3}{3} + 4x\Big|_{-2}^2 = (\frac{-8}{3} + 8) - (\frac{8}{3} - 8) = \frac{32}{3}$

強化學習

交點求法：
$x^2 = x$
$\Rightarrow x^2 - x = 0$
$\Rightarrow x = 0，1$

例題 **3**

求曲線 $f(x) = x^2 - x - 3$ 與直線 $g(x) = x$ 所圍區域的面積。

解

先求曲線 $f(x)$ 和直線 $g(x)$ 之交點，

即 $x^2 - x - 3 = x \Rightarrow x^2 - 2x - 3 = 0$

$\Rightarrow (x + 1)(x - 3) = 0 \Rightarrow x = -1，3$

兩曲線相交於 $(-1, -1)$ 及 $(3, 3)$，接著判斷 $f(x)$ 和 $g(x)$ 在 $[-1, 3]$

間之函數大小關係，得 $g(x) \geq f(x)，\forall x \in [-1, 3]$

$$\Rightarrow A = \int_{-1}^{3} [x - (x^2 - x - 3)] \, dx$$

$$= \int_{-1}^{3} (x - x^2 + x + 3) \, dx$$

$$= \int_{-1}^{3} (-x^2 + 2x + 3) \, dx$$

$$= \frac{-x^3}{3} + x^2 + 3x \Big|_{-1}^{3}$$

$$= (-9 + 9 + 9) - (\frac{1}{3} + 1 - 3)$$

$$= \frac{32}{3}$$

例題 **4**

求曲線 $y = x^3$，$y = x$ 所圍區域的面積。

解

先求曲線之交點

$x^3 = x \Rightarrow x^3 - x = 0 \quad \therefore x = 0，-1，1$

兩曲線相交於：$(0, 0)$，$(-1, -1)$，$(1, 1)$

$$\Rightarrow A = A_1 + A_2$$

$$= \int_{-1}^{0} (x^3 - x) \, dx + \int_{0}^{1} (x - x^3) \, dx$$

$$= \frac{x^4}{4} - \frac{x^2}{2} \Big|_{-1}^{0} + \frac{x^2}{2} - \frac{x^4}{4} \Big|_{0}^{1}$$

$$= [0 - (\frac{1}{4} - \frac{1}{2})] + [(\frac{1}{2} - \frac{1}{4}) - 0]$$

$$= \frac{1}{4} + \frac{1}{4} = \frac{1}{2}$$

強化學習

$x > x^3，x \in [0, 1]$
$x^3 > x，x \in [-1, 0]$

計算兩曲線所圍區域之面積時，有兩個步驟：

1. 求曲線間之交點。
2. 判斷 $f(x) \geq g(x)$ 或 $g(x) \geq f(x)$。

經濟學上探討供給函數和需求函數之均衡點時，求算面積經常應用於探討消費者剩餘、生產者剩餘。

某產品之供給函數和需求函數如下圖：

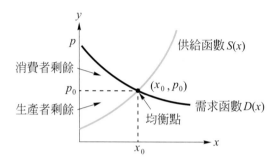

需求函數：$D(x)$
供給函數：$S(x)$
均衡點：需求函數和供給函數之交點。即 (x_0, p_0)，其中 x_0 稱為均衡數量，
　　　　p_0 稱為均衡價格。
消費者剩餘：由需求函數、水平線 $y = p_0$ 所圍成區域面積。
生產者剩餘：由供給函數、水平線 $y = p_0$ 所圍成區域面積。

$$消費者剩餘 = \int_0^{x_0} [D(x) - p_0]\, dx = \int_0^{x_0} D(x)\, dx - x_0 \cdot p_0$$
$$生產者剩餘 = \int_0^{x_0} [p_0 - S(x)]\, dx = x_0 \cdot p_0 - \int_0^{x_0} S(x)\, dx$$

例題 **5**

假設今年冬天小麥農產品的需求和供給函數分別為：

需求函數：$p = D(x) = -0.36x + 9$

供給函數：$p = S(x) = 0.14x + 2$，其中 x 為數量(以磅為單位)

試求：

(1) 均衡價格

(2) 消費者剩餘

(3) 生產者剩餘

★➕強化學習

需求函數＝供給函數

解

(1) 求均衡點：

$$-0.36x + 9 = 0.14x + 2$$

$$0.5x = 7$$

$$x = 14$$

當 $x = 14$ 時，$p = 3.96$，均衡點：$(14, 3.96)$，均衡價格 $= 3.96$

(2) 消費者剩餘 $= \int_0^{x_0} [D(x) - p_0]\, dx$

$$= \int_0^{14} (-0.36x + 9)\, dx - (14) \cdot (3.96)$$

$$= (-0.18x^2 + 9x)\Big|_0^{14} - (14) \cdot (3.96)$$

$$= 35.28$$

∴ 消費者剩餘為 35.28 元

(3) 生產者剩餘 $= \int_0^{x_0} [p_0 - S(x)]\, dx$

$$= \int_0^{14} [3.96 - (0.14x + 2)]\, dx$$

$$= (14) \cdot (3.96) - (0.07x^2 + 2x)\Big|_0^{14}$$

$$= 55.44 - 13.72 - 28$$

$$= 13.72$$

∴ 生產者剩餘為 13.72 元

隨堂練習

1. 求圖中陰影部分的面積：

   (1) 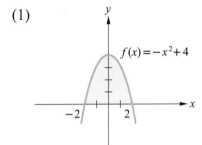   (2)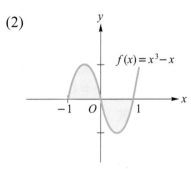

2. 求曲線 $y = x^2$ 與 $y = 2x + 3$ 所圍區域的面積。

3. 需求函數：$D(x) = 50 - 0.5x$，供給函數：$S(x) = 0.5x + 10$，求消費者剩餘。

習題 7-4

1. 求曲線 $y = f(x)$ 在 $[a, b]$ 區間與 x 軸所圍區域的面積

   (1) $y = 3x + 5$，$x \in [0, 2]$

   (2) $y = x^2 - 2x + 3$，$x \in [0, 3]$

   (3) $y = e^x - 1$，$x \in [0, 1]$

   (4) $y = \sqrt{x} + 2$，$x \in [1, 4]$

2. 求由下列各曲線所圍區域的面積

   (1) $y = x^3$，$y = 4x$

   (2) $y = x^2$，$y = x + 2$

   (3) $y = x^3 - x$，$y = 3x$

   (4) $y = 4x - x^2$，$y = x^2 - 2x - 8$

   (5) $y = \sqrt{x}$，$y = x^2$

3. 假設需求函數、供給函數如下，求均衡價格、消費者剩餘、生產者剩餘。

   (1) 需求函數：$D(x) = 7 - x^2$

      供給函數：$S(x) = x + 1$

   (2) 需求函數：$D(x) = 9 - x^2$

      供給函數：$S(x) = x^2 + 1$

4. 求由曲線 $y = x^2$，$y = -x^2$，$y = x$，$y = -x$ 所圍成區域之面積。

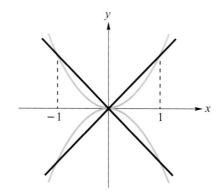

7-5 數值積分

求定積分 $\int_a^b f(x)\,dx$ 時，可以用幾何方法思考，也可用微積分基本定理求反導數代上、下限求值。但是有些函數其反導數不易求取，例如：

$$\int e^{x^2} dx \,,\ \int \frac{1}{1+x^4} dx \,,\ \int \sqrt{1+x^3}\,dx \,,\ \cdots$$

因此，微積分基本定理無法採用。這時候可以求取定積分的近似值估計，這些方法稱爲數值積分法。

$$數值積分法 \begin{cases} 矩形法則 \\ 梯形法則：利用梯形面積估算曲線下面積。 \\ 辛普森法則(拋物線法則)：曲線上三點， \\ 可成一拋物線，以拋物線代替原曲線 \end{cases}$$

若 $f(x)$ 在 $[a, b]$ 爲連續函數，$[a, b]$ 分成 n 等分，每個區間之寬度：

$$\Delta x = \frac{b-a}{n}$$

n 個分割點：$x_0, x_1, x_2, x_3, \cdots, x_n$，則各數值積分公式如下：

矩形法則

$$\int_a^b f(x)\,dx \doteqdot \frac{b-a}{n}\,[\,f(x_0)+f(x_1)+f(x_2)+\cdots+f(x_{n-1})\,]$$

左端點當高

$$\int_a^b f(x)\,dx \doteqdot \frac{b-a}{n}\,[\,f(x_1)+f(x_2)+f(x_3)+\cdots+f(x_n)\,]$$

右端點當高

梯形法則

$$\int_a^b f(x)\,dx \doteqdot \frac{1}{2}\cdot\frac{b-a}{n}\,[\,f(x_0)+2f(x_1)+2f(x_2)+\cdots$$
$$+2f(x_{n-1})+f(x_n)\,]$$

梯形法則係數：1, 2, 2, $\cdots$, 2, 1

辛普森法則(n 必須為偶數)

$$\int_a^b f(x)\,dx \doteqdot \frac{1}{3} \cdot \frac{b-a}{n} \left[f(x_0) + 4f(x_1) + 2f(x_2) + 4f(x_3) \right.$$
$$\left. + 2f(x_4) + \cdots + 4f(x_{n-1}) + f(x_n) \right]$$

辛普森法則之係數：1 4 2 4 2 4 2 ⋯ 4 1

圖示分析如下：

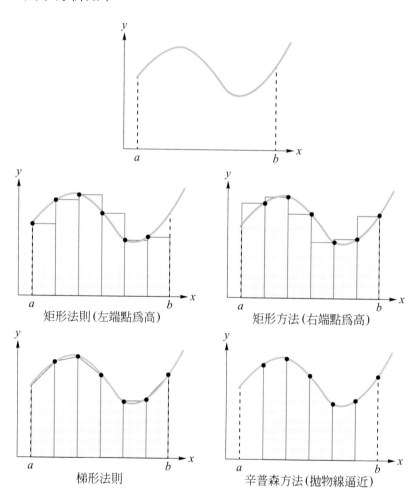

矩形法則(左端點為高)

矩形方法(右端點為高)

梯形法則

辛普森方法(拋物線逼近)

數值積分精確度

辛普森法則 > 梯形法則 > 矩形法則

梯形法則分析：

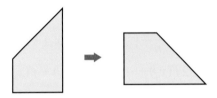

$$\text{第一個梯形面積} = \frac{1}{2}(\text{上底}+\text{下底})\cdot\text{高}$$
$$= \frac{1}{2}\cdot\Delta x\,[f(x_0)+f(x_1)]$$
$$= \frac{1}{2}\cdot\frac{b-a}{n}\,[f(x_0)+f(x_1)]$$

其他梯形面積也是同樣形式，因此 n 個面積和為

$$\frac{1}{2}\cdot\frac{b-a}{n}\{[f(x_0)+f(x_1)]+[f(x_1)+f(x_2)]+\cdots$$
$$+[f(x_{n-1})+f(x_n)]\}$$
$$= \frac{1}{2}\cdot\frac{b-a}{n}\,[f(x_0)+2f(x_1)+2f(x_2)+\cdots+2f(x_{n-1})+f(x_0)]$$

辛普森法則的推導過程類似梯形法則，它是利用三點可形成一拋物線，用拋物線下之面積，估算原曲線下之面積，所以此法求得之精確度高於梯形法則，但 n 必須為偶數，才可找到一組一組拋物線以供估算。

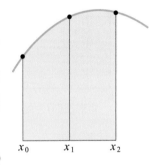

過點$(x_0,\,f(x_0))$、$(x_1,\,f(x_1))$、$(x_2,\,f(x_2))$ 三點

$$\text{拋物線下面積} = \frac{\Delta x}{3}\,[f(x_0)+4f(x_1)+f(x_2)]$$

將各段加總，得

$$\int_a^b f(x)\,dx \doteqdot \frac{\Delta x}{3}\cdot\{[f(x_0)+4f(x_1)+f(x_2)]$$
$$+[f(x_2)+4f(x_3)+f(x_4)]+\cdots$$
$$+[f(x_{n-2})+4f(x_{n-1})+f(x_n)]\}$$
$$= \frac{1}{3}\cdot\frac{b-a}{n}\,[f(x_0)+4f(x_1)+2f(x_2)+4f(x_3)$$
$$+2f(x_4)+\cdots+4f(x_{n-1})+f(x_n)]$$

例題 1

$\int_0^4 \dfrac{1}{1+x^4}\,dx$，利用梯形法則，$n=4$ 求估算近似值。

解

$\Delta x = \dfrac{b-a}{n} = \dfrac{4-0}{4} = 1$，$f(x) = \dfrac{1}{1+x^4}$

分割點 x_k：0, 1, 2, 3, 4

梯形法則公式：

$$\int_0^4 \dfrac{1}{1+x^4}\,dx \doteqdot \dfrac{1}{2} \cdot 1 \cdot [\, f(0) + 2f(1) + 2f(2) + 2f(3) + f(4)\,]$$

$$= \dfrac{1}{2}\left(1 + 2 \cdot \dfrac{1}{2} + 2 \cdot \dfrac{1}{17} + 2 \cdot \dfrac{1}{82} + \dfrac{1}{257}\right)$$

$$\approx 1.0729$$

例題 2

$\int_0^4 \dfrac{1}{1+x^2}\,dx$，利用梯形法則，$n=4$ 求估算近似值。

解

$\Delta x = \dfrac{b-a}{n} = \dfrac{4-0}{4} = 1$，$f(x) = \dfrac{1}{1+x^2}$

分割點 x_k：0, 1, 2, 3, 4

資料列表如下：

> ⭐ 強化學習
> c_k 表示 $f(x_k)$ 前之各係數

x_k	0	1	2	3	4
$f(x_k)$	1	$\dfrac{1}{2}$	$\dfrac{1}{5}$	$\dfrac{1}{10}$	$\dfrac{1}{17}$
c_k	1	2	2	2	1
$c_k \cdot f(x_k)$	1	1	$\dfrac{2}{5}$	$\dfrac{1}{5}$	$\dfrac{1}{17}$

$$\therefore \int_0^4 \dfrac{1}{1+x^2}\,dx \doteqdot \dfrac{1}{2} \cdot 1 \cdot [\, 1 \cdot 1 + 2 \cdot \dfrac{1}{2} + 2 \cdot \dfrac{1}{5} + 2 \cdot \dfrac{1}{10} + \dfrac{1}{17}\,]$$

$$= \dfrac{1}{2}\left(1 + 1 + \dfrac{2}{5} + \dfrac{1}{5} + \dfrac{1}{17}\right)$$

$$\approx 1.3294$$

例題 **3**

$\int_1^5 \dfrac{1}{x}\, dx$，利用辛普森法則，$n = 8$ 求估算近似值。

 解

$\Delta x = \dfrac{b-a}{n} = \dfrac{5-1}{8} = \dfrac{4}{8} = \dfrac{1}{2}$，$f(x) = \dfrac{1}{x}$

分割點 x_k：$1, \dfrac{3}{2}, 2, \dfrac{5}{2}, 3, \dfrac{7}{2}, 4, \dfrac{9}{2}, 5$

資料列表如下：

x_k	1	$\dfrac{3}{2}$	2	$\dfrac{5}{2}$	3	$\dfrac{7}{2}$	4	$\dfrac{9}{2}$	5
$f(x_k)$	1	$\dfrac{2}{3}$	$\dfrac{1}{2}$	$\dfrac{2}{5}$	$\dfrac{1}{3}$	$\dfrac{2}{7}$	$\dfrac{1}{4}$	$\dfrac{2}{9}$	$\dfrac{1}{5}$
c_k	1	4	2	4	2	4	2	4	1
$c_k \cdot f(x_k)$	1	$\dfrac{8}{3}$	1	$\dfrac{8}{5}$	$\dfrac{2}{3}$	$\dfrac{8}{7}$	$\dfrac{1}{2}$	$\dfrac{8}{9}$	$\dfrac{1}{5}$

$$\therefore \int_1^5 \dfrac{1}{x}\, dx \approx \dfrac{1}{3} \cdot \dfrac{1}{2} \left[1 \cdot 1 + 4 \cdot \dfrac{2}{3} + 2 \cdot \dfrac{1}{2} + 4 \cdot \dfrac{2}{5} \right.$$
$$\left. + 2 \cdot \dfrac{1}{3} + 4 \cdot \dfrac{2}{7} + 2 \cdot \dfrac{1}{4} + 4 \cdot \dfrac{2}{9} + 1 \cdot \dfrac{1}{5} \right]$$
$$= \dfrac{1}{6} \left[1 + \dfrac{8}{3} + 1 + \dfrac{8}{5} + \dfrac{2}{3} + \dfrac{8}{7} + \dfrac{1}{2} + \dfrac{8}{9} + \dfrac{1}{5} \right]$$
$$\approx 1.6108$$

例題 **4**

利用 EXCEL，梯形法則，$n = 16$ 估算 $\int_0^4 \sqrt{8 + x^2}\, dx$ 之近似值。

解

$\Delta x = \dfrac{b-a}{n} = \dfrac{4-0}{16} = \dfrac{1}{4}$，$f(x) = \sqrt{8 + x^2}$

分割點 x_k：$0, \dfrac{1}{4}, \dfrac{2}{4}, \dfrac{3}{4}, 1, \dfrac{5}{4}, \cdots, \dfrac{15}{4}, 4$

c_k 係數：$1, 2, 2, 2, 2, \cdots, 2, 1$

$$\int_0^4 \sqrt{8 + x^2}\, dx \approx \dfrac{1}{2} \cdot \Delta x \cdot \sum_{k=1}^{16} c_k \cdot f(x_k)$$
$$\approx 14.3871$$

隨堂練習

1. 求近似值，梯形法則，$n = 8$。

   $$\int_0^4 \sqrt{x^2 + 1}\, dx$$

2. 求近似值，辛普森法則，$n = 4$。

   $$\int_0^4 \frac{1}{7 + x}\, dx$$

習題 7-5

1. 利用梯形法則、辛普森法則，求各定積分近似值。(答案四捨五入至小數第三位)

   (1) $\int_0^4 \dfrac{1}{8+x^2}\,dx$，$n=4$

   (2) $\int_0^1 \sqrt{1+x^2}\,dx$，$n=4$

2. 利用 EXCEL，以梯形法則求定積分近似值。(答案四捨五入至小數第三位)

   (1) $\int_0^2 e^{2x}\,dx$，$n=20$

   (2) $\int_0^1 e^{-x^2}\,dx$，$n=20$

   (3) $\int_2^6 \sqrt{1+x^3}\,dx$，$n=10$

   (4) $\int_2^5 \ln x\,dx$，$n=10$

   (5) $\int_0^2 \sin x\,dx$，$n=10$

強化學習

EXCEL 函數：
e^x：@EXP(　)
$\ln x$：@LN(　)
$\sin x$：@SIN(　)
$\sqrt{x}$：@SQRT(　)

7-6 瑕積分

目前為止所討論的積分皆以定積分為主，但在許多應用中，例如機率、統計或工程等，積分區間常被延伸到無窮區間，以下三種情況的積分便稱為瑕積分(improper integral)。

積分上限無限大：$\int_a^\infty f(x)dx$

積分下限無限大：$\int_{-\infty}^b f(x)dx$

積分上、下限無限大：$\int_{-\infty}^\infty f(x)dx$

以下為瑕積分圖示例子：

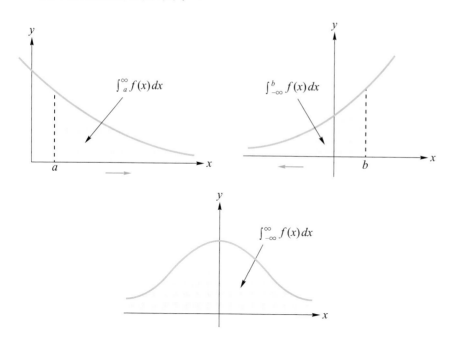

$$積分 \begin{cases} 不定積分：\int f(x)\,dx \\ 定積分：\int_a^b f(x)\,dx \\ 瑕積分：\int_a^\infty f(x)\,dx \,,\, \int_{-\infty}^b f(x)\,dx \,,\, \int_{-\infty}^\infty f(x)\,dx \end{cases}$$

瑕積分計算時，涉及到無窮大的極限，其定義如下：

> **瑕積分定義**
>
> (1) 若 $f(x)$ 在 $[a, \infty)$ 連續，則
>
> $$\int_a^\infty f(x)\,dx = \lim_{t \to \infty}\left[\int_a^t f(x)\,dx\right]$$
>
> (2) 若 $f(x)$ 在 $(-\infty, b]$ 連續，則
>
> $$\int_{-\infty}^b f(x)\,dx = \lim_{t \to -\infty}\left[\int_t^b f(x)\,dx\right]$$
>
> (3) 若 $f(x)$ 在 $(-\infty, \infty)$ 連續，則
>
> $$\int_{-\infty}^\infty f(x)\,dx = \int_{-\infty}^c f(x)\,dx + \int_c^\infty f(x)\,dx，其中 c 為任意數$$

　　求算瑕積分時，把無窮大以 t 代替，先求定積分，再求其極限。若極限存在，則瑕積分為收斂(converge)，否則瑕積分為發散(diverge)。在第三個情況中，當等號右邊任一瑕積分發散，則在左邊之瑕積分也同為發散。

 例題 1 ────────────────────

假設 $\int_{-\infty}^\infty f(x)dx = 1$ 且 $y = f(x)$ 對稱 y 軸，$\int_a^\infty f(x)dx = 0.3$，如下圖所示，求下列各瑕積分。

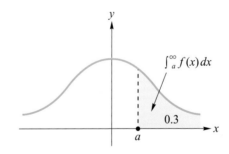

求：

(1) $\displaystyle\int_0^\infty f(x)\,dx$ 　　　　　(2) $\displaystyle\int_0^a f(x)\,dx$

(3) $\displaystyle\int_{-\infty}^a f(x)\,dx$ 　　　　　(4) $\displaystyle\int_{-\infty}^{-a} f(x)\,dx$

(5) $\displaystyle\int_{-a}^\infty f(x)\,dx$ 　　　　　(6) $\displaystyle\int_{-a}^a f(x)\,dx$

解

此例子的概念，常應用在統計上。以下利用瑕積分面積概念分
析。

(1) $\int_0^\infty f(x)\,dx =$

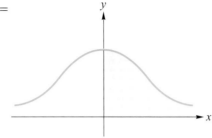

$\therefore \int_0^\infty f(x)\,dx = 0.5$ (∵對稱，右半邊面積：0.5)

(2) $\int_0^a f(x)\,dx =$

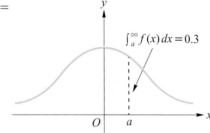

$\therefore \int_0^a f(x)\,dx = 0.5 - 0.3 = 0.2$

(3) $\int_{-\infty}^a f(x)\,dx =$

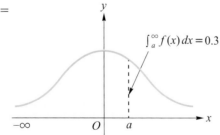

$\therefore \int_{-\infty}^a f(x)\,dx = 1 - 0.3 = 0.7$

(4) $\int_{-\infty}^{-a} f(x)\,dx =$

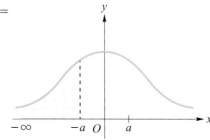

$$\therefore \int_{-\infty}^{-a} f(x)\,dx = \int_{a}^{\infty} f(x)\,dx = 0.3 \text{ (對稱)}$$

(5) $\displaystyle\int_{-a}^{\infty} f(x)\,dx =$

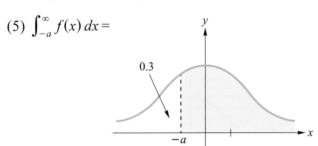

$$\therefore \int_{-a}^{\infty} f(x)\,dx = 1 - 0.3 = 0.7$$

(6) $\displaystyle\int_{-a}^{a} f(x)\,dx =$

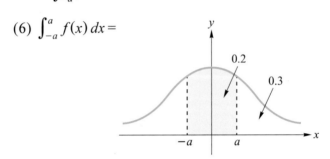

$$\therefore \int_{-a}^{a} f(x)\,dx = 0.2 + 0.2 = 0.4$$

瑕積分計算時，要用到無窮大處的極限，下面是參考例子。

$$\lim_{x \to \infty} \frac{1}{x} = 0 \qquad\qquad \lim_{x \to -\infty} \frac{1}{x} = 0$$

$$\lim_{x \to \infty} \frac{1}{x^n} = 0 \text{，} n > 0 \qquad\qquad \lim_{x \to -\infty} \frac{1}{x^n} = 0$$

$$\lim_{x \to \infty} x^n = \infty \text{，} n > 0 \qquad\qquad \lim_{x \to \infty} \sqrt{x} = \infty$$

$$\lim_{x \to \infty} e^x = \infty \qquad\qquad \lim_{x \to -\infty} e^x = 0$$

$$\lim_{x \to \infty} \frac{1}{e^x} = 0 \qquad\qquad \lim_{x \to \infty} e^{-x} = 0$$

$$\lim_{x \to \infty} \ln x = \infty \qquad\qquad \lim_{x \to -\infty} e^{-x} = \infty$$

2

計算瑕積分

(1) $\int_1^\infty \dfrac{1}{x}\,dx$

(2) $\int_1^\infty \dfrac{1}{x^2}\,dx$

(3) $\int_1^\infty \dfrac{1}{x^3}\,dx$

(4) $\int_1^\infty \dfrac{1}{\sqrt{x}}\,dx$

解

(1) $\int_1^\infty \dfrac{1}{x}\,dx = \lim\limits_{t\to\infty} \left[\int_1^t \dfrac{1}{x}\,dx\right] = \lim\limits_{t\to\infty}\left[\ln x \Big|_1^t\right]$

$\qquad = \lim\limits_{t\to\infty}\left[\ln t - \ln 1\right] = \lim\limits_{t\to\infty}\ln t = \infty$

(2) $\int_1^\infty \dfrac{1}{x^2}\,dx = \lim\limits_{t\to\infty}\left[\int_1^t \dfrac{1}{x^2}\,dx\right] = \lim\limits_{t\to\infty}\int_1^t x^{-2}\,dx$

$\qquad = \lim\limits_{t\to\infty} -x^{-1}\Big|_1^t = \lim\limits_{t\to\infty}\left(-\dfrac{1}{t} + \dfrac{1}{1}\right)$

$\qquad = 1$

$\int \dfrac{1}{x}\,dx = \ln x$

$\ln 1 = 0$

$\lim\limits_{t\to\infty}\dfrac{1}{t} = 0$

$\lim\limits_{t\to\infty}\dfrac{1}{t^2} = 0$

由(1)、(2)例子發現，積分例子很像，但(1)之結果卻是發散，

(2)之結果瑕積分是 1。

(3) $\int_1^\infty \dfrac{1}{x^3}\,dx = \lim\limits_{t\to\infty}\left[\int_1^t \dfrac{1}{x^3}\,dx\right] = \lim\limits_{t\to\infty}\left[\int_1^t x^{-3}\,dx\right]$

$\qquad = \lim\limits_{t\to\infty}\left[-\dfrac{x^{-2}}{2}\Big|_1^t\right] = \lim\limits_{t\to\infty}\left[-\dfrac{1}{2t^2} + \dfrac{1}{2}\right]$

$\qquad = \lim\limits_{t\to\infty} -\dfrac{1}{2t^2} + \dfrac{1}{2} = 0 + \dfrac{1}{2} = \dfrac{1}{2}$

(4) $\int_1^\infty \dfrac{1}{\sqrt{x}}\,dx = \lim\limits_{t\to\infty}\left[\int_1^t \dfrac{1}{\sqrt{x}}\,dx\right]$

$\qquad = \lim\limits_{t\to\infty}\int_1^t x^{\frac{-1}{2}}\,dx$

$\qquad = \lim\limits_{t\to\infty} 2x^{\frac{1}{2}}\Big|_1^t$

$\qquad = \lim\limits_{t\to\infty}\left(2\sqrt{t} - 2\right) = \infty$

$\lim\limits_{t\to\infty}\sqrt{t} = \infty$

重要性質

當 $P > 1$ 時，$\int_1^\infty \dfrac{1}{x^P}\,dx = \dfrac{1}{P-1}$

當 $P \le 1$ 時，$\int_1^\infty \dfrac{1}{x^P}\,dx$ 發散

例題 **3**

利用上面性質，求下列瑕積分：

(1) $\int_1^\infty \dfrac{1}{x^4}\, dx$　(2) $\int_1^\infty \dfrac{1}{x^5}\, dx$　(3) $\int_1^\infty \dfrac{1}{x^{0.2}}\, dx$

解

(1) $\dfrac{1}{x^4}$ ，$P = 4 > 1$　　　$\therefore \int_1^\infty \dfrac{1}{x^P}\, dx = \dfrac{1}{P-1} = \dfrac{1}{3}$

(2) $\dfrac{1}{x^5}$ ，$P = 5 > 1$　　　$\therefore \int_1^\infty \dfrac{1}{x^P}\, dx = \dfrac{1}{P-1} = \dfrac{1}{4}$

(3) $\dfrac{1}{x^{0.2}}$ ，$P = 0.2 < 1$　　$\therefore \int_1^\infty \dfrac{1}{x^{0.2}}\, dx$ ，發散

例題 **4**

計算瑕積分 $\int_{-\infty}^0 e^x dx$ 。

解

強化學習

$\lim\limits_{t \to -\infty} e^t = 0$

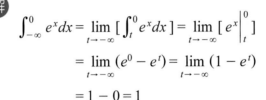

$$\int_{-\infty}^0 e^x dx = \lim_{t \to -\infty}\left[\int_t^0 e^x dx\right] = \lim_{t \to -\infty}\left[e^x \Big|_t^0 \right]$$

$$= \lim_{t \to -\infty}(e^0 - e^t) = \lim_{t \to -\infty}(1 - e^t)$$

$$= 1 - 0 = 1$$

例題 **5**

計算 $\int_{-\infty}^\infty x e^{-x^2} dx$ 。

解

這是積分上、下限兩邊趨近無窮大之例子，依定義，

$$\Rightarrow \int_{-\infty}^\infty x e^{-x^2} dx = \int_0^\infty x e^{-x^2} dx + \int_{-\infty}^0 x e^{-x^2} dx$$

$$= \lim_{t \to \infty}\left[\int_0^t x e^{-x^2} dx\right] + \lim_{s \to -\infty}\left[\int_s^0 x e^{-x^2} dx\right]$$

$$= \frac{-1}{2}\lim_{t \to \infty}\left[e^{-x^2}\Big|_0^t \right] - \frac{1}{2}\lim_{s \to -\infty}\left[e^{-x^2}\Big|_s^0 \right]$$

$$= \frac{-1}{2}\lim_{t \to \infty}\left[\frac{1}{e^{t^2}} - 1 \right] - \frac{1}{2}\lim_{s \to -\infty}\left[1 - \frac{1}{e^{s^2}} \right]$$

$$= \frac{1}{2} - \frac{1}{2} = 0$$

$$\therefore \int_{-\infty}^\infty x e^{-x^2} dx = 0$$

隨堂練習

1.判斷下列瑕積分是收斂或發散。

(1) $\int_1^\infty \dfrac{1}{x^2}\,dx$ 　　　　　　(2) $\int_1^\infty \dfrac{1}{x^{3.2}}\,dx$

(3) $\int_1^\infty \dfrac{1}{x^{0.2}}\,dx$ 　　　　　　(4) $\int_1^\infty \sqrt{x}\,dx$

(5) $\int_1^\infty \sqrt[3]{x}\,dx$ 　　　　　　(6) $\int_1^\infty e^x\,dx$

(7) $\int_1^\infty \dfrac{1}{x+1}\,dx$ 　　　　　　(8) $\int_1^\infty \dfrac{1}{x^2+1}\,dx$

(9) $\int_1^\infty \dfrac{1}{x^3}\,dx$ 　　　　　　(10) $\int_1^\infty \dfrac{1}{(x-3)^2}\,dx$

習題 7-6

1. 求下列題目指定之面積。

(1) 曲線 $y = e^{-x}$ 下，$x \geq 0$ 之面積。

(2) 曲線 $y = e^{-x}$ 下，$x \geq 2$ 之面積。

2. 計算瑕積分。

(1) $\int_1^\infty e^{-x} dx$

(2) $\int_1^\infty \dfrac{\ln x}{x} dx$

(3) $\int_2^\infty \dfrac{2x}{x^2 + 1} dx$

(4) $\int_1^\infty \dfrac{4x}{(2x^2 + 3)^2} dx$

3. 下圖為房地產的投資報酬率，曲線下的面積為投資者收入總金額，假設房地產投資為無限期，且今後 t 年內每年收入為 $2000 \cdot e^{-0.06t}$ 元，求投資者收入總金額。

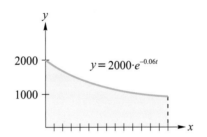

7-7　定積分在商學上之應用

　　商業管理上有很多問題是關於時間上展開的問題。例如：求總收益、能源消耗量、資產折舊、收入流現值和資本終值等。這些問題都可用積分求加總功能。

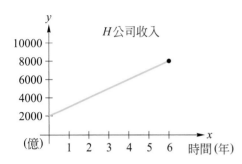

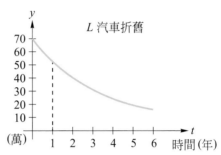

積分在經濟理論之應用

(1) 若邊際成本函數為 $MC(x) = \dfrac{dC(x)}{dx}$，則 $C(x) = \int MC(x)dx$

(2) 若邊際收益函數為 $MR(x) = \dfrac{dR(x)}{dx}$，則 $R(x) = \int MR(x)dx$

(3) 若邊際利潤函數為 $MP(x) = \dfrac{dP(x)}{dx}$，則 $P(x) = \int MP(x)dx$

例題 1

　　A 公司生產 x 個產品的邊際成本為 $30 - 0.02x$，而固定成本為 500 元。求

(1) 總成本函數。

(2) 生產 $x = 10$ 時之總成本。

(3) 生產量由 $x = 10$ 提升到 $x = 15$ 時，所增加之成本？

解

(1) $MC(x) = 30 - 0.02x$，固定成本 $= C(0) = 500$

　　$C(x) = \int MC(x)dx = \int (30 - 0.02x)dx$

　　$\Rightarrow C(x) = 30x - 0.01x^2 + 500$

(2) $x = 10$ 時之總成本為 $C(10) = 300 - 1 + 500 = 799$ 元

(3) 生產量由 $x = 10$ 提升到 $x = 15$ 時，所增加之成本為

$C(15) - C(10) = 947.5 - 799 = 148.5$ 元

 2

T 水庫洩洪之速率在 2p.m.($t = 2$)至 10p.m.($t = 10$)之間為

$36t - 3t^2$ (每小時以百萬噸計)，求此 8 小時內所洩洪水量。

 此 8 小時總計洩洪水量為

$\int_2^{10}(36t - 3t^2)\, dx$

$= 18t^2 - t^3 \Big|_2^{10}$

$= (1800 - 1000) - (72 - 8)$

$= 736$ 百萬噸水

水庫於 8 小時內所洩洪水量
為 736 百萬噸。

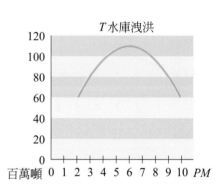

收入流和收入流現值

　　一些特定的資產，例如地產出租、基金或退休年金等，這些資產每一期都會創造出收入流量，定積分可用來計算這些收入流量的總價值，也可計算這些收入流量的現值。

收入流量總值

若 $f(t)$ 為收入流量變化之函數，則在時間[0, T]內，全部收入流量之總值為定積分

$\int_0^T f(t)\, dt$

收入流之現值

若 $f(t)$ 是依年利率 r 連續複利在 T 年內連續現金流量之變化率，則現金流量之現值為

$P = \int_0^T f(t) \cdot e^{-rt} dt$

例題 3

假設某一保險年金，每年生產之收益為 $f(t) = 1000\sqrt{t + 2}$ 共可領七年，求該年金在給付期間所產生之總收益。

解

總收益為

$$\int_0^7 1000\sqrt{t + 2}\, dt = \frac{2}{3}(1000)(t + 2)^{\frac{3}{2}}\Big|_0^7$$

$$= \frac{2}{3}(1000) \cdot 27 - \frac{2}{3}(1000) \cdot 2\sqrt{2}$$

$$= 18000 - \frac{4000\sqrt{2}}{3}\ (\text{元})$$

例題 4

一家公司預估未來五年收入為

$f(t) = 10000t$，$0 \le t \le 5$

假設年利率為 8%，依連續複利計息，求收入流在 5 年期間的現值為何？

解

收入現值為

$$P = \int_0^T f(t) \cdot e^{-rt} dt$$

$$= \int_0^5 10000t \cdot e^{-0.08t} dt$$

利用分部積分法求 $\int_0^5 10000t \cdot e^{-0.08t} dt$

令 $u = 10000t$，$dv = e^{-0.08t} dt$

$\Rightarrow du = 10000 dt$，$v = -12.5 e^{-0.08t}$

$\Rightarrow \int 10000t \cdot e^{-0.08t} dt$

$$= uv - \int v\, du$$

$$= (10000t)(-12.5\, e^{-0.08t}) - \int -12.5 e^{-0.08t} \cdot 10000 dt$$

$$= -125000te^{-0.08t} + 125000 \int e^{-0.08t} dt$$

$$= -125000te^{-0.08t} - 1562500e^{-0.08t}$$

$$得\ P = -125000te^{-0.08t}\Big|_0^5 - 1562500 \cdot e^{-0.08t}\Big|_0^5$$

$$= -41890 - (1047375 - 1562500)$$

$$\approx 96174$$

收入流在 5 年期間之現值為 96174 元。

例題 5

某超市營運擴充，擬展開拓點計畫。公司總部已擬定兩個方案，並計畫以營運後 5 年的淨現值(net present value)為評估採行哪個方案之基準。(年利率 5%計息)

(1) A方案展店需投資 500 萬元，將為未來 5 年帶來每年 200 萬元的淨利。

(2) B方案展店需投資 200 萬元，將為未來 5 年帶來每年 100 萬元之淨利。

解

先算各方案之淨現值

$$(1)\ P = \int_0^5 200 \cdot e^{-0.05t}dt - 500$$

$$= 200(-20) \cdot e^{-0.05t}\Big|_0^5 - 500$$

$$= 4000(1 - e^{-0.25}) - 500$$

$$\approx 884 - 500$$

$$= 384$$

$$(2)\ P = \int_0^5 100 \cdot e^{-0.05t}dt - 200$$

$$= 100(-20) \cdot e^{-0.05t}\Big|_0^5 - 200$$

$$= 2000(1 - e^{-0.25}) - 200$$

$$\approx 442 - 200$$

$$= 242$$

採(1)方案淨現值為 384 萬元

採(2)方案淨現值為 242 萬元

所以應採用 A 方案作為決策。

隨堂練習

1. 有一家公司預期未來 4 年的收入，可表示爲
   $f(t) = 300000 + 500t$，$t \in [0, 4]$。
   (1) 該公司 4 年內之總收入
   (2) 如果年利率 6% 連續複利計息，求此收入之現值？

數 學 知 識 加 油 站

最大質數

　　質數是只能被質數本身和 1 整除的數字。數百年來，質數研究令數學家為之著迷。西元前 350 年，希臘數學家歐基里德證明質數是無限的。此後，很多數學家曾對這種質數進行研究。而後在 17 世紀，法國神父馬丁‧梅森(Marin Mersenne 1588-1648)提出一個可能構成一部分質數的公式：$Mp = 2^p - 1$，這裡的 p 也是個質數，因此後人將 $2^p - 1$ 形式的質數稱為梅森質數。

　　理論上沒有最大質數，但找尋最大梅森質數卻成為可行目標。據《新科學家》雜誌 2003 年 12 月 2 日報導，美國密西根州立大學化工系研究生麥克‧薛佛發現到目前為止最大的一個梅森質數，它可用「2 的 20996011 次方減 1」，共有 6320430 位數，是人類發現的第四十個梅森質數，比上一個梅森質數多了約二百萬位。假如要將這個數寫出來，大概要花上五個星期。

　　質數問題之研究對於資訊安全、網格計算(grid computing)有很大影響。有興趣者，可參考下列網站：

1. http://primes.utm.edu/largest.html
2. GIMPS

練習題：判斷下列數是否為質數？111、1111、13718875170。

習題 7-7

1. 某公司預估未來每年收入流率為 $f(t) = 2000 + 3000t$，求未來 3 年內總收入值？

2. 如果 A 公司未來收益流率為 $f(t) = 1000 \cdot e^{-0.2t}$，求在 $t = 5$ 與 $t = 10$ 之間的總收益值？

3. 某人年存 10000 元到銀行共 20 年，假設年利率 8% 連續複利。求
   (1) 此存款之現值。
   (2) 20 年後，這帳戶之總值。

4. 新婚夫婦買終身壽險，每年保費 30000 元要繳 20 年，問保費現值多少？(假設名目利率為 8% 連續複利)

5. 某產品之邊際成本為 $MC(x) = 10 + 0.4x$ 元/台，且生產 100 件之總成本 4000 元。求
   (1) 總成本函數。
   (2) 固定成本。
   (3) 生產 2000 件之成本。

第8章

多變數函數

數學家故事

尤拉(Leonhard Euler, 1707-1783)

尤拉出生於瑞士貝謝爾(Bascl)。年少時，父親希望他讀神學以傳承其衣缽，然而在著名數學家約翰尼斯·伯努利(Johannes Bernoulli)教導下，尤拉顯露出高度數學才華，於是尤拉的父母親最後被說服讓尤拉專攻數學。

他是有史以來最多產的瑞士數學家。他的不朽著作包括 886 本書和論文的尤拉全集，由瑞士自然科學學會從 1909 年開始出版。我們現在習以為常的數學符號很多都是尤拉所發明介紹的，例如：函數符號 $f(x)$，圓周率 π、自然對數的底 e、求和符號 Σ、$\log x$、$\sin x$、$\cos x$ 以及虛數單位 i 等。尤拉在任何領域中都能發現數學，被譽為數學界的莎士比亞。

尤拉是個能在任何情況下做研究的人。隨著家中人口數的增加，他常左手抱著孩子而右手還一邊算數學。在 1735 年，由於過度緊張地工作，尤拉害了一場病，導致右眼失明。1776 年以後，他的左眼也失明了。許多書和大約 400 多篇論文，更是尤拉在兩眼全瞎的情形下，憑著驚人的記憶力寫出來的。

尤拉更是一位仁慈且寬大的數學家。他曾與歐洲的三百多名學者通信，在信中，常常毫無保留地把自己的發現和推導告訴別人，為別人的成功創造條件。尤拉的數學貢獻多不可勝數，其中尤拉公式 $e^{\pi i}+1=0$ 堪稱最美麗的數學公式。融合了無理數 e、π 和虛數單位 i 還有加法、乘法、次方運算，簡直是上帝傑作。

8-1 多變數函數

在本章之前所探討的微分與積分都限定在單變數函數，其型式為 $y = f(x)$。但在實際生活中，有些量往往與一個以上的變數有關連，例如：經濟學中的柯布－道格拉斯生產函數，稱產品之單位數取決於勞力與資本之間的關係：

$$f(x, y) = c \cdot x^a \cdot y^{1-a}$$

x 代表勞動力，y 代表資本

這是一個兩變數函數。下面是多變數函數之應用例子：

求終值 $f(p, r, t) = p \cdot e^{r \cdot t}$ 三變數函數

求圓柱體體積 $v(r, h) = \pi \cdot r^2 \cdot h$ 二變數函數

股票本益比 $f(p, E) = \dfrac{p}{E}$ 二變數函數

一個函數含二個以上的變數，稱為多變數函數。

單變數函數的圖形是二維空間，兩變數函數的圖形是三維空間。更多變數的函數其圖形無法在平面上具體呈現，所以以下將以二變數函數來介紹偏導數、多變數函數極值之求法和二重積分等內容。

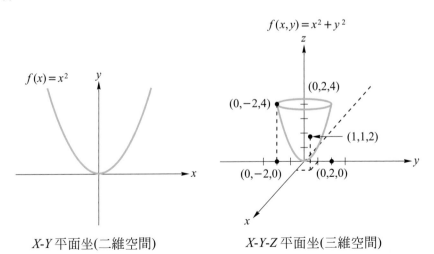

X-Y 平面坐(二維空間) X-Y-Z 平面坐(三維空間)

單變數函數　$y = f(x)$

二變數函數　$z = f(x, y)$

多變數函數　$t = f(x_1, x_2, x_3, \cdots, x_n)$

例題 ❶ ────────────────────────────

求多變數函數值

(1) $f(x, y) = x^2 + y^2$，求 $f(0, 2)$

(2) $f(x, y) = 5 \cdot x^{\frac{1}{2}} \cdot y^{\frac{1}{2}}$，求 $f(4, 9)$

(3) $f(x, y) = 100 \cdot e^{x \cdot y}$，求 $f(0.2, 10)$

(4) $f(x, y) = \dfrac{x + 5y}{\sqrt{x^2 + y^2}}$，求 $f(3, 4)$

解

(1) $f(x, y) = x^2 + y^2$

　　$f(0, 2) = 0^2 + 2^2 = 4$

(2) $f(x, y) = 5 \cdot x^{\frac{1}{2}} \cdot y^{\frac{1}{2}}$

　　$f(4, 9) = 5 \cdot 4^{\frac{1}{2}} \cdot 9^{\frac{1}{2}} = 5 \cdot 2 \cdot 3 = 30$

(3) $f(x, y) = 100 \cdot e^{x \cdot y}$

　　$f(0.2, 10) = 100 \cdot e^{(0.2)10} = 100 e^2$

(4) $f(x, y) = \dfrac{x + 5y}{\sqrt{x^2 + y^2}}$

　　$f(3, 4) = \dfrac{3 + 20}{\sqrt{3^2 + 4^2}} = \dfrac{23}{5}$

等高線圖(contour map)

二變數函數的圖形是呈現在三維空間的立體圖形。等高線圖是立體圖形表面在某一高度的水平切割輪廓。等高線圖即是山的鳥瞰圖。

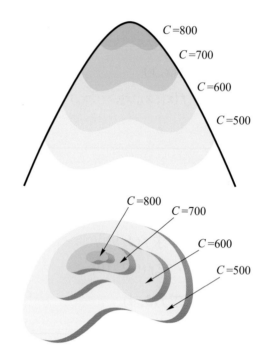

　　三度空間 $z = f(x, y)$ 之圖形，可用一串等高線之二度空間曲線來表示。

　　　　等高線　$f(x, y) = c$　　c 代表 z 之高度

等高曲線可應用於經濟理論中的等量生產曲線、無異曲線，或氣象理論的等溫線圖。

例題 2

　　畫出函數 $f(x, y) = x^2 + y^2$，於 $c = 0, 2, 4, 6, 8$ 之等高線圖

解

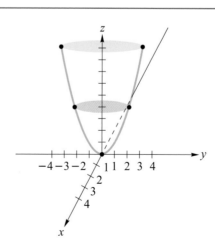

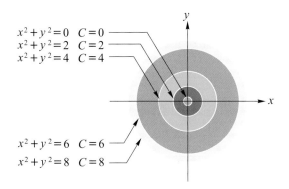

例題 3

股票本益比定義為 $f(p, E) = \dfrac{p}{E}$，其中 p 為股價，E 為每股盈

餘，求下列股票之本益比(以 2017.3.13 公布資料為例)

股票	股票(p)	每股盈餘(E)
鴻海	90	5
台積電	186	7
富邦金	52.3	2
統一超	231.5	8
雄獅	92.9	4.6
長榮航	15.95	0.8

本益比公式：$\dfrac{p}{E}$，試算結果如下：

股票	股票(p)	每股盈餘(E)	本益比
鴻海	90	5	18
台積電	186	7	26.6
富邦金	52.3	2	26.2
統一超	231.5	8	28.9
雄獅	92.9	4.6	20.2
長榮航	15.95	0.8	20

股價本益比越低代表該股票越值得投資,本益比高之股票代表風險較高。除此外股票投資也還要考慮其他因素。

 例題 4 ————————————————

某平板電腦 T-pad 生產函數預估為 $P(K, L) = 100\,K^{0.6}L^{0.4}$,求 $P(160, 300)$

 解

$$
\begin{aligned}
P(160, 300) &= 100 \cdot K^{0.6} \cdot L^{0.4} \\
&= 100 \cdot 160^{0.6} \cdot 300^{0.4} \\
&= 20574.08
\end{aligned}
$$

習題 8-1

1. 求下列各函數的函數值，計算 $f(1, 1)$，$f(-1, 2)$，$f(0, 1)$

    (1) $f(x, y) = x^2 + y^2$

    (2) $f(x, y) = e^{x \cdot y}$

    (3) $f(x, y) = \ln(2x + 3y)$

    (4) $f(x, y) = \sqrt{4 + x^2 + y^2}$

2. 令 $f(x, y, z) = x^2 + y^2 + z^2 + 8$，求 $f(1, 1, 1)$，$f(-2, 1, 0)$

3. 若生產函數為 $f(x, y) = x^{\frac{1}{2}} \cdot y^{\frac{1}{2}}$，設有 16 單位勞力與 25 單位的資本可供利用，
試求其生產量。

4. 若本金 P 元，以連續複利計算，年利率 r，複利計算 t 年，其終值為
$f(p, r, t) = p \cdot e^{r \cdot t}$，求：

    (1) $f(1000, 0.06, 4)$

    (2) 若開始存 3000 元，年利率為 6%，求 7 年後累積金額多少？

5. 開心農場生產有機奇異果，黃色奇異果每顆成本 8 元，綠色奇異果每顆成本 5
元，且每週之固定支出為 500 元，求生產 x 顆黃奇異果、y 顆綠奇異果每週的
成本函數 $c(x, y)$。

8-2 偏導數

對單變數函數 $y = f(x)$ 而言，其導函數 $f'(x)$ 是表示當自變數 x 改變時，函數值 $f(x)$ 之變化率。偏導數是指多變數函數對某個自變數的變化率，求偏導數即是指求多變數函數 f 對於某個自變數的導數時，先把其他自變數視為常數。

現實生活中有很多應用例子，例如經濟學家想知道利率對房市的影響，便會先固定其他變動因子(物價指數)，然後再利用不同利率來計算。

偏導數

令 $z = f(x, y)$ 為二變數函數，則

(1) f 對 x 的偏導數為 $\dfrac{\partial f}{\partial x} = \lim\limits_{\Delta x \to 0} \dfrac{f(x + \Delta x, y) - f(x, y)}{\Delta x}$

(2) f 對 y 的偏導數為

$\dfrac{\partial f}{\partial y} = \lim\limits_{\Delta y \to 0} \dfrac{f(x, y + \Delta y) - f(x, y)}{\Delta y}$

偏導數符號

(1) 令 $z = f(x, y)$，則

$\dfrac{\partial z}{\partial x} = \dfrac{\partial f}{\partial x} = f_x(x, y) = \dfrac{\partial}{\partial x} f(x, y)$

$\dfrac{\partial z}{\partial y} = \dfrac{\partial f}{\partial y} = f_y(x, y) = \dfrac{\partial}{\partial y} f(x, y)$

(2) 「$\dfrac{\partial}{\partial x}$」表示「對 x 偏微分」

(3) 「$\dfrac{\partial}{\partial y}$」表示「對 y 偏微分」

一階偏導數

$\dfrac{\partial z}{\partial x}$，$\dfrac{\partial f}{\partial y}$，$f_x(x, y)$，$f_y(x, y)$，$\cdots$

二階偏導數

$$\frac{\partial}{\partial x}\left(\frac{\partial f}{\partial x}\right) = \frac{\partial^2 f}{\partial x^2} = f_{xx}$$

$$\frac{\partial}{\partial x}\left(\frac{\partial f}{\partial y}\right) = \frac{\partial^2 f}{\partial x \partial y} = f_{yx}$$

$$\frac{\partial}{\partial y}\left(\frac{\partial f}{\partial x}\right) = \frac{\partial^2 f}{\partial y \partial x} = f_{xy}$$

例題 ❶

設 $f(x, y) = x^2 + y^2 + 5x + 8y + 9$。求

(1) $f_x(x, y)$ 　　　　　　　(2) $f_y(x, y)$

解

(1) $f_x(x, y) = \dfrac{\partial f}{\partial x} = \dfrac{\partial}{\partial x}(x^2 + y^2 + 5x + 8y + 9)$

$\quad\quad = 2x + 5$

(2) $f_y(x, y) = \dfrac{\partial f}{\partial y} = \dfrac{\partial}{\partial y}(x^2 + y^2 + 5x + 8y + 9)$

$\quad\quad = 2y + 8$

例題 ❷

函數 $z = x^2 y^2 + 3x - 2y + 8$。求

(1) $\dfrac{\partial z}{\partial x}$ 　　　　　　　(2) $\dfrac{\partial z}{\partial y}$

 解

(1) $\dfrac{\partial z}{\partial x} = \dfrac{\partial}{\partial x}(x^2 y^2 + 3x - 2y + 8)$

$\quad\quad = 2xy^2 + 3$

(2) $\dfrac{\partial z}{\partial y} = \dfrac{\partial}{\partial y}(x^2 y^2 + 3x - 2y + 8)$

$\quad\quad = x^2 \cdot 2y - 2$

$\quad\quad = 2x^2 y - 2$

例題 **3**

求 $f(x, y) = e^x y^2 + 5xy^2 - 3$ 的一階偏導數

解

$$f_x(x, y) = \frac{\partial}{\partial x}(e^x \cdot y^2 + 5xy^2 - 3)$$

$$= e^x \cdot y^2 + 5y^2$$

$$f_y(x, y) = \frac{\partial}{\partial y}(e^x \cdot y^2 + 5xy^2 - 3)$$

$$= e^x \cdot 2y + 5x \cdot 2y$$

$$= 2ye^x + 10xy$$

例題 **4**

設 $f(x, y) = 2xy^2 - 3y + x^2 y^2$，求二階偏導數

(1) $f_{xx}(x, y)$ (2) $f_{xy}(x, y)$

(3) $f_{yy}(x, y)$ (4) $f_{yx}(x, y)$

解

(1) $f_{xx}(x, y)$

    要先求 $f_x(x, y)$

$$f_x(x, y) = \frac{\partial}{\partial x}(2xy^2 - 3y + x^2 y^2)$$

$$= 2y^2 + 2xy^2$$

$$f_{xx}(x, y) = 2y^2$$

(2) $f_{xy}(x, y)$

$$f_x(x, y) = 2y^2 + 2xy^2$$

$$f_{xy}(x, y) = 4y + 2x \cdot 2y = 4y + 4xy$$

(3) $f_{yy}(x, y)$

    要先求 $f_y(x, y) = \frac{\partial}{\partial y}(2xy^2 - 3y + x^2 y^2)$

$$= 2x \cdot 2y - 3 + x^2 \cdot 2y$$

$$= 4xy - 3 + 2x^2 y$$

$$f_{yy}(x, y) = \frac{\partial}{\partial y}(4xy - 3 + 2x^2 y)$$

$$= 4x + 2x^2$$

(4) $f_{yx}(x, y) = \dfrac{\partial}{\partial x}\left(\dfrac{\partial f}{\partial y}\right)$

$\qquad\qquad = \dfrac{\partial}{\partial x}(4xy - 3 + 2x^2 y) = 4y + 4xy$

由上面例子可發現 $f_{xy}(x, y) = f_{yx}(x, y)$

偏導數的幾何意義

偏導數、導函數的幾何意義都是代表曲線上某點之切線斜率。
導函數 $f'(x_0)$ 代表 $y = f(x)$ 圖形在點 (x_0, y_0) 的切線斜率。(如下圖(a))

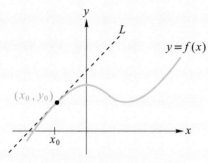

(a)切線 L 之斜率為 $f'(x_0)$

偏導數 $f_x(x_0, y_0)$ 代表曲面 $z = f(x, y)$ 與平面 $y = y_0$ 所相交曲線於點 $(x_0, y_0, f(x_0, y_0))$ 之切線斜率。(如圖(b))偏導數 $f_y(x_0, y_0)$ 代表曲面 $z = f(x, y)$ 與平面 $x = x_0$ 所相交曲線於點 $(x_0, y_0, f(x_0, y_0))$ 之切線斜率。(如圖(c))

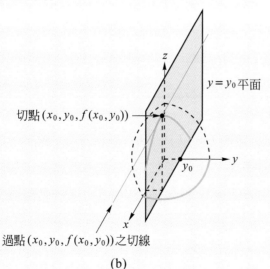

(b)

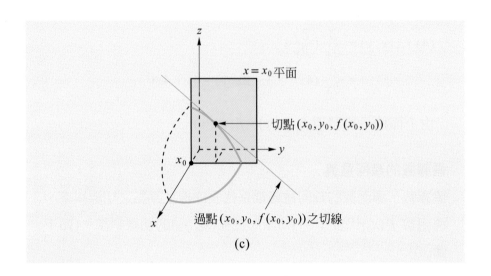

$x = x_0$ 平面

切點 $(x_0, y_0, f(x_0, y_0))$

x_0

過點 $(x_0, y_0, f(x_0, y_0))$ 之切線

(c)

例題 5

求曲面 $f(x, y) = 4x^2 + 9y^2 + 36$ 在點 $(1, 1, 49)$

(1) 沿 x 軸方向的斜率

(2) 沿 y 軸方向的斜率

解

(1) $f(x, y)$ 沿 x 軸方向斜率即是求偏導數 $f_x(x, y)$

$$f_x(x, y) = \frac{\partial}{\partial x}(4x^2 + 9y + 36) = 8x$$

$$\therefore f_x(1, 1) = 8$$

(2) $f(x, y)$ 沿 y 軸方向斜率即是求偏導數 $f_y(x, y)$

$$f_y(x, y) = \frac{\partial}{\partial y}(4x^2 + 9y^2 + 36) = 18y$$

$$\therefore f_y(1, 1) = 18$$

例題 6

設生產函數為 $f(K, L) = 20K^{\frac{1}{3}} \cdot L^{\frac{2}{3}}$ （K：資本，L：勞力）

(1) 若資本 $K = 27$ 及勞動力 $L = 8$，求資本邊際生產力

(2) 若資本 $K = 27$ 及勞動力 $L = 8$，求勞動邊際生產力

解

(1) 資本邊際生產力即是求偏導數 $\dfrac{\partial f}{\partial K}$

$$\frac{\partial f}{\partial K} = \frac{\partial}{\partial K}(20K^{\frac{1}{3}} \cdot L^{\frac{2}{3}}) = 20 \cdot \frac{1}{3} \cdot K^{\frac{-2}{3}} \cdot L^{\frac{2}{3}}$$

$$\Rightarrow f_K(27, 8) = 20 \cdot \frac{1}{3} \cdot 27^{\frac{-2}{3}} \cdot 8^{\frac{2}{3}} = \frac{80}{27}$$

(2) 勞動邊際生產力即是求偏導數 $\dfrac{\partial f}{\partial L}$

$$\frac{\partial f}{\partial L} = \frac{\partial}{\partial L}(20K^{\frac{1}{3}} \cdot L^{\frac{2}{3}}) = 20K^{\frac{1}{3}} \cdot \frac{2}{3} L^{\frac{-1}{3}}$$

$$\Rightarrow f_L(27, 8) = 20 \cdot 27^{\frac{1}{3}} \cdot \frac{2}{3} \cdot 8^{\frac{-1}{3}} = 20$$

例題 **7**

設 $f(x, y) = x^4 + y^4 - 4xy$，求二階偏導數

(1) f_{xx}　　(2) f_{yy}　　(3) f_{xy}　　(4) f_{yx}

解

(1) 先求 f_x，$f_x = \dfrac{\partial}{\partial x}(x^4 + y^4 - 4xy) = 4x^3 - 4y$

$$f_{xx} = 12x^2$$

(2) 先求 f_y，$f_y = \dfrac{\partial}{\partial y}(x^4 + y^4 - 4xy) = 4y^3 - 4x$

$$f_{yy} = 12y^2$$

(3) $f_{xy} = \dfrac{\partial}{\partial y}(4x^3 - 4y) = -4$

(4) $f_{yx} = \dfrac{\partial}{\partial x}(4y^3 - 4x) = -4$

我們觀察到上面例子，$f_{xy} = f_{yx}$

隨堂練習

1. 設 $f(x, y) = 4x + 5y + 4x^2y$，求：

 (1) $\dfrac{\partial f}{\partial x}$　(2) $\dfrac{\partial f}{\partial y}$　(3) $\dfrac{\partial^2 f}{\partial x \partial y}$　(4) $\dfrac{\partial^2 f}{\partial x^2}$

2. 設 $f(x, y) = \ln(x^2 + y^2)$，求：

 (1) $\dfrac{\partial f}{\partial x}$　(2) $\dfrac{\partial f}{\partial y}$

習題 8-2

1. 求下列各函數的一階偏導數 f_x , f_y ：

   (1) $f(x, y) = x^2 + y^2$

   (2) $f(x, y) = 2x + 5y - 3$

   (3) $f(x, y) = x^2 y + y^2$

   (4) $f(x, y) = \dfrac{x}{y}$

   (5) $f(x, y) = e^{x^2 + y^2}$

   (6) $f(x, y) = \ln(x^2 + y^4)$

   (7) $f(x, y) = \dfrac{x \cdot y}{x + y}$

   (8) $f(x, y) = \sqrt{x^2 y + y^3}$

2. 求下列各函數的二階偏導數 f_{xx} , f_{yy} , f_{xy} , f_{yx}

   (1) $f(x, y) = x^2 + y^2 + 4y + 4$

   (2) $f(x, y) = e^{x^2 + y^2}$

   (3) $f(x, y) = x^2 + y^3 - 3y$

   (4) $f(x, y) = xy + 9$

3. 設生產函數為 $f(K, L) = 50 \cdot K^{\frac{2}{3}} \cdot L^{\frac{1}{3}}$，令 $K = 125$，$L = 27$，求

   (1) 勞力邊際生產力

   (2) 資本邊際生產力(K：資本，L：勞力)

4. 阿東把 100 元存入儲蓄帳戶，在年利率 r 且連續複利下，t 年後之終值為

   $P(r, t) = 100e^{rt}$

   (1) 求 $\dfrac{\partial P}{\partial t}(0.2, 5)$

   (2) 求 $\dfrac{\partial P}{\partial t}(0.1, 5)$

5. 設 $P(x, y) = 20x + 40y - x^2 - y^2$，求 $z = P(x, y)$ 在點 $(10, 20, P(10, 20))$ 沿 x 軸方向之斜率

8-3　全微分

單變數函數 $y = f(x)$ 的微分 df (differential)，其定義爲

$$df = f'(x)\, dx$$

可利用微分去求算函數估計值的近似式公式：

$$\Delta f = f(x + \Delta x) - f(x)$$
$$\approx f'(x) \cdot \Delta x$$

對於兩個變數的函數 $z = f(x, y)$，用相同方向定義全微分(total differential)df 如下：

$$df = f_x(x, y)dx + f_y(x, y)\, dy$$

其估算函數值的近似公式

$$\Delta f = f(x + \Delta x, y + \Delta y) - f(x, y)$$
$$\approx f_x(x, y) \cdot \Delta x + f_y(x, y) \cdot \Delta y$$

例題 1

求函數 $f(x, y)$ 的全微分

(1) $f(x, y) = x^2 - xy + y^2$　　　　(2) $f(x, y) = \ln(x^2 + y^2)$

解

(1) 全微分

$$df = f_x(x, y)dx + f_y(x, y)\, dy$$
$$\Rightarrow df = (2x - y)dx + (-x + 2y)\, dy$$

(2) 全微分

$$df = f_x(x, y)dx + f_y(x, y)dy$$
$$= \frac{2x}{x^2 + y^2}\, dx + \frac{2y}{x^2 + y^2}\, dy$$

求 dz

(1) $z = f(x, y) = x^3 + y^3$

(2) $z = f(x, y) = x \cdot e^y + y \cdot e^x$

解

(1) $dz = f_x(x, y)dx + f_y(x, y)dy$

$\quad = 3x^2 dx + 3y^2 dy$

(2) $dz = f_x(x, y)dx + f_y(x, y)dy$

$\quad = (e^y + ye^x)dx + (xe^y + e^x)dy$

 利用全微分估計 $f(x, y)$ 在給定點之函數值

(1) $f(x, y) = x^3 y^2$；給定點$(1.03, 0.98)$

(2) $f(x, y) = \sqrt{x^2 + y^2}$；給定點$(2.88, 4.02)$

(1) 求 $f(1.03, 0.98)$

利用估計之近似公式：

$\Delta f = f(x + \Delta x, y + \Delta y) - f(x, y)$

$\quad \approx f_x(x, y) \cdot \Delta x + f_y(x, y) \cdot \Delta y$

$\Rightarrow f(x + \Delta x, y + \Delta y) \approx f(x, y) + f_x(x, y) \cdot \Delta x + f_y(x, y) \cdot \Delta y$

取 $x = 1$，$y = 1$，$\Delta x = 0.03$，$\Delta y = -0.02$

$\therefore f(1.03, 0.98)$

$\quad \approx f(1, 1) + f_x(1, 1) \cdot (0.03) + f_y(1, 1) \cdot (-0.02)$

$f_x(x, y) = 3x^2 y^2$，$f_y(x, y) = 2x^3 y$

$\Rightarrow f(1.03, 0.98) \approx 1 + 3 \cdot (0.03) + 2 \cdot (-0.02)$

$\qquad\qquad\qquad = 1 + 0.09 - 0.04$

$\qquad\qquad\qquad = 1.05$

(2) 求 $f(2.88, 4.02)$

全微分近似公式

$$f(x + \Delta x, y + \Delta y) \approx f(x, y) + f_x(x, y)\Delta x + f_y(x, y)\Delta y$$

取 $x = 3$，$y = 4$，得 $\Delta x = -0.12$，$\Delta y = 0.02$

$$f(x, y) = \sqrt{x^2 + y^2}$$

$$\Rightarrow f_x(x, y) = \frac{1}{2\sqrt{x^2 + y^2}} \cdot 2x = \frac{x}{\sqrt{x^2 + y^2}}$$

$$f_y(x, y) = \frac{1}{2\sqrt{x^2 + y^2}} \cdot 2y = \frac{y}{\sqrt{x^2 + y^2}}$$

$$\therefore f(2.88, 4.02)$$

$$\approx f(3, 4) + f_x(3, 4) \cdot (-0.12) + f_y(3, 4)(0.02)$$

$$= 5 + \frac{3}{5}(-0.12) + \frac{4}{5}(0.02)$$

$$= 5 - 0.056$$

$$= 4.944$$

例題 **4**

利用全微分近似公式，估算 $\sqrt{(1.98)(8.02)}$ 之值。

解

令 $f(x, y) = \sqrt{x \cdot y} = x^{\frac{1}{2}} \cdot y^{\frac{1}{2}}$

取 $x = 2$，$y = 8$，得 $\Delta x = -0.02$，$\Delta y = 0.02$

$$f_x(x, y) = \frac{1}{2}x^{\frac{-1}{2}} \cdot y^{\frac{1}{2}} = \frac{\sqrt{y}}{2\sqrt{x}}$$

$$f_y(x, y) = \frac{1}{2}x^{\frac{1}{2}} \cdot y^{\frac{-1}{2}} = \frac{\sqrt{x}}{2\sqrt{y}}$$

全微分近似公式

$$f(x + \Delta x, y + \Delta y)$$

$$\approx f(x, y) + f_x(x, y)\Delta x + f_y(x, y)\Delta y$$

$$\therefore f(1.98, 8.02)$$

$$\approx f(2, 8) + f_x(2, 8)(-0.02) + f_y(2, 8)(0.02)$$

$$= 4 + 1 \cdot (-0.02) + \frac{1}{4}(0.02) = 3.985$$

$$\Rightarrow \sqrt{(1.98)(8.02)} \approx 3.985$$

例題 **5**

某成衣公司每月生產 x 件羽絨衣和 y 件夾克，其利潤函數為 $P(x, y) = 3x^2 - 3xy + y^2$。若該公司目前月產量為 200 件羽絨衣和 350 件夾克，求該公司多生產 5 件羽絨衣和 5 件夾克時，所增加的利潤。

解

所增加的利潤 dP

利用全微分近似公式

$\Delta P \approx dP$

$\Delta P = P(x + \Delta x, y + \Delta y) - P(x, y)$

$dP = P_x(x, y) \cdot \Delta x + P_y(x, y) \cdot \Delta y$

$\Rightarrow P(x + \Delta x, y + \Delta y) - P(x, y)$

$\quad \approx P_x(x, y) \Delta x + P_y(x, y) \Delta y$

$P_x(x, y) = 6x - 3y$，$P_y(x, y) = -3x + 2y$

$P(205, 355) - P(200, 350)$

$\approx P_x(200, 350) \cdot 5 + P_y(200, 350) \cdot 5$

$= 150 \cdot 5 + 100 \cdot 5$

$= 1250$

因此額外多生產 5 件羽絨衣和 5 件夾克時，所增加的利潤約為 1250 元

隨堂練習

1. 利用全微分，求近似值

   $\sqrt{(2.92)^2 + (3.99)^2}$

2. 求全微分 df

   $f(x, y) = 5x^2 + e^{xy} + y^2$

習題 8-3

1. 求全微分 dz

   (1) $z = \ln(x^4 + y^4)$

   (2) $z = e^{x^2 + y^2}$

   (3) $z = x^3 + 3x^2y + y^2$

   (4) $z = 5x + 8y + 9$

2. 利用全微分近似公式求近似值：

   (1) $\sqrt{28} \cdot \sqrt[3]{1001}$

   (2) $\sqrt{8} \cdot \sqrt[4]{85}$

3. 某汽車商因為電視廣告和報紙廣告所得之收益函數：

   $R(x, y) = x^2 - 22x + y^2 - 18y + 500$

   x 為電視廣告支出(千元)，y 為報紙廣告支出(千元)

   求當電視廣告支出由 1800 元增至 2000 元，報紙廣告支出由 1400 元增至 1500 元時，所增加的收益。

4. 鴻全電腦公司生產 7 吋平板電腦 x 台和 9 吋平板電腦 y 台，成本函數為

   $C(x, y) = 5000 + 30x + 60y - 0.1x^2 - 0.3y^2$ 萬元，若 7 吋平板電腦生產由 80 台增加至 81 台，9 吋平板電腦由 93 台增加至 94 台，求所增加的近似成本。

5. 令 $f(x, y) = x^5 + x^2y^3 - y^2$，試估算在點$(1.01, 1.98)$之函數值。

8-4 多變數函數的極值

　　多變數函數 $z = f(x, y)$ 的圖形為三度空間的立體圖形，它就好像一座高山或立體模型，因此會產生相對高點或相對低點。相對高點(相對極大點)有如山峰之峰頂；相對低點(相對極小點)有如山峰之谷底。在一座山峰的峰頂上，我們可以把一枝旗桿水平地放在 x 軸方向，也可以水平地放在 y 軸方向，這表示在山頂上，它在 x 軸方向的斜率是 0，它在 y 軸方向的斜率也是 0。

　　偏導數 f_x 與 f_y 分別表示 x 與 y 方向的斜率，我們稱偏導數都為 0 的點為臨界點(critical point)。相對極大值或相對極小值均發生在臨界點上。反之，臨界點不一定都是相對極大值或相對極小值的點，也可能是鞍點。

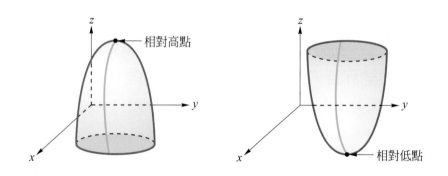

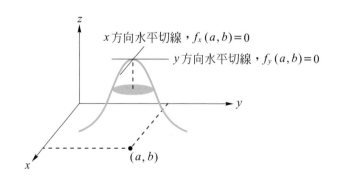

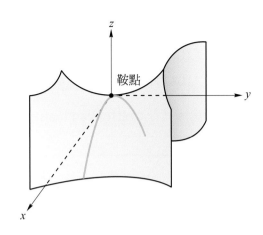

$z = y^2 - x^2$ 之圖形是一個馬鞍面。

$z = y^2 - x^2$ 是一個鞍點的例子，點$(0, 0, 0)$在x軸方向往下彎曲(有相對極大點)，在 y 軸方向往上彎曲(有相對極小點)，所以稱此點為鞍點。

臨界點

若$f_x(a, b) = 0$且$f_y(a, b) = 0$，則稱點$(a, b, f(a, b))$為函數$f(x, y)$之臨界點。

要判定臨界點為相對極大點、相對極小點或鞍點，可用二階偏導數判定法如下：

二階偏導數判定法

$z = f(x, y)$，若$f_x(a, b) = 0$且$f_y(a, b) = 0$

令$D = f_{xx}(a, b) \cdot f_{yy}(a, b) - [f_{xy}(a, b)]^2$

(1) 若$D > 0$且$f_{xx}(a, b) > 0$，則$f(a, b)$為函數$f(x, y)$的相對極小值。

(2) 若$D > 0$且$f_{xx}(a, b) < 0$，則$f(a, b)$為函數$f(x, y)$的相對極大值。

(3) 若$D < 0$，則點$(a, b, f(a, b))$為$z = f(x, y)$之鞍點。

(4) 若$D = 0$則此判斷法不能判斷。

$$D = f_{xx}(a, b) \cdot f_{yy}(a, b) - [f_{xy}(a, b)]^2$$

$$= \begin{vmatrix} f_{xx}(a,b) & f_{xy}(a,b) \\ f_{xy}(a,b) & f_{yy}(a,b) \end{vmatrix}$$

D 寫成矩陣型式，又稱為漢氏矩陣(Hessian matrix)

 例題 1 ————————————————

求下列函數臨界點。

(1) $f(x) = x^3 - 3x^2$

(2) $f(x, y) = x^2 + y^2 + 6x + 2y$

(3) $f(x, y) = x^3 + y^3 - 3x - 27y + 4$

(4) $f(x, y) = y^2 - x^2$

 解

(1) 求 $f(x) = x^3 - 3x^2$ 之臨界點，

$f(x)$ 是一個單變數函數，其臨界點：$f'(x) = 0$

$f'(x) = 3x^2 - 6x = 3x(x - 2)$

$f'(x) = 0 \Rightarrow x = 0, 2$

得 $x = 0, 2$ 為 $f(x)$ 之臨界數

$\Rightarrow (0, 0)$，$(2, -4)$ 為 $f(x)$ 之臨界點

(2) 二變數函數之臨界點，即求偏導數 $f_x(x, y) = 0$

且 $f_y(x, y) = 0$ 之點。

$f_x(x, y) = 2x + 6$，$f_y(x, y) = 2y + 2$

再解 $\begin{cases} 2x + 6 = 0 \\ 2y + 2 = 0 \end{cases}$

$\Rightarrow x = -3$，$y = -1$

得 $(-3, -1, f(-3, -1)) = (-3, -1, -10)$ 為 $f(x, y)$ 之臨界點。

(3) 先求偏導數 $f_x(x, y) = 3x^2 - 3$，$f_y(x, y) = 3y^2 - 27$

再解 $\begin{cases} 3x^2 - 3 = 0 \\ 3y^2 - 27 = 0 \end{cases} \Rightarrow \begin{array}{l} x = 1, -1 \\ y = 3, -3 \end{array}$

得臨界數為 $(1, 3)$，$(1, -3)$，$(-1, 3)$，$(-1, -3)$

⇒臨界點為

$(1, 3, -52)$，$(1, -3, 56)$，$(-1, 3, -48)$，$(-1, -3, 60)$

(4) 求 $f(x, y) = y^2 - x^2$ 之臨界點

要先求 $f_x(x, y)$，$f_y(x, y)$

$f_x(x, y) = -2x = 0$，$f_y(x, y) = 2y = 0$

⇒ $x = 0$，$y = 0$

得 $(0, 0, f(0, 0)) = (0, 0, 0)$ 為 $f(x, y)$ 之臨界點。

 例題 2

求 $f(x, y) = x^3 + y^3 - 3x^2 - 3y^2 - 9x + 4$ 之相對極大點、相對極小點和鞍點。

解

利用二階偏導數判定法，判斷其臨界點為相對極大點、相對極小點或鞍點。

(1) 先求臨界點：

$f_x(x, y) = 3x^2 - 6x - 9 = 3(x^2 - 2x - 3) = 3(x + 1)(x - 3)$

$f_y(x, y) = 3y^2 - 6y = 3y(y - 2)$

$f_x(x, y) = 0 \Rightarrow x = -1, 3$

$f_y(x, y) = 0 \Rightarrow y = 0, 2$

∴臨界點：$(-1, 0, f(-1, 0))$，$(-1, 2, f(-1, 2))$，

$(3, 0, f(3, 0))$，$(3, 2, f(3, 2))$

得臨界點為 $(-1, 0, 9)$，$(-1, 2, 5)$，$(3, 0, -23)$，$(3, 2, -27)$

(2) 算判別式 $D = f_{xx}(x, y) \cdot f_{yy}(x, y) - [f_{xy}(x, y)]^2$

$f_{xx}(x, y) = 6x - 6$，$f_{yy} = 6y - 6$，$f_{xy}(x, y) = 0$

∴ $D = (6x - 6)(6y - 6) - 0^2 = 36(x - 1)(y - 1)$

(3) 臨界點 $(-1, 0, 9)$ 代入判別式 D

$D = 36(-2) \cdot (-1) = 72 > 0$

$f_{xx}(-1, 0) = 6 \cdot (-1) - 6 = -12 < 0$

因為 $D > 0$ 且 $f_{xx}(x, y) < 0$，

所以相對極大值為 $f(-1, 0) = 9$

臨界點 $(-1, 2, 5)$ 代入判別式 D

$D = 36(-2) \cdot (1) < 0$

因為 $D < 0$，又 $f(-1, 2) = 5$，故 $(-1, 2, 5)$ 為鞍點

臨界點 $(3, 0, -23)$ 代入判別式 D

$D = 36 \cdot 2 \cdot (-1) < 0$

因為 $D < 0$，又 $f(3, 0) = -23$，

故 $(3, 0, -23)$ 為 $f(x, y)$ 之鞍點

臨界點 $(3, 2, -27)$ 代入判別式 D

$D = 36 \cdot 2 \cdot 1 > 0$

$f_{xx}(3, 2) = 6 \cdot 3 - 6 = 12 > 0$

因為 $D > 0$，且 $f_{xx}(3, 2) > 0$

所以相對極小值為 $f(3, 2) = -27$，

$\Rightarrow f(x, y)$ 之相對極大點：$(-1, 0, 9)$

相對極小點：$(3, 2, -27)$

鞍點：$(-1, 2, 5)$，$(3, 0, -23)$

例題 3

求函數 $f(x, y) = x^2 + y^2 - xy - 6y$ 之相對極值。

解

(1) 先求 f_x，f_y，f_{xx}，f_{yy}，f_{xy}

$f_x = 2x - y$

$f_y = 2y - x - 6$

$f_{xx} = 2$

$f_{yy} = 2$

$f_{xy} = -1$

(2) 求臨界點和判別式 D

解 $\begin{cases} 2x - y = 0 \\ 2y - x - 6 = 0 \end{cases}$，得 $x = 2$，$y = 4$

$f(2, 4) = -12$

∴臨界點為$(2, 4, -12)$

$D = 2 \cdot 2 - (-1)^2 = 3 > 0$

$f_{xx} = 2 > 0$

因為$D > 0$，且$f_{xx} > 0$，所以相對極小值為$f(2, 4) = -12$，相對極小點為$(2, 4, -12)$。

例題 ④ ────────────────

阿坤 3C 賣場作市調研究發現，其投入廣告，公司所獲得的利潤函數為

$P(x, y) = -2x^2 - xy - y^2 + 8x + 9y + 10$

其中投入報紙廣告 x 萬元，投入電視廣告 y 萬元，為求得公司最大利潤，公司應在各種廣告花費多少錢？

解

求利潤函數之最大值

先求臨界點，再求判別式 D 判斷

$\begin{array}{l} P_x = -4x - y + 8 \\ P_y = -x - 2y + 9 \end{array} \Rightarrow \begin{cases} 4x + y = 8 \\ x + 2y = 9 \end{cases} \Rightarrow x = 1，y = 4$

⇒臨界點：$(1, 4, P(1, 4))$

$P_{xx} = -4$

$P_{yy} = -2$

$P_{xy} = -1$

$\begin{aligned} \Rightarrow D &= P_{xx} \cdot P_{yy} - [P_{xy}]^2 \\ &= (-4)(-2) - (-1)^2 \\ &= 7 > 0 \end{aligned}$

∵$D > 0$ 且 $P_{xx} < 0$

∴$P(x, y)$在點$(1, 4)$有相對極大值 $P(1, 4)$

　$P(1, 4) = -2 - 4 - 16 + 8 + 36 + 10 = 32$

公司應投入報紙廣告 1 萬元，電視廣告 4 萬元，會得到最大利潤 32 萬元

例題 **5**

某電腦公司生產 MP3 和 MP4，MP3 每台售價 100 元(美金)，MP4 每台售價 300 元，公司生產 x 台 MP3 及 y 台 MP4 的成本是

$$C(x, y) = 2000 + 50x + 80y + x^2 + 2y^2$$

求使公司獲利最大的 x 值與 y 值。

強化學習

$P(x, y)$
$= R(x, y) - C(x, y)$

解

因為利潤＝收入－成本，

售出 x 台 MP3，y 台 MP4 的收益是

$$R(x, y) = 100 \cdot x + 300 \cdot y$$

而成本函數是 $C(x, y) = 2000 + 50x + 80y + x^2 + 2y^2$

所以利潤函數是

$$\begin{aligned} P(x, y) &= 100x + 300y - 2000 - 50x - 80y - x^2 - 2y^2 \\ &= 50x + 220y - x^2 - 2y^2 - 2000 \end{aligned}$$

先求臨界點和判別式 D，再去求最大利潤。

$P_x = 50 - 2x$，$P_{xx} = -2$，$P_y = 220 - 4y$，$P_{yy} = -4$，$P_{xy} = 0$

解 $\begin{cases} 50 - 2x = 0 \\ 220 - 4y = 0 \end{cases}$，

得 $x = 25$，$y = 55$ $\Rightarrow$ $(25, 55, P(25, 55))$ 為臨界點

判別式 $D = (-2)(-4) - 0^2 = 8 > 0$

$\qquad P_{xx} = -2 < 0$

所以 $P(x, y)$ 在 $(25, 55)$ 有相對極大值

$P(25, 55) = 50(25) + 220(55) - 25^2 - 2 \cdot 55^2 - 2000 = 4675$

即生產 25 台 MP3，55 台 MP4 可得最大利潤 4675 元

隨堂練習

1. 求 $f(x, y) = x^2 + y^2 - 2x + 4y + 1$ 之相對極值或鞍點。

習題 8-4

1. 求下列各函數之臨界點。

   (1) $f(x, y) = x^2 + 2y^2 + 16x - 8y + 8$

   (2) $f(x, y) = x^2 + y^2 + 8x - 6y + 10$

   (3) $f(x, y) = x^3 + y^3 - 3x - 3y$

   (4) $f(x, y) = x^2 + y^2 - xy - 8x + 3y + 2$

2. 求下列各函數之相對極值或鞍點。

   (1) $f(x, y) = 2x + 4y - x^2 - y^2 - 1$

   (2) $f(x, y) = xy$

   (3) $f(x, y) = x^4 + y^4 - 4xy$

   (4) $f(x, y) = (x - 1)^2 + (y - 2)^2$

3. 從下面所給資訊，判斷 $f(x, y)$ 在臨界點 (x_0, y_0) 是否存在相對極大值、相對極小值或鞍點。

   (1) $f_{xx}(x_0, y_0) = -2$，$f_{yy}(x_0, y_0) = -2$，$f_{xy}(x_0, y_0) = 0$

   (2) $f_{xx}(x_0, y_0) = 2$，$f_{yy}(x_0, y_0) = -2$，$f_{xy}(x_0, y_0) = 0$

   (3) $f_{xx}(x_0, y_0) = 2$，$f_{yy}(x_0, y_0) = 2$，$f_{xy}(x_0, y_0) = 0$

4. 某公司之利潤函數：

   $P(x, y) = -3x^2 + 3xy - y^2 + 12x - 5y + 17$

   x 為研發費用，y 為廣告費用

   求 x，y 各需多少方可使利潤達最大。

5. 開心農場生產黑麥汁、桑椹汁兩種產品，生產 x 瓶黑麥汁及 y 瓶桑椹汁的成本是 $C(x, y) = 100 + 40x + 2x^2 + 60y + \dfrac{5}{2}y^2 + 2xy$

   若黑麥汁每瓶售價 100 元及桑椹汁每瓶售價 160 元，試問如何生產才有最大利潤？

8-5 受限制條件下的極值

上節介紹了多變數函數求極值的方法，即利用二階偏導數之判別式去判斷相對極值或鞍點。此方法是在變數 x, y 沒有受到限制下適用的。但在實際應用上，自變數 x, y 常受到限制。例如，某公司生產 A 產品 x 件，B 產品 y 件，如何生產以獲得最大利潤 $P(x, y)$？但是公司可能受限於人力、機器設備，其產量最多只能生產 100 件。在此限制下，如何求最大利潤？這就是本節要介紹的「受限制條件下之極值」問題。

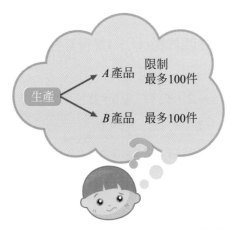

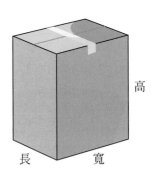

長 + 寬 + 高 ≤ 100

欲求取如何生產 A、B 產品之最大利潤？但受限於生產 A、B 產品之最大產能只能生產 100 件。

欲製作一個宅急便用途之長方體箱子，使其容納體積最大。但受限於材料其長、寬、高之和不能超過 100 公分。

我們將介紹解決此問題之方法，引入「Lagrange 乘數」，此解法是法國數學家拉格朗日(L. Lagrange, 1736～1813)所發現。

Lagrange 乘數法

若 $f(x, y)$ 在 $g(x, y) = 0$ 限制條件下，有極大值或極小值，且令函數 $F(x, y, \lambda) = f(x, y) - \lambda g(x, y)$，則極大值或極小值必定出現在 F 的一個臨界點上。

關於 Lagrange 方法：

1. 變數 λ 又稱為 Lagrange 乘數(Lagrange multiplier)。

2. Lagrange 方法只有求得「$f(x, y)$ 在限制條件 $g(x, y) = 0$ 下」的臨界點。

3. 至於極大值或極小值之判定，可由幾何意義或函數值的大小判斷。

4. $F(x, y, \lambda) = f(x, y) - \lambda g(x, y)$ 之臨界點即滿足：

$$\begin{cases} F_x = 0 \\ F_y = 0 \\ F_\lambda = 0 \end{cases} \Rightarrow \begin{cases} f_x - \lambda g_x = 0 \\ f_y - \lambda g_y = 0 \\ g(x, y) = 0 \end{cases} \Rightarrow \begin{cases} f_x = \lambda g_x \\ f_y = \lambda g_y \\ g(x, y) = 0 \end{cases}$$

 例題 ①

求函數 $f(x, y) = x \cdot y$ 在 $x + y = 10$ 之限制條件下之極大值。

解

令 $F(x, y, \lambda) = f(x, y) - \lambda g(x, y)$

其中 $g(x, y) = x + y - 10$

求 $F(x, y, \lambda)$ 之臨界點：

$F_x = f_x - \lambda g_x = 0 \Rightarrow y = \lambda$

$F_y = f_y - \lambda g_y = 0 \Rightarrow x = \lambda$

$F_\lambda = g(x, y) = x + y - 10 = 0 \Rightarrow \lambda = 5$，$x = 5$，$y = 5$

得臨界點：$(5, 5) \Rightarrow f(5, 5) = 25$ 為極大值

 例題 ②

求函數 $f(x, y, z) = x \cdot y \cdot z$ 在 $x + y + z = 10$ 限制條件下極大值。

 解

令 $F(x, y, z, \lambda) = f(x, y, z) - \lambda g(x, y, z)$

$\qquad\qquad\quad = xyz - \lambda(x + y + z - 10)$

其中限制式 $g(x, y, z) = x + y + z - 10$

求 $F(x, y, z, \lambda)$ 之臨界點：

$F_x = yz - \lambda = 0 \Rightarrow \lambda = yz$

$$F_y = xz - \lambda = 0 \Rightarrow \lambda = xz$$

$$F_z = xy - \lambda = 0 \Rightarrow \lambda = xy$$

$$F_\lambda = x + y + z - 10 = 0$$

得 $x = y = z$，$3x = 10$，$x = \dfrac{10}{3}$

臨界點：$(\dfrac{10}{3}, \dfrac{10}{3}, \dfrac{10}{3})$

故 $F(x, y, z)$ 之極大值為

$$F(x, y, z) = x \cdot y \cdot z$$
$$= (\dfrac{10}{3})(\dfrac{10}{3})(\dfrac{10}{3})$$
$$= \dfrac{1000}{27}$$

例題 **3**

求函數 $f(x, y) = x \cdot y$，在 $x^2 + y^2 = 8$ 限制條件下之極大值和極小值。

解

令 $F(x, y, \lambda) = f(x, y) - \lambda g(x, y)$
$$= xy - \lambda(x^2 + y^2 - 8)$$

其中限制式 $g(x, y) = x^2 + y^2 - 8$

求 $F(x, y, z)$ 之臨界點：

$$F_x = y - 2x\lambda = 0 \Rightarrow \lambda = \dfrac{y}{2x}$$

$$F_y = x - 2y\lambda = 0 \Rightarrow \lambda = \dfrac{x}{2y}$$

$$F_\lambda = x^2 + y^2 - 8 = 0$$

$$\Rightarrow \lambda = \dfrac{y}{2x} = \dfrac{x}{2y} \Rightarrow x^2 = y^2 \Rightarrow x = y，x = -y$$

$$\Rightarrow x = 2, -2，y = 2, -2$$

得臨界點：$(2, 2)$，$(2, -2)$，$(-2, -2)$，$(-2, 2)$

故極大值為：$f(2, 2) = f(-2, -2) = 4$

　極小值為：$f(-2, 2) = f(2, -2) = -4$

例題 **4**

某觸控面板製造商生產 8 吋和 6 吋觸控面板，每週生產 8 吋面板 x 片，6 吋面板 y 片之利潤是

$P(x, y) = 100x + 200y - 2x^2 - 4y^2$

其中生產 1 片 8 吋面板需要 10 單位的矽晶圓之材料，而生產 1 片 6 吋面板需要 20 單位的矽晶圓，若每週只有 600 單位的矽晶圓可用，問如何生產才有最大利潤？

解

這一題是求限制條件下，最大利潤問題，即求

　Max　　　　$P(x, y)$

限制式　　$10x + 20y = 600$

利用 Lagrange 乘數方法：

令 $F(x, y, \lambda) = P(x, y) - \lambda g(x, y)$

$\qquad\qquad = (100x + 200y - 2x^2 - 4y^2) - \lambda(10x + 20y - 600)$

先求臨界點：

$F_x = 100 - 4x - 10\lambda = 0 \Rightarrow 100 - 4x = 10\lambda$

$F_y = 200 - 8y - 20\lambda = 0 \Rightarrow 200 - 8y = 20\lambda$

$F_\lambda = 10x + 20y - 600 = 0$

得 $x = y$，$x = 20$，$y = 20$，臨界點：$(20, 20)$

∴最大利潤：

$\quad P(20, 20) = 100 \cdot 20 + 200 \cdot 20 - 2 \cdot 20^2 - 4 \cdot 20^2 = 3600$

故生產 20 片 8 吋面板，20 片 6 吋面板，得最大利潤 3600

例題 **5**

利用 Lagrange 乘數法，求原點到直線 $L : 3x + 4y = 7$ 之距離。

解

令點 $P(x_1, y_1)$ 為直線 L 上之任一點，原點到 P 之距離為 d

$(3x_1 + 4y_1 = 7$，$d = \sqrt{(x_1 - 0)^2 + (y_1 - 0)^2}$，$d^2 = x_1^2 + y_1^2)$

題目即是求在限制式 $3x_1 + 4y_1 = 7$ 下，d^2 之最小值

設 $F(x, y, \lambda) = f(x, y) - \lambda g(x, y)$
$$= x^2 + y^2 - \lambda(3x + 4y - 7)$$

$F_x = 2x - 3\lambda = 0 \Rightarrow x = \dfrac{3}{2}\lambda$

$F_y = 2y - 4\lambda = 0 \Rightarrow y = 2\lambda$

$F_\lambda = 3x + 4y - 7 = 0$

把 $x = \dfrac{3}{2}\lambda$，$y = 2\lambda$ 代入 $3x + 4y - 7 = 0$，

得 $\lambda = \dfrac{14}{25}$，$x = \dfrac{21}{25}$，$y = \dfrac{28}{25}$

$\Rightarrow$ 臨界點：$(\dfrac{21}{25}, \dfrac{28}{25})$

$f(\dfrac{21}{25}, \dfrac{28}{25}) = \dfrac{49}{25}$ 為最小值

$\therefore$ 原點到直線 $L : 3x + 4y = 7$ 之距離 $d = \sqrt{\dfrac{49}{25}} = \dfrac{7}{5}$

隨堂練習

1. 求 $f(x, y) = x^2 + y^2$ 在限制式 $x + y - 4 = 0$ 下之極小值。

2. 求原點至直線 $4x - 3y = 5$ 之距離。

習題 8-5

1. 求下列各函數 $f(x, y)$ 在限制條件 $g(x, y) = 0$ 下之極值：

   (1) $f(x, y) = x \cdot y$，限制式：$x + y = 100$，求極大值

   (2) $f(x, y) = x^2 + y^2$，限制式：$x + y = 4$，求極小值

   (3) $f(x, y) = x^2 - 8x + y^2 + 4y - 6$，限制式：$2x + y - 5 = 0$，求極值

   (4) $f(x, y, z) = 2x + 3y + 4z$，限制式：$xyz = 9$，求極值

2. 求函數 $f(x, y, z, w) = 2x^2 + y^2 + z^2 + 2w^2$ 在限制條件 $2x + 2y + z + w = 2$ 下之極小值。

3. 求三正數 x，y，z 其和為 120 時，最大乘積。

4. 鼎大豐製造商接到 2000 顆小籠包訂單，並且可以在兩個分店生產，設 x_1 和 x_2 分別為兩個分店生產的量，成本函數可表示為

   $$C(x_1, x_2) = 0.25x_1^2 + 10x_1 + 0.15x_2^2 + 12x_2$$

   試求各分店要如何生產，才能產生最小成本。

5. 求下列最佳化問題：

   (1) Min $f(x, y, z) = x^2 + y^2 + z^2$，限制式：$x + y + z = 25$

   (2) Max $f(x, y) = 5\sqrt{x \cdot y}$，限制式：$1200x + y = 6000$

6. 求點 P 到直線 L 之距離：

   (1) $P(2, 5)$，$L：2x + 3y = 7$

   (2) $P(3, 4)$，$L：6x + 8y = 10$

7. 求點 P 到平面 C 之距離

   $P(1, 2, 3)$，$C：3x + 4y + 2z = 10$

8-6 重積分

單變數函數 $y = f(x)$ 有導數 $f'(x)$ 及定積分 $\int_a^b f(x)dx$ 觀念，多變數函數 $z = f(x, y)$ 也有對應的偏導數 f_x，f_y 及重積分 $\int_a^b \int_c^d f(x, y)dxdy$ 等觀念。圖(a)～(c)顯示定積分、二重積分之觀念。

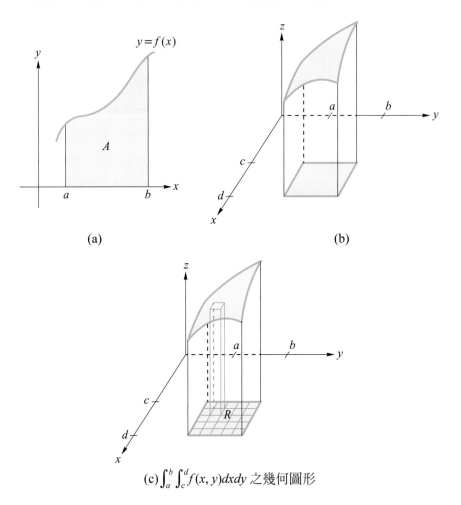

(a)

(b)

(c) $\int_a^b \int_c^d f(x, y)dxdy$ 之幾何圖形

$$\int_a^b f(x)\,dx = \lim_{n \to \infty} \sum_{i=1}^n f(x_i) \cdot \Delta x$$

其中 $\Delta x = \dfrac{b - a}{n}$，$\{x_1, x_2, \cdots, x_n\}$ 為 $[a, b]$ 之一分割

　　將區域 R 用平行 x 軸、y 軸的直線分割成許多小矩形區域 $R_1, R_2, R_2, \cdots, R_n$；令 ΔA_K 表子區域 R_K 之面積，從子區域 R_K 內，任選一點 (x'_K, y'_K)，求黎曼和 $\sum\limits_{k=1}^{n} f(x'_K, y'_K) \cdot \Delta A_k$ 若取 $\|p\| = \max\{\Delta x, \Delta y\}$，則當 $\|p\| \to 0$ 時，$n \to \infty$，定義黎曼和的極限值為 $f(x, y)$ 在積分區域 R 上之二重積分，以符號 $\iint\limits_{R} f(x, y) dA$ 表示。即

$$\iint\limits_{R} f(x, y) dA = \lim_{\|p\| \to 0} \sum_{k=1}^{n} f(x'_K, y'_K) \cdot \Delta A_k$$

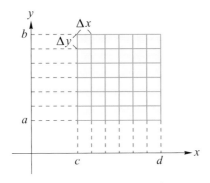

　　二重積分 $\iint\limits_{R} f(x, y)\, dA$ 表示曲面 $z = f(x, y)$ 之下，區域 R 之上的體積。若 $f(x, y) = 1$ 時，$\iint\limits_{R} dA$ 代表區域 R 之面積。

　　二重積分如果依定義來計算是很複雜的工作，二重積分可視為兩個「單獨」的積分依序來計算，即所謂「逐次積分」(iterated integral)。在這種運算中，先對某一個變數積分，但視其他變數為常數，然後再對第二個變數積分，這種積分過程稱為「逐次積分」。

例題 1 ────────────────────────────

求下列二重積分。

(1) $\int_0^4 \int_0^3 5\, dx\, dy$

(2) $\int_1^3 \int_0^2 x + 3y\, dx\, dy$

(3) $\int_0^2 \int_1^4 xy\, dx\, dy$

(4) $\int_1^2 \int_0^3 x^2 + y^2\, dy\, dx$

解 用逐次積分觀念去求下列二重積分

(1) 求 $\int_0^4 \int_0^3 5 \, dxdy$

先用括號將二重積分之積分次序顯示

$$\int_0^4 \int_0^3 5dxdy = \int_0^4 \left[\int_0^3 5dx \right] dy$$
$$= \int_0^4 \left[5x \Big|_0^3 \right] dy$$
$$= \int_0^4 15dy$$
$$= 15y \Big|_0^4 = 60$$

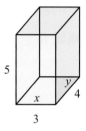

(2) 求 $\int_1^3 \int_0^2 (x + 3y)dxdy$

$$\int_1^3 \int_0^2 x + 3ydxdy = \int_1^3 \left[\int_0^2 (x + 3y) \, dx \right] dy$$

先求內部積分

$$\int_0^2 x + 3ydx = \frac{x^2}{2} + 3y \cdot x \Big|_0^2$$
$$= (2 + 6y) - (\frac{0^2}{2} + 3y \cdot 0)$$
$$= 2 + 6y$$

$$\Rightarrow \int_1^3 \int_0^2 (x + 3y) \, dxdy = \int_1^3 2 + 6ydy$$
$$= 2y + 6 \cdot \frac{y^2}{2} \Big|_1^3$$
$$= 2y + 3y^2 \Big|_1^3$$
$$= (6 + 27) - (2 + 3) = 28$$

(3) 求 $\int_0^2 \int_1^4 xydxdy$

$$\int_0^2 \int_1^4 xydxdy = \int_0^2 \left[\int_1^4 xydx \right] dy$$

先求 $\int_1^4 xydx = \frac{x^2}{2} \cdot y \Big|_1^4$
$$= 8y - \frac{1}{2}y = \frac{15}{2}y$$

$$\Rightarrow \int_0^2 \int_1^4 xydxdy = \int_0^2 \frac{15}{2}ydy$$
$$= \frac{15}{2} \cdot \frac{y^2}{2} \Big|_0^2$$
$$= \frac{15}{4}(4 - 0) = 15$$

(4) $\int_1^2 \int_0^3 x^2 + y^2 \, dy \, dx = \int_1^2 \left[\int_0^3 x^2 + y^2 \, dy \right] dx$

$$= \int_1^2 \left[x^2 \cdot y + \frac{y^3}{3} \Big|_0^3 \right] dx$$

$$= \int_1^2 x^2 \cdot 3 + 9 \, dx$$

$$= \int_1^2 3x^2 + 9 \, dx$$

$$= x^3 + 9x \Big|_1^2$$

$$= (8 + 18) - (1 + 9)$$

$$= 16$$

　　剛才所討論的重積分其底部區域 R，都是矩形區域。所以重積分積分變數的上限、下限都是常數。

　　如果重積分的底部區域 R，是非矩形區域，其重積分的幾何意義，圖例解說如下：

1. 設 $R = \{(x, y) \mid c \le x \le d, g_1(x) \le y \le g_2(x)\}$

   則 $\displaystyle\iint_R f(x, y) \, dx \, dy$

   $= \displaystyle\int_c^d \int_{g_1(x)}^{g_2(x)} f(x, y) \, dy \, dx$

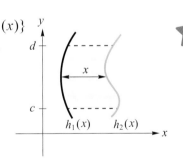

2. 設 $R = \{(x, y) \mid c \le y \le d, h_1(x) \le x \le h_2(x)\}$

   則 $\displaystyle\iint_R f(x, y) \, dx \, dy$

   $= \displaystyle\int_c^d \int_{h_1(x)}^{h_2(x)} f(x, y) \, dx \, dy$

> ⭐➕ 強化學習
>
> ※重積分最外面積分變數之積分上限、下限必須為常數。

2

求 $f(x, y) = 3xy$ 在區域 R 上之二重積分，只要列出重積分式子，求積分上下限即可，不必運算求重積分值。

(1)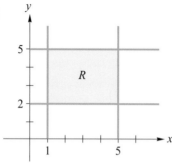

(2)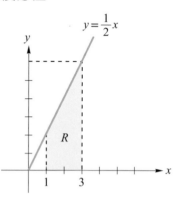

(3)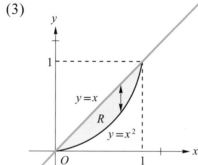

(4)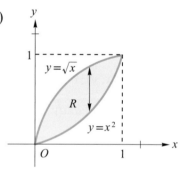

解

(1) $\displaystyle\iint_R f(x, y)\,dxdy = \int_2^5 \int_1^5 3xy\,dxdy$

(2) $\displaystyle\iint_R f(x, y)\,dxdy = \int_1^3 \int_0^{\frac{1}{2}x} 3xy\,dydx$

(3) $\displaystyle\iint_R f(x, y)\,dxdy = \int_0^1 \int_{x^2}^x 3xy\,dydx$

(4) $\displaystyle\iint_R f(x, y)\,dxdy = \int_0^1 \int_{x^2}^{\sqrt{x}} 3xy\,dydx$

例題 3

求例 2 之二重積分式。

解

(1) $\int_2^5 \int_1^5 3xy\,dx\,dy = \int_2^5 \left[\int_1^5 3xy\,dx \right] dy$

$\qquad = \int_2^5 3y \cdot \left. \frac{x^2}{2} \right|_1^5 dy$

$\qquad = \int_2^5 3y \left(\frac{25}{2} - \frac{1}{2} \right) dy$

$\qquad = \int_2^5 36y\,dy$

$\qquad = 36 \cdot \left. \frac{y^2}{2} \right|_2^5$

$\qquad = 378$

(2) $\int_1^3 \int_0^{\frac{1}{2}x} 3xy\,dy\,dx = \int_1^3 \left[\int_0^{\frac{1}{2}x} 3xy\,dy \right] dx$

$\qquad = \int_1^3 \left[3x \cdot \left. \frac{y^2}{2} \right|_0^{\frac{1}{2}x} \right] dx$

$\qquad = \int_1^3 3x \cdot \frac{1}{2} \left(\frac{1}{4}x^2 - 0 \right) dx$

$\qquad = \int_1^3 \frac{3}{8} x^3\,dx$

$\qquad = \frac{3}{8} \cdot \left. \frac{x^4}{4} \right|_1^3$

$\qquad = \frac{3}{32} (81 - 1)$

$\qquad = \frac{15}{2}$

(3) $\int_0^1 \int_{x^2}^x 3xy\,dy\,dx = \int_0^1 \left[\int_{x^2}^x 3xy\,dy \right] dx$

$\qquad = \int_0^1 \left[3x \cdot \left. \frac{y^2}{2} \right|_{x^2}^x \right] dx$

$\qquad = \int_0^1 \frac{3x}{2} (x^2 - x^4)\,dx$

$\qquad = \int_0^1 \frac{3}{2} x^3 - \frac{3}{2} x^5\,dx$

$\qquad = \frac{3}{2} \cdot \frac{x^4}{4} - \frac{3}{2} \cdot \left. \frac{x^6}{6} \right|_0^1$

$\qquad = \frac{3}{2} \cdot \frac{1}{4} - \frac{3}{2} \cdot \frac{1}{6} = \frac{1}{8}$

強化學習

(1) $\iint\limits_{R} f(x, y)\,dx\,dy$
　　是表示曲面 $f(x, y)$ 在區域 R，所圍成之體積。

(2) 重積分在機率理論求聯合機率密度函數之機率會用到。

(4) $\int_0^1 \int_{x^2}^{\sqrt{x}} 3xy \, dy \, dx = \int_0^1 \left[\int_{x^2}^{\sqrt{x}} 3xy \, dy \right] dx$

$= \int_0^1 \left[3x \cdot \frac{y^2}{2} \Big|_{x^2}^{\sqrt{x}} \right] dx$

$= \int_0^1 3x \cdot \frac{1}{2} (x - x^4) \, dx$

$= \int_0^1 \frac{3}{2} x^2 - \frac{3}{2} x^5 \, dx$

$= \frac{3}{2} \cdot \frac{x^3}{3} - \frac{3}{2} \cdot \frac{x^6}{6} \Big|_0^1$

$= \frac{1}{2} - \frac{1}{4}$

$= \frac{1}{4}$

例題 4

月亮劇團其帳篷屋頂，依圖示函數建造，建物之長寬依圖示，求此建物之體積。

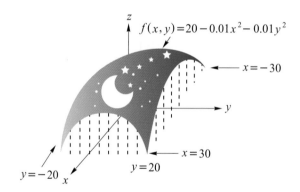

$f(x, y) = 20 - 0.01x^2 - 0.01y^2$

$x = -30$

$y = 20$

$x = 30$

$y = -20$

解 此建物體積，即曲面 $f(x, y)$ 在區域 R 之二重積分，因為區域 R 是一個矩形區域：$-30 \leq x \leq 30$，$-20 \leq y \leq 20$

$\therefore \iint\limits_{R} f(x, y) \, dx \, dy = \int_{-20}^{20} \int_{-30}^{30} 20 - 0.01x^2 - 0.01y^2 \, dx \, dy$

$= \int_{-20}^{20} \left[\int_{-30}^{30} 20 - 0.01x^2 - 0.01y^2 \, dx \right] dy$

先算內部積分，

$$\int_{-30}^{30} 20 - 0.01x^2 - 0.01y^2 dx$$

$$= 20x - (0.01)\frac{x^3}{3} - 0.01 \cdot y^2 \cdot x \bigg|_{-30}^{30}$$

$$= [\, 20(30) - \frac{0.01}{3}(27000) - 0.3y^2 \,]$$

$$\quad - [\, 20(-30) - \frac{0.01}{3}(-27000) + 0.3y^2 \,]$$

$$= 600 - 90 - 0.3y^2 + 600 - 90 - 0.3y^2$$

$$= 1020 - 0.6y^2$$

再對 y 積分，

$$\int_{-20}^{20} 1020 - 0.6y^2 dy = 1020y - 0.6\frac{y^3}{3}\bigg|_{-20}^{20}$$

$$= 1020y - 0.2y^3 \bigg|_{-20}^{20}$$

$$= [(1020)(20) - (0.2)(8000)]$$

$$\quad - [(1020)(-20) - (0.2)(-8000)]$$

$$= 20400 - 1600 + 20400 - 1600$$

$$= 37600$$

此建物體積 V 為 37600

隨堂練習

1. $\int_0^5 \int_0^4 x + y\, dxdy$。

2. $\int_1^3 \int_0^x (y+3)\, dy\, dx$。

3. 畫出 2.二重積分，底部區域 R 之圖形。

習題 8-6

1. 求下列各題之重積分：

   (1) $\int_{-2}^{5} \int_{0}^{3} x \, dy \, dx$

   (2) $\int_{-2}^{5} \int_{0}^{3} y \, dy \, dx$

   (3) $\int_{0}^{3} \int_{0}^{2} xy \, dx \, dy$

   (4) $\int_{1}^{4} \int_{0}^{2} 6xy^2 \, dx \, dy$

   (5) $\int_{2}^{3} \int_{1}^{x^2} x \, dy \, dx$

   (6) $\int_{0}^{2} \int_{0}^{y} e^x \, dx \, dy$

2. 二重積分 $\int_{0}^{3} \int_{y}^{3} e^{x^2} \, dx \, dy$

   (1) 試畫出積分區域 R

   (2) 改變積分順序，$\int_{0}^{3} \int_{y}^{3} e^{x^2} \, dx \, dy$ 改成 $\int \int e^{x^2} \, dy \, dx$ 求改變積分順序後，積分變數的上、下限。

   (3) 求二重積分 $\int_{0}^{3} \int_{y}^{3} e^{x^2} \, dx \, dy$

3. 求 $f(x, y)$ 在積分區域 R 之二重積分 $\iint\limits_{R} f(x, y) \, dx \, dy$

   (1) $f(x, y) = x + y$，區域 R 如圖所示：

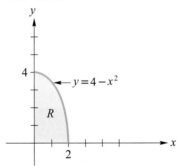

   (2) $f(x, y) = x \cdot y$

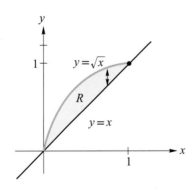

(3) $f(x, y) = 6xy^2$

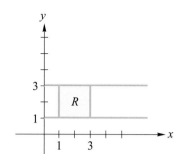

(4) $f(x, y) = 3xy$

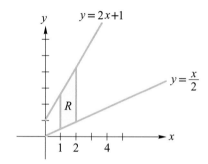

4. 設 R 是以 $(0, 1)$、$(4, 1)$ 及 $(4, 4)$ 為頂點之三角形區域，求重積分

$$\iint\limits_{R} xdxdy \text{。}$$

5. 求平面 $4x + 3y + 2z - 12 = 0$，和座標平面所圍成四面體體積。

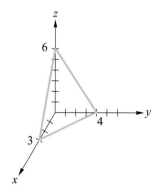

8-7 GeoGebra 應用範例

繪製下列函數圖形並求一階偏導數。

(1) $f(x,y) = x^2 - xy + y^2$ (2) $f(x,y) = 4 - x^2 - y^2$

(3) $f(x,y) = 4 - \sqrt{x^2 + y^2}$。

啟動 3D 繪圖器來繪製 3D 函數：進入 GeoGebra→選 3D 繪圖。

(1)在指令列上輸入函數 f(x,y)=x^2-xy+y^2。

　　求 $f(x,y)$ 一階偏導數：

　　指令列上輸入 Derivative(f,x,1)，得 $f_x(x,y)$ 偏導數為 $2x - y$；

　　指令列上輸入 Derivative(f,y,1)，得 $f_y(x,y)$ 偏導數為 $-x + 2y$。

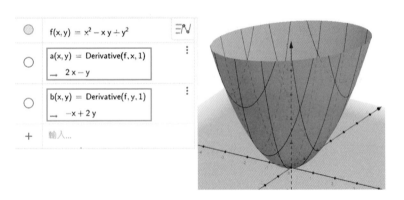

(2)在指令列上輸入函數 f(x,y)=4-x^2-y^2。

　　求 $f(x,y)$ 一階偏導數：

　　指令列上輸入 Derivative(f,x,1)，得 $f_x(x,y)$ 偏導數為 $-2x$；

　　指令列上輸入 Derivative(f,y,1)，得 $f_y(x,y)$ 偏導數為 $-2y$。

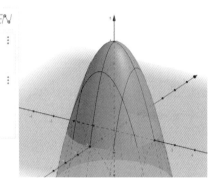

(3)在指令列上輸入函數 f(x,y)=4-sqrt(x^2+y^2)。

　　求 $f(x, y)$ 一階偏導數：

　　指令列上輸入 Derivative(f,x,1)，得 $f_x(x,y)$ 偏導數為 $\dfrac{-x}{\sqrt{x^2+y^2}}$；

　　指令列上輸入 Derivative(f,y,1)，得 $f_y(x,y)$ 偏導數為 $\dfrac{-y}{\sqrt{x^2+y^2}}$。

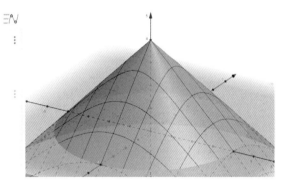

例題 2

繪製下列函數圖形並求臨界點及相對極值。

(1) $f(x, y) = 2x + 4y - x^2 - y^2 - 1$

(2) $f(x, y) = y^2 - x^2$。

解

(1)在指令列上輸入函數 f(x,y)=2x+4y-x^2-y^2-1。

　(a)求 $f(x, y)$ 一階偏導數：

　　指令列上輸入 Derivative(f,x,1)，得 $f_x(x,y)$ 偏導數為

　　　$-2x + 2$；

指令列上輸入 Derivative(f,y,1)，得 $f_y(x,y)$ 偏導數為 $-2y+4$。

(b)求臨界點（$f_x(x,y)=0$ 及 $f_y(x,y)=0$ 之點）：

指令列上輸入 $-2x+2=0$ 與 $-2y+4=0$，

指令列上輸入 Intersect(eq1,eq2)，得臨界數為(1, 2)，

指令列上輸入(1,2,f(1,2))，得臨界（相對極大）點為

(1, 2, 4)，相對極大值為 4。

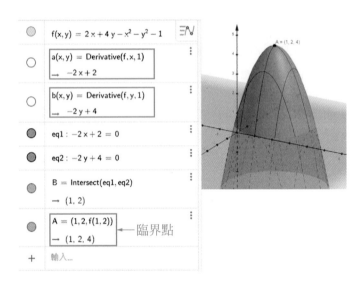

(2)在指令列上輸入函數 f(x,y)=y^2-x^2。

操作畫面如下，得臨界（鞍）點為(0, 0, 0)。

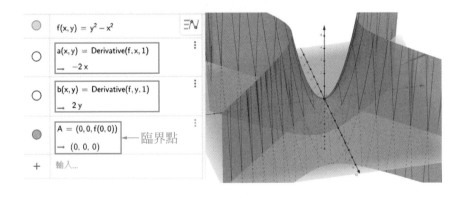

例題 **3**

求重積分 $\int_1^2 \int_1^x xy\,dy\,dx$。

解

啓動代數運算機（GeoGebra CAS Calculator）求算重積分：

進入 GeoGebra → 選運算區。

在指令列上輸入函數 f(x,y) = xy

指令列上輸入 Integral(Integral(f,y,1,x),x,1,2)，得重積分

$\int_1^2 \int_1^x xy\,dy\,dx = \dfrac{9}{8}$。

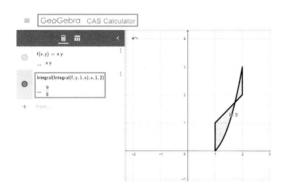

隨堂練習

1. 繪製 $f(x, y) = x^4 + y^4 - 4xy$ 函數圖形並求臨界點及相對極值。

2. 求重積分 $\int_0^1 \int_{x^2}^x 3xy\,dy\,dx$。

數學知識加油站

一筆畫問題

　　請問「口、日、田、中、由」這五個字，若用一筆畫(不中斷)畫出來，劃過之筆畫不能重複出現，哪些字能畫得出來。其中「口、日、中」可以一筆畫畫出來，「田、白」就不能由一筆畫完成。這是就是有名的一筆畫問題，常見於益智遊戲中。

　　一筆畫問題是圖論中一個著名的問題，它起源於柯尼斯堡七橋問題。柯尼斯堡七橋問題是圖論中的著名問題。這個問題是基於一個現實生活中的事例：當時東普魯士柯尼斯堡(今日俄羅斯加里寧格勒)市區跨普列戈利亞河兩岸，河中心有兩個小島，小島與河的兩岸有七條橋連接。在所有橋都只能走一遍的前提下，要怎麼樣才能把所有的橋都走過一遍？尤拉(Leonhard Euler)圓滿地解決了這個問題，證明這種方法並不存在，也順帶解決了一筆畫問題。尤位把實際的抽象問題簡化為平面上的點與線組合，每一座橋視為一條線，橋所連接的地區視為點。

(圖片來源：維基百科)

　　尤拉最後給出任意一種這類河橋圖能否一筆畫全部走過一次的判定法則。如果通過奇數座橋的地方不止兩個，那麼滿足要求的路線便不存在了；如果只有兩個地方通過奇數座橋，則可從其中任何一地出發找到所要求的路線；若沒有一個地方通過奇數座橋，則從任何一地出發，所求的路線都能實現，他還說明了怎樣快速找到所要求的路線。不少數學家都嘗試去解析這個事例，而這些解析，最後發展成為了數學中的圖論。

　　以七橋問題為例，$A(5)$表經過 A 地的橋有五座。$A(5)$、$B(3)$、$C(3)$、$D(3)$，有四個地方通奇數座橋，所以無解。

練習題：可否一筆畫通過下面圖形？

附錄

◆◆◆◆ 參考文獻 ◆◆◆◆

1. 蔡聰明(2002)。《數學發明趣談》(初版)。台北：三民書局。

2. 阿米爾・艾克塞爾(1999)。《費馬最後定理》(林瑞雲譯)。台北：時報文化出版公司。

3. 曹亮吉(1996)。《阿草的葫蘆》。台北：遠哲科學教育基金會。

4. 單墫(2000)。《趣味數論》。台北：九章出版社。

5. Larson, Ron, and Bruce H. Edwards (2003). *Caleulus: An applied Approach* (6th ed.). Boston: Houghton Miffliin.

6. Dennis D. Berkey (1994). *Applied Calculus* (3th ed.). Harcourt Brace Colleges Publishers.

7. Buryon, D. M. (1985). *The History of mathematics*. Boston: Allyn & Bacon,INC.

8. L. D. Hoflhann and G. L. Bradley (2004). *Applied Calculus for Business,Economics, and the social Life Science*, McGraw-Hill Science.

9. Episte Math 網站

   http://episte. math. ntu. edu. tw/people/

10. MacTutor 網站

索引

索引

索引

解 答

第 1 章　微積分的預備知識

習題 1-1

1. (1) $70.1 > \sqrt{49.1}$　(2) $-12.3 > -13$
   (3) $\sqrt{80} < 9$

2. 5

3. $(x+2)^2 + (y+3)^2 = 25$

4. (1)、(6)

5. (1) $(-2, \infty)$　(2) $(3, 7)$　(3) $(-\infty, -2]$

6. (1) $(2, 3)$　(2) $[-5, -2)$　(3) $(-\infty, 7)$
   (4) $[2, \infty)$

7. (1) $\sqrt{106}$　(2) $(\frac{1}{2}, \frac{9}{2})$

習題 1-2

1. (1) $-4 < x < 2$
   (2) $(-\infty, -1) - \{-2\} \cup (2, \infty)$
   (3) $-3 \le x \le \frac{1}{2}$　(4) $\mathbb{R} - \{1\}$
   (5) $x \le -1$ 或 $x \ge 3$　(6) $1 < x < 2$
   (7) $x \ge 3$　或 $x = -1$
   (8) $\frac{-1}{3} < x < 2$　(9) $2 < x < 3$
   (10) $x < -5$ 或 $x > 2$

習題 1-3

1. (1) $\frac{3}{5}(\sqrt{10} + \sqrt{5})$　(2) $\sqrt{3} + \sqrt{2}$　(3) $\frac{1}{\sqrt{x} + 2}$
   (4) $\frac{1}{\sqrt{n+1} + 1}$　(5) $\frac{5 + \sqrt{3}}{11}$

2. (1) $\frac{1 + \sqrt{2}i}{3}, \frac{1 - \sqrt{2}i}{3}$　(2) $\frac{3 \pm \sqrt{29}}{10}$　(3) $5, -1$
   (4) $\frac{1}{2}, 2$　(5) $1, 2, 3$

習題 1-4

1. (1) $10x - 1$，$10x + 13$
   (2) $x^2 - 2x + 2$，$-x^2$
   (3) $\sqrt{x^2 + 1}$，$x + 1$

2. (1) $\mathbb{R}$　(2) $x \ge 5$　(3) $\mathbb{R} - \{3, -3\}$　(4) $\mathbb{R}$
   (5) $\mathbb{R}$　(6) $\mathbb{R} - \{-3\}$

3. (1) -3　(2) 1　(3) 4　(4) -3

4. (1) 1　(2) 0　(3) 4　(4) -3

5. $\frac{-x+3}{2}$，$\frac{x-2}{5}$

6. (1) 100　(2) 3300　(3) 4010　(4) 710

習題 1-5

1. 略

2. 略

3. (1) 8500 點　(2) $9：30$　(3) $11：00$
   (4) 平盤

第 2 章　函數的極限

隨堂練習 2-1

1. 5

2. 5

3. 3

4. 1

5. $\frac{1}{4}$

6. $\frac{1}{4}$

習題 2-1

1. (1) 略，3　(2) 略，2

2. (1) 3，5　(2) 2，不存在　(3) 3　(4) 0

3. (1) π^2　(2) 3　(3) 4　(4) 4　(5) 5　(6) 14

解　答

(7) -1　(8) $\dfrac{1}{5}$　(9) $\dfrac{1}{4}$　(10) 4　(11) $\dfrac{-1}{2}$

(12) 12　(13) 0　(14) 4　(15) $2x$　(16) 2

(17) 不存在　(18) 不存在　(19) -1　(20) -2

4. (1) 10　(2) 12　(3) 1　(4) 9

5. (1) 正確　(2) 錯誤　(3) 錯誤

隨堂練習 2-2

1. 8

2. 10

3. 26

4. -1

習題 2-2

1. (1) 2　(2) 1　(3) 1　(4) $\dfrac{11}{72}$　(5) -1　(6) 1

(7) -1　(8) 1　(9) $\dfrac{1}{3}$　(10) $\dfrac{\sqrt{6}}{10}$

2. (1) 3　(2) 3　(3) 3

3. -2

4. (1) 2，2，2　(2) 3，3，3

(3) 5，3，不存在　(4) 4，2，不存在

隨堂練習 2-3

1. (1) $x = 5$　(2) $x = 2, -2$　(3) 無　(4) $x = 0, 3$

2. 略

習題 2-3

1. (1) 2　(2) 3　(3) 4　(4) 沒有　(5) $2, 4, 6$

2. (1) 1　(2) $4, -4$　(3) 1　(4) 1　(5) 0

(6) 沒有　(7) $x = \dfrac{k}{2}$，$k \in \mathbb{Z}$　(8) 1

3. (1) $\dfrac{13}{9}$　(2) -1　(3) -10　(4) -1　(5) 2

(6) -4

4. 略

5. $f(1) \cdot f(2) < 0 \Rightarrow x \in (1, 2)$ 必有一根

6. 5，10

7. 20

隨堂練習 2-4

1. 水平：$y = 2$，垂直：$x = 1$，$x = -1$

2. (1) 3　(2) 1　(3) ∞　(4) ∞

習題 2-4

1. (1) 0　(2) 1　(3) $\dfrac{1}{3}$　(4) $-\infty$　(5) ∞　(6) -1

(7) 1　(8) 0

2. (1) $-\infty$　(2) $-\infty$　(3) $-\infty$　(4) $-\infty$

(5) ∞　(6) ∞

3. (1) 水平：$y = -1$，垂直：$x = 2$

(2) 水平：無，垂直：無

(3) 水平：$y = 1$，垂直：無

(4) 水平：$y = 1$，垂直：$x = 3$，$x = -3$

(5) 水平：$y = 1$，垂直：$x = 1$，$x = 2$

(6) 水平：$y = 1$，垂直：$x = 0$

4. 92

5. (1) 128　(2) 150

6. 150

第 3 章　微分

隨堂練習 3-1

1. (1) $\dfrac{-2}{3}$　(2) 2　(3) -3　(4) 0

2. (1) 4　(2) 3

3. (1) L_1　(2) L_3　(3) $L_3 > L_2 > L_1 > L_4$　(4) L_4

(5) $\dfrac{-1}{3}$

解 答

習題 3-1

1. (1) 4　(2) 3　(3) $\dfrac{2}{5}$　(4) $\dfrac{-3}{2}$　(5) 0

　(6)不存在

2. 14

3. 13

4. (1) 5　(2) 2　(3) $\dfrac{-1}{4}$　(4) 12　(5) 9　(6) $\dfrac{\sqrt{2}}{4}$

5. 9

6. 4

7. $\dfrac{-5}{9}$

8. 10

隨堂練習 3-2

1. $x = 1$

2. 2

習題 3-2

1. (1) a, d, e　(2) a

2. (1) 5　(2) 0　(3) 0　(4) -1

3. $y = 3x - 1$

4. 8

5. (1) $2x$　(2) $\dfrac{1}{2\sqrt{x}}$

6. 1

隨堂練習 3-3

1. $15x^2 - 2$

2. $\dfrac{-7}{25}$

習題 3-3

1. (1) $100x^{99}$　(2) $15x^2 - 4x$　(3) $\dfrac{1}{2\sqrt{x}}$

(4) $-\dfrac{1}{2} x^{\frac{-3}{2}}$　(5) $-6x^{-3} - 6x^{\frac{1}{2}}$　(6) 2

(7) $\dfrac{5}{3} x^4 - 9x^{-4}$　(8) $2 - \dfrac{1}{2} x^{\frac{-3}{2}}$

2. (1) $-2x^{-3} + 3x^{-4} - 8x^{-5}$　(2) $\dfrac{-x^2 + 9}{(x^2 + 9)^2}$

(3) $\dfrac{1000x}{(10 + x^2)^2}$　(4) $\dfrac{7}{(x + 2)^2}$

(5) $12x^3 - 24x$

(6) $\dfrac{2x^3 - 7x^2 - 12x - 35}{(x - 3)^2}$

3. 1

4. $y = 9x - 16$

5. $(0, 0)$，$(2, 4)$

6. $(0, 0)$，$(\dfrac{-1}{3}, \dfrac{28}{27})$

7. 50

8. -1

9. $\dfrac{11500}{729}$

10. (1) $\dfrac{-6x^6 - 15x^4 + 4x}{(x^5 + 1)^2}$　(2) $1 - \dfrac{2}{x^3}$

隨堂練習 3-4

1. $30x^2 (x^3 + 1)^9$

2. $3x(x^2 - 5)^{\frac{1}{2}}$

習題 3-4

1. (1) 50　(2) 0　(3) $\dfrac{9\sqrt{7}}{28}$　(4) -2

2. (1) -10　(2) 1　(3) -24　(4) 1

3. (1) $21(3x + 5)^6$　(2) $3x(x^2 - 2)^{\frac{1}{2}}$

(3) $\dfrac{1}{2} (4x + 5)(2x^2 + 5x + 1)^{\frac{-1}{2}}$

解　答

(4) $10\left(\dfrac{5x+3}{x^2-1}\right)^9 \cdot \dfrac{-5x^2-6x-5}{(x^2-1)^2}$

(5) $-7(2x+3)(x^2+3x+2)^{-8}$

(6) $\dfrac{4(x^2+2x+5)^2(x^3-7x^2-4x+12)}{(x^2-6x+3)^2}$

(7) $2x(9x+2)(3x+2)^3$

(8) $-2x(1+x^2)^2(1-2x^2)^7(13+22x^2)$

4. $y=0$

5. $\dfrac{125}{3}$

6. $\dfrac{3x}{\sqrt{9+3x^2}}$

7. $\dfrac{1}{2}(0.1+2c)(50+0.1c+c^2)$

　$[(50+0.1c+c^2)^2+1]^{\frac{-3}{4}}$

8. $x(1+x^2)^{\frac{-1}{2}}$

隨堂練習 3-5

1. $\dfrac{3}{8}x^{\frac{-5}{2}}$

2. $6x$

3. $\dfrac{2x^3-6x}{(x^2+1)^3}$

習題 3-5

1. (1) $20x^3$　(2) $\dfrac{-4}{(x+1)^3}$

　(3) $20(x^2+1)^8(19x^2+1)$

　(4) $\dfrac{-1}{4}x^{\frac{-3}{2}}$

2. 260

3. $100!$

4. $100! \cdot 2^{100}$

5. $100!$

6. 0

7. $5!$

8. (1) $120x$

　(2) $20(x^2+2x)^8(19x^2+38x+18)$

9. 4

隨堂練習 3-6

1. $\dfrac{-x-1}{y}$

2. $\dfrac{-2x-y}{x}$

習題 3-6

1. (1) $\dfrac{-2x-6xy^2}{6x^2y+1}$　(2) $\dfrac{x}{9y}$　(3) $\dfrac{1-2xy^2}{2x^2y-1}$

　(4) $\dfrac{-x^2}{y^2}$　(5) $\dfrac{3-2xy}{x^2-2}$　(6) $\dfrac{\sqrt{x^2+y^2}-x}{y}$

2. (1) $\dfrac{-3}{4}$　(2) -5　(3) $\dfrac{-3}{2}$　(4) $\dfrac{9}{2}$

3. 1

4. (1)否　(2)是

5. $x+2y=7$

隨堂練習 3-7

1. 10.05

2. 17.56

習題 3-7

1. (1) $10x\,dx$　(2) $\dfrac{x}{\sqrt{x^2+5}}\,dx$

　(3) $40x(2x^2+1)^9\,dx$　(4) $4x^3\,dx$

2. (1) 0.41　(2) 0.4　(3) 0.01

3. 21.68

4. (1) 10.05　(2) $3\dfrac{1}{27}$　(3) $10\dfrac{21}{22}$　(4) $7\dfrac{159}{160}$

5. 22

6. 50 平方公尺內

解 答

7. 26000 元

第 4 章 導函數應用

隨堂練習 4-1

1. 遞增：$x > 0$，遞減：$x < 0$

2. 遞增：$(-\infty, 0) \cup (0, \infty)$，遞減：無

習題 4-1

1. (1)遞增：$x > -2$，遞減：$x < -2$

   (2)遞增：$x < -2$ 或 $x > 0$，

   　　遞減：$-2 < x < 0$

   (3)遞增：$x < 0$ 或 $x > 1$，遞減：$0 < x < 1$

   (4)遞增：$x < 1$ 或 $x > 3$，遞減：$1 < x < 3$

   (5)遞增：$-1 < x < 1$，

   　　遞減：$x < -1$ 或 $x > 1$

   (6)遞增：$x < -1$ 或 $x > -1$，遞減：無

2. (1)遞增：$x < -2$ 或 $x > 3$，

   　　遞減：$-2 < x < 3$

   (2)遞增：$x < -1$ 或 $0 < x < 2$，

   　　遞減：$-1 < x < 0$ 或 $x > 2$

   (3)遞增：$x < -1$ 或 $x > -1$，遞減：無

   (4)遞增：$2 < x < 3$ 或 $x > 3$，遞減：$x < 2$

3. (1)遞增：無，遞減：$x < 0$ 或 $x > 0$

   (2)遞增：$x < -2$ 或 $-2 < x < 0$，

   　　遞減：$0 < x < 2$ 或 $x > 2$

   (3)遞增：$x < 0$，遞減：$x > 0$

   (4)遞增：$x < -5$ 或 $0 < x < 3$，

   　　遞減：$-5 < x < 0$ 或 $x > 3$

4. (1) 100　(2) $x > 4$　(3) $0 < x < 14$

5. (1)$(0, \frac{20}{3})$　(2)$(\frac{20}{3}, \infty)$

隨堂練習 4-2

1. 相對極小值：$f(3) = -49$，

   相對極大值：$f(-3) = 59$

2. 15

習題 4-2

1. (1)相對極大值：9

   (2)相對極小值：-6，相對極大值：102

   (3)相對極大值：9，相對極小值：5

   (4)相對極大值：2，相對極小值：無

2. (1)絕對極大值：18，絕對極小值：2

   (2)絕對極大值：17，絕對極小值：-15

   (3)絕對極大值：1，絕對極小值：-19

   (4)絕對極大值：$\frac{1}{27}$，絕對極小值：-225

3. 100

4. (1) 8　(2) 8

5. (1)$\frac{9}{2}$　(2)$\frac{-15}{2}$

6. (1) $a = 3$，$b = 5$　(2)絕對極小值

隨堂練習 4-3

1. $(2, 3)$

2. 無

習題 4-3

1. (1)(a, b)　(2)$(b, c) \cup (c, k)$　(3)$f(e)$

   (4)$f(d)$、$f(c)$　(5)$(b, f(b))$

2. (1)$(3, f(3))$　(2)$(1, 2)$　(3)$x < 3$

   (4)$(1, f(1)), (2, f(2))$

   (5) $f(1)$

3. (1)反曲點：無，

   　　凹向上：$\mathbb{R}$，凹向下：無

解　答

(2)反曲點：$(0, 2)$，

　　凹向上：$x > 0$，凹向下：$x < 0$

(3)反曲點：$(3, -30)$，

　　凹向上：$x > 3$，凹向下：$x < 3$

(4)反曲點：無，

　　凹向上：$x < -1$，凹向下：$x > -1$

4.(1) $f'(x) > 0$，$f''(x) > 0$

　(2) $f'(x) < 0$，$f''(x) < 0$

　(3) $f'(x) > 0$，$f''(x) < 0$

　(4) $f'(x) < 0$，$f''(x) > 0$

5.凹向上：$x < \dfrac{-\sqrt{3}}{3}$ 或 $x > \dfrac{\sqrt{3}}{3}$

　凹向下：$\dfrac{-\sqrt{3}}{3} < x < \dfrac{\sqrt{3}}{3}$

隨堂練習 4-4

1.略

2.略

3.略

習題 4-4

1.(b)

2.略

3.略

隨堂練習 4-5

1.(1) $|E| = \dfrac{4}{3} > 1$，具彈性

　(2) $|E| = 2 > 1$，具彈性

2.(1) 160　(2) 175

習題 4-5

1.(1) 30　(2) 18

2.(1) 4　(2) -1　(3) 28

3.(1) 700　(2) $\dfrac{35}{6}$

4.(1) $|E| = 3$，需求有彈性

　(2) $|E| = \dfrac{9}{31}$，需求無彈性

5.(1) $|E| = \dfrac{72}{133}$，需求無彈性

　(2) $|E| = \dfrac{32}{209}$，需求無彈性

隨堂練習 4-6

1. 1.73205

習題 4-6

1.(1) 1.893　(2) -0.843　(3) 1.879　(4) 1.044

2. 3.036

3. 0.6529

4. 2.097

5. 1.1224

第 5 章　指數函數與對數函數

隨堂練習 5-1

1.(1) 3^7　(2) $\dfrac{2}{3}$　(3) 8

2.略

習題 5-1

1.(1) 1，8，$\dfrac{1}{1024}$　(2) ∞　(3) 0

2. 3

3.(1) 25　(2) 125　(3) $2^{\frac{13}{2}}$　(4) $3^{\frac{3}{2}}$

4.(1)(b)　(2)(c)　(3)(a)

隨堂練習 5-2

1. 50

2. ∞

解答

習題 5-2

1. (1) 0　(2) 0　(3) 50　(4) 1

2. (1)(c)　(2)(a)　(3)(e)　(4)(b)　(5)(d)

3. 5

4. 約 232 元

5. 略

隨堂練習 5-3

1. (1) 1　(2) 1　(3) 0　(4) 5

2. $2 \ln 2 - 1$

習題 5-3

1. (1) e^3　(2) e　(3) $\ln 3$　(4) $\ln 2$

$\quad$ (5) $\dfrac{-10}{3} \cdot \ln \dfrac{5}{2}$　(6) 2

2. (1)(2)

3. (1) 285(萬)　(2) 2020 年

4. (1) 5　(2) 8　(3) $\dfrac{3}{2}$　(4) 2.2

隨堂練習 5-4

1. $(\dfrac{-\sqrt{2}}{2}, \dfrac{1}{\sqrt{e}})$, $(\dfrac{\sqrt{2}}{2}, \dfrac{1}{\sqrt{e}})$

2. 相對極小值：2

3. $10x \cdot e^{5x^2+7}$

習題 5-4

1. (1) $e^x(2x + x^2)$　(2) $3e^{3x}$　(3) $0.3\, e^{0.3x}$

$\quad$ (4) $\dfrac{e^x}{2\sqrt{e^x+1}}$　(5) $\dfrac{400 \cdot e^{-2x}}{(1+e^{-2x})^2}$　(6) $\dfrac{e^x}{(e^x+1)^2}$

$\quad$ (7) $6 \cdot e^{-2x} \cdot (5 - e^{-2x})^2$　(8) $e^{-x^2}(1 - 2x^2)$

2. 水平漸近線：$y = 0$，$y = 1$

3. 水平漸近線：$y = 1$

4. $y = -2e^{-1}x + 3e^{-1}$

5. $\dfrac{\sqrt{2}}{2}\, e^{-\frac{1}{2}}$

隨堂練習 5-5

1. (1) $\dfrac{6x+7}{3x^2+7x+2}$　(2) $(2x\ln x + \dfrac{x^2+5}{x})\, x^{x^2+5}$

習題 5-5

1. (1) $\dfrac{2x}{x^2+5}$　(2) $\dfrac{-2(x^2-3x-1)}{(2x-3)(x^2+1)}$

$\quad$ (3) $\dfrac{20x}{x^2+3}[5 + \ln(x^2+3)]^9$

$\quad$ (4) $2x \cdot \ln x + x$

$\quad$ (5) $\dfrac{5x^4}{(x^5+6) \cdot \ln(x^5+6)}$

$\quad$ (6) $\dfrac{2x(e^{x^2} - e^{-x^2})}{e^{x^2} + e^{-x^2}}$

2. (1) $[\ln(x^2+1) + \dfrac{2x^2}{x^2+1}] \cdot (x^2+1)^x$

$\quad$ (2) $(\dfrac{8}{2x+1} + \dfrac{20x}{2x^2+3}) \cdot (2x+1)^4 \cdot (2x^2+3)^5$

$\quad$ (3) $(\dfrac{4}{2x+3} + \dfrac{3}{x+1} - \dfrac{8x}{x^2+2} - \dfrac{15x^2}{x^3+1})$

$\quad$ $\cdot \dfrac{(2x+3)^2 \cdot (x+1)^3}{(x^2+2)^4 \cdot (x^3+1)^5}$

3. 相對極小值：$-e^{-1}$

4. $y = x - 1$

隨堂練習 5-6

1. (1) 0.0816　(2) 0.083　(3) $e^{0.08} - 1$

2. $100000 \cdot (1 + \dfrac{0.06}{12})^{120} = 181940$

習題 5-6

1. $3000000e = 8154845$

2. $\dfrac{500000}{e^{0.8}} = 224664$

解答

3. (1) $50000 \cdot (1 + \dfrac{0.1}{4})^{24} = 90436$

(2) $50000 (1 + \dfrac{0.1}{12})^{72} = 90880$

(3) $50000 (1 + \dfrac{0.1}{360})^{2160} = 91098$

(4) $50000 \cdot e^{0.6} = 91106$

4. $(1 + \dfrac{0.08}{12})^{12} - 1 = 0.0830$

5. (1) $e^{0.08} - 1$　(2) $e^{0.1} - 1$　(3) $e^{0.05} - 1$

(4) $e^{0.06} - 1$

6. $\dfrac{\ln 2}{10} = 0.0693$

7. (1) e^3　(2) e^5

第 6 章　反導數與積分技巧

隨堂練習 6-1

1. $\dfrac{5}{7} x^7 - x^3 + 5x + c$

2. $\dfrac{1}{6} x^6 - \dfrac{1}{2} x^4 + 7x + c$

3. $\dfrac{1}{3} x^3 + x + 2$

4. $300x - \dfrac{1}{4} x^2$

習題 6-1

1. (1) $5x + 2$　(2) $\dfrac{x^3}{3} + \dfrac{3}{2} x^2 + 3$

(3) $2x^{\frac{3}{2}} + 3x - 1$　(4) $2x + e^x + 4$

2. (1) $7x + c$　(2) $\dfrac{t^3}{3} + c$　(3) $\dfrac{-1}{4} x^{-4} + c$

(4) $\dfrac{2}{5} y^{\frac{5}{2}} + c$　(5) $\dfrac{2}{3} x^3 + \dfrac{3}{2} x^2 - 5x + c$

(6) $-x^{-1} - \dfrac{1}{4} x^{-4} + c$

(7) $2x^{\frac{1}{2}} + c$　(8) $\dfrac{2}{7} x^{\frac{7}{2}} + c$

(9) $\dfrac{1}{5} x^5 + \dfrac{2}{3} x^3 + x + c$

(10) $\dfrac{1}{3} x^6 + \dfrac{1}{4} x^4 + \dfrac{2}{3} x^3 + x + c$

3. $70x + 5500$

4. $3t + t^2 + 18$

5. (1) $\dfrac{-1}{2} t^2 + 20t + 2$　(2) 152

隨堂練習 6-2

1. $\dfrac{1}{62} (2x + 10)^{31} + c$

2. $e^{x^2 + 2} + c$

3. $\dfrac{1}{7} \ln |7x - 8| + c$

4. $\dfrac{1}{3} \ln |x^3 - 15x| + c$

習題 6-2

1. $\dfrac{1}{22} (x^2 + 2x + 3)^{11} + c$

2. $\dfrac{-1}{9} (x^3 + 3x^2 + 1)^{-3} + c$

3. $\dfrac{2}{3} (x^2 + 1)^{\frac{3}{2}} + c$

4. $\dfrac{1}{12} (x + 1)^{12} - \dfrac{1}{11} (x + 1)^{11} + c$

5. $\dfrac{1}{7} e^{7x} + c$

6. $e^{x^3} + c$

7. $\dfrac{-1}{2} e^{-x^2} + c$

8. $\dfrac{1}{2} e^{x^2 + 2x + 1} + c$

9. $\dfrac{1}{2} \ln |3 + 2x| + c$

解 答

10. $\frac{1}{2}\ln|x^2+1|+c$

11. $\frac{1}{2}\ln(5+e^{2x})+c$

12. $\frac{1}{2}\ln|x^2+6x+10|+c$

13. $\frac{1}{2}(\ln x)^2+c$

14. $\ln|\ln x|+c$

15. $\frac{1}{42}(2x+5)^{21}+c$

16. $\frac{1}{23}(x+2)^{23}-\frac{2}{11}(x+2)^{22}$
$\qquad +\frac{4}{21}(x+2)^{21}+c$

17. $\frac{2}{9}(3x+5)^{\frac{3}{2}}+c$

18. $\frac{2}{45}(3x+5)^{\frac{5}{2}}-\frac{10}{27}(3x+5)^{\frac{3}{2}}+c$

19. $-\ln|1+e^{-x}|+c$

20. $\frac{-1}{9}(x+1)^{-9}+c$

隨堂練習 6-3

1. $x^3\cdot e^x-3x^2\cdot e^x+6x\cdot e^x-6e^x+c$

2. $\frac{1}{3}x^3\cdot\ln x-\frac{1}{9}x^3+c$

習題 6-3

1.(1) $\frac{1}{2}x\cdot e^{2x}-\frac{1}{4}e^{2x}+c$ (2) $\frac{1}{2}e^{x^2}+c$

  (3) $-x\cdot e^{-x}-e^{-x}+c$

  (4) $x\cdot\ln 3x-x+c$

  (5) $t^2\cdot e^t-2t\cdot e^t+2e^t+c$

  (6) $\frac{1}{2}(\ln x)^2+c$

2.(1) $(\ln x)^2\cdot x-2\cdot\ln x\cdot x+2x+c$

(2) $\frac{1}{2}(\ln x)^2\cdot x^2-\frac{1}{2}\ln x\cdot x^2+\frac{1}{4}x^2+c$

(3) $\frac{2}{3}x^{\frac{3}{2}}\cdot\ln x-\frac{4}{9}x^{\frac{3}{2}}+c$

(4) $2x^{\frac{1}{2}}\cdot\ln x-4x^{\frac{1}{2}}+c$

隨堂練習 6-4

1. $\frac{3}{2}\ln|x-5|-\frac{1}{2}\ln|x+5|+c$

2. $\frac{5}{6}\ln|x-3|-\frac{5}{6}\ln|x+3|+c$

3. $5\ln|x+1|+7(x+1)^{-1}+c$

4. $2\ln|x+2|+5(x+2)^{-1}+c$

習題 6-4

1. $\frac{3}{2}\ln|x-1|-\frac{3}{2}\ln|x+1|+c$

2. $\frac{1}{2}\ln|x-3|-\frac{1}{2}\ln|x-1|+c$

3. $\frac{1}{4}\ln|x-4|-\frac{1}{4}\ln|x+4|+c$

4. $\frac{-1}{2}\ln|x-1|-\ln|x-2|$
$\qquad +\frac{3}{2}\ln|x-3|+c$

5. $\frac{-3}{5}\ln|x+3|+\frac{3}{5}\ln|x-2|+c$

6. $\ln|x-1|-\frac{1}{2}\ln|x^2+7|$
$\qquad +2\tan^{-1}\frac{x}{\sqrt{7}}+c$

7. $2\ln|x+2|+\frac{7}{x+2}+c$

8. $3\ln|x+1|+\frac{8}{x+1}+c$

9. $-(x+3)^{-1}+2(x+3)^{-2}+c$

10. $\ln|x|-3(x-1)^{-1}+c$

第 7 章　定積分及其應用

隨堂練習 7-1

解 答

1. 20100

2. 570

3. $\dfrac{4\,(2^{40}-1)}{3}$

4. 230

習題 7-1

1. (1) 1205　(2) 140　(3) 70　(4) 10π　(5) 375

　　(6) 505　(7) 2046　(8) -95　(9) $\dfrac{1023}{1024}$

　　(10) $\dfrac{364}{59049}$

2. (1) $500+A$　(2) $A-2B$　(3) $A-C$

　　(4) $3A+2B$　(5) 否

隨堂練習 7-2

1. $\dfrac{13}{2}$

2. 4

3. $\dfrac{9\pi}{4}$

習題 7-2

1. (1) 9　(2) 10　(3) 25　(4) 45　(5) $\dfrac{9\pi}{4}$　(6) 10

2. (1) 9　(2) $\dfrac{9}{2}$　(3) 0

3. (1) $\displaystyle\int_1^5 x\,dx$　(2) $\displaystyle\int_{-2}^2 x^2 dx$

　　(3) $\displaystyle\int_{-1}^1 (1-x^2)\,dx$　(4) $\displaystyle\int_{-2}^3 5\,dx$

隨堂練習 7-3

1. $\dfrac{13}{3}$

2. $(5x+3)^{20}$

3. $\dfrac{7}{6}$

4. 0

習題 7-3

1. (1) $\dfrac{38}{3}$　(2) 14　(3) $\dfrac{-57}{4}$　(4) $\dfrac{1}{3}\,(e^6-1)$

2. (1) 5　(2) 0　(3) 0　(4) 8　(5) 5　(6) -5

3. (1) 1　(2) 4　(3) $\dfrac{2}{9}\,e^2$　(4) -2048

4. (1) $\dfrac{136}{3}$　(2) $\dfrac{1}{6}$

5. (1) $\dfrac{1}{4}\ln 5$　(2) $\dfrac{1}{6}\,(e^6-1)$　(3) $\dfrac{4}{3}$

　　(4) $\dfrac{1}{3}\,(2e^3+1)$

隨堂練習 7-4

1. (1) $\dfrac{32}{3}$　(2) $\dfrac{1}{2}$

2. $\dfrac{32}{3}$

3. 400

習題 7-4

1. (1) 16　(2) 9　(3) $e-2$　(4) $\dfrac{32}{3}$

2. (1) 8　(2) $\dfrac{9}{2}$　(3) 8　(4) $\dfrac{125}{3}$　(5) $\dfrac{1}{3}$

3. (1) 均衡價格：3，消費者剩餘：$\dfrac{16}{3}$，

　　　生產者剩餘：2

　　(2) 均衡價格：5，消費者剩餘：$\dfrac{16}{3}$，

　　　生產者剩餘：$\dfrac{16}{3}$

4. $\dfrac{2}{3}$

隨堂練習 7-5

1. 9.313779

2. 0.451996

習題 7-5

1. (1) 0.337，0.338　(2) 1.151，1.148

解 答

2. (1) 26.888 　(2) 0.747 　(3) 33.328

　　(4) 3.659 　(5) 1.411

隨堂練習 7-6

1. (1)收斂 　(2)收斂 　(3)發散 　(4)發散

　　(5)發散 　(6)發散 　(7)發散 　(8)收斂

　　(9)收斂 　(10)收斂

習題 7-6

1. (1) 1 　(2) e^{-2}

2. (1) e^{-1} 　(2) 發散 　(3) 發散 　(4) $\dfrac{1}{5}$

3. $\dfrac{100000}{3}$

隨堂練習 7-7

1. (1) 1204000 　(2) 1070275

習題 7-7

1. 19500

2. $5000(e^{-1} - e^{-2})$ 3. (1) 99763 　(2) 494129

4. 299289

5. (1) $10x + 0.2x^2 + 1000$ 　(2) 1000 　(3) 821000

第 8 章 多變數函數

習題 8-1

1. (1) 2，5，1 　(2) e，e^{-2}，1

　　(3) $\ln 5$，$2\ln 2$，$\ln 3$ 　(4) $\sqrt{6}$，3，$\sqrt{5}$

2. 11，13

3. 20

4. (1) $1000 \cdot e^{0.24}$ 　(2) $3000 \cdot e^{0.42}$

5. $8x + 5y + 500$

隨堂練習 8-2

1. (1) $4 + 8xy$ 　(2) $5 + 4x^2$ 　(3) $8x$ 　(4) $8y$

2. (1) $\dfrac{2x}{x^2 + y^2}$ 　(2) $\dfrac{2y}{x^2 + y^2}$

習題 8-2

1. (1) $f_x = 2x$，$f_y = 2y$

　　(2) $f_x = 2$，$f_y = 5$

　　(3) $f_x = 2xy$，$f_y = x^2 + 2y$

　　(4) $f_x = \dfrac{1}{y}$，$f_y = \dfrac{-x}{y^2}$

　　(5) $f_x = 2xe^{x^2+y^2}$，$f_y = 2ye^{x^2+y^2}$

　　(6) $f_x = \dfrac{2x}{x^2 + y^4}$，$f_y = \dfrac{4y^3}{x^2 + y^4}$

　　(7) $f_x = \dfrac{y^2}{(x+y)^2}$，$f_y = \dfrac{x^2}{(x+y)^2}$

　　(8) $f_x = \dfrac{xy}{\sqrt{x^2y + y^3}}$，$f_y = \dfrac{x^2 + 3y^2}{2\sqrt{x^2y + y^3}}$

2. (1) $f_{xx} = 2$，$f_{yy} = 2$，$f_{xy} = 0$，$f_{yx} = 0$

　　(2) $f_{xx} = 2 \cdot e^{x^2+y^2}(1 + 2x^2)$，

　　　$f_{yy} = 2 \cdot e^{x^2+y^2}(1 + 2y^2)$，

　　　$f_{xy} = 4xye^{x^2+y^2}$，$f_{yx} = 4xye^{x^2+y^2}$

　　(3) $f_{xx} = 2$，$f_{yy} = 6y$，$f_{xy} = 0$，$f_{yx} = 0$

　　(4) $f_{xx} = 0$，$f_{yy} = 0$，$f_{xy} = 1$，$f_{yx} = 1$

3. (1) 46.3 　(2) 20

4. (1) $20\,e$ 　(2) $10e^{0.5}$

5. 0

隨堂練習 8-3

1. 4.944

2. $(10x + ye^{xy})\,dx + (xe^{xy} + 2y)\,dy$

習題 8-3

1. (1) $\dfrac{4x^3}{x^4 + y^4}\,dx + \dfrac{4y^3}{x^4 + y^4}\,dy$

　　(2) $2x \cdot e^{x^2+y^2}\,dx + 2y \cdot e^{x^2+y^2}\,dy$

解答

(3) $(3x^2 + 6xy)\,dx + (3x^2 + 2y)\,dy$

(4) $5dx + 8dy$

2. (1) $53\dfrac{1}{60}$　(2) $8\dfrac{11}{18}$

3. 993800 (千元)

4. 18.2 (萬元)

5. 5.05

隨堂練習 8-4

1. 相對極小值 -4

習題 8-4

1. (1) $(-8, 2, -64)$　(2) $(-4, 3, -15)$

(3) $(1, 1, -4)$，$(1, -1, 0)$，$(-1, 1, 0)$，

$(-1, -1, 4)$　(4) $(\dfrac{13}{3}, \dfrac{2}{3}, -\dfrac{43}{3})$

2. (1) 相對極大值 4，沒有鞍點

(2) 沒有相對極值，鞍點 $(0, 0, 0)$

(3) 相對極小值 -2，鞍點 $(0, 0, 0)$

(4) 相對極小值 0，沒有鞍點

3. (1) 存在相對極大值

(2) 存在鞍點

(3) 存在相對極小值

4. $x = 3$，$y = 2$

5. $x = 6$，$y = 17$

隨堂練習 8-5

1. 8

2. 1

習題 8-5

1. (1) 2500　(2) 8　(3) 極小值 -25.8

(4) 極小值 18

2. $\dfrac{8}{15}$

3. 64000

4. $x_1 = 753$，$x_2 = 1247$

5. (1) $\dfrac{625}{3}$　(2) $250\sqrt{3}$

6. (1) $\dfrac{12\sqrt{13}}{13}$　(2) 4

7. $\dfrac{7\sqrt{29}}{29}$

隨堂練習 8-6

1. 90

2. $\dfrac{49}{3}$

3. 略

習題 8-6

1. (1) $\dfrac{63}{2}$　(2) $\dfrac{63}{2}$　(3) 9　(4) 252　(5) $\dfrac{55}{4}$

(6) $e^2 - 3$

2. (1) 略　(2) $\displaystyle\int_0^3 \int_0^x e^{x^2}\,dy\,dx$　(3) $\dfrac{1}{2}(e^9 - 1)$

3. (1) $\dfrac{188}{15}$　(2) $\dfrac{1}{24}$　(3) 208　(4) $37\dfrac{11}{32}$

4. 16

5. 12

得　分

商用微積分
學後評量
CH02 函數的極限

班級：＿＿＿＿＿＿＿＿

學號：＿＿＿＿＿＿＿＿

姓名：＿＿＿＿＿＿＿＿

一、計算題

1. 求 $\lim\limits_{t \to 3} \sqrt{2t^2 + 3t - 2}$ 極限值。

   (A) 6　(B) 3　(C) 5　(D) 1。

2. 如果 $\lim\limits_{x \to 1} \dfrac{ax^2 - 1}{x - 1} = 2$，則 $a = ?$

   (A) 6　(B) 3　(C) 2　(D) 1。

3. $\lim\limits_{x \to 3^-} [2x+3] = ?$

 (A) 2 (B) 3 (C) 8 (D) 9。

4. 求 $\lim\limits_{x \to \infty} \dfrac{2x^2 - 3x + 1}{x^2 + 2}$ 極限值。

 (A) 0 (B) ∞ (C) $-\infty$ (D) 2。

5. 求 $\lim\limits_{x \to 1^+} \dfrac{3x - 2}{1 - x^2}$ 極限值。

 (A) 1 (B) ∞ (C) $-\infty$ (D) -1。

得　分

商用微積分
學後評量
CH03 微分

班級：＿＿＿＿＿＿＿＿
學號：＿＿＿＿＿＿＿＿
姓名：＿＿＿＿＿＿＿＿

1. $f(x) = \dfrac{1}{x}$，求 $f'(1)$。

   (A) 1　(B) 0　(C) −1　(D) 2。

2. 求 $f(x) = \dfrac{2x+1}{2x-1}$ 在 $x = 2$ 之瞬間變化率。

   (A) $-\dfrac{5}{9}$　(B) $\dfrac{3}{2}$　(C) $-\dfrac{3}{2}$　(D) $-\dfrac{4}{9}$。

3. 求函數 $f(x) = 3x^{-1} + 5x^{-3}$ 之導函數值 $f'(1) = ?$
   (A) –3　(B) –15　(C) –6　(D) –18。

4. 求函數 $y = \dfrac{2x+3}{x^2+9}$ 之導函數值 $y'(1) = ?$

   (A) $-\dfrac{5}{9}$　(B) $\dfrac{1}{3}$　(C) $\dfrac{2}{9}$　(D) $\dfrac{1}{10}$。

5. 若 $g(t) = 2t^3 + 10t^2 + 1$，求 $g'''(2)$。
   (A) 12　(B) 20　(C) 32　(D) 6。

得　分

商用微積分
學後評量
CH04 導函數應用

班級：＿＿＿＿＿＿＿＿＿

學號：＿＿＿＿＿＿＿＿＿

姓名：＿＿＿＿＿＿＿＿＿

第1、2題為題組

若 $f'(x) = (x-1)(x-2)$ 且 $f(1) = 7$，$f(2) = 3$，$f(0) = 5$。

1. 求函數 $f(x)$ 之臨界值。

　　(A) $x = -1, -2$　(B) $x = 1, 2$　(C) $x = 0, 1$　(D) $x = 5, 7$。

2. 求函數 $f(x)$ 之遞增區間。

　　(A) $(-\infty, -1) \cup (2, \infty)$　(B) $(-\infty, 1) \cup (2, \infty)$　(C) $(2, \infty)$　(D) $(1, 2)$。

第3、4題為題組

若 $f''(x) = (x^2 + 1)(x - 1)(x - 2)$。

3. 求函數 $f(x)$ 之凹向上區間。

    (A) $(-\infty, -1) \cup (2, \infty)$ (B) $(-\infty, 1) \cup (2, \infty)$ (C) $(2, \infty)$ (D) $(1, 2)$。

4. 求函數 $f(x)$ 之凹向下區間。

    (A) $(-\infty, -1) \cup (2, \infty)$ (B) $(-\infty, 1) \cup (2, \infty)$ (C) $(2, \infty)$ (D) $(1, 2)$。

5. 函數 $f(x)$ 之遞增區間為 $(1, 2)$，遞減區間為 $(-\infty, 1) \cup (2, \infty)$，求臨界值。

    (A) $x = -1, 2$ (B) $x = 1, -2$ (C) $x = 1, 2$ (D) $x = -1, 1$。

得　分

商用微積分
學後評量
CH05 指數函數與對數函數

班級：＿＿＿＿＿＿＿＿＿

學號：＿＿＿＿＿＿＿＿＿

姓名：＿＿＿＿＿＿＿＿＿

1. 自然指數 e 最接近哪個整數？

(A) 3　(B) 2　(C) 5　(D) 1。

2. 求 $\lim\limits_{x \to 0} \dfrac{100}{1 + e^{-x}}$ 極限。

(A) 100　(B) 50　(C) ∞　(D) -1。

（請沿虛線撕下）

3. 求函數 $f(x) = e^{3x}$ 之微分，$f'(x) = ?$

(A) e^{3x}　(B) $3e^{3x}$　(C) e^x　(D) 0。

4. 求函數 $f(x) = \ln(x^2 + 3)$ 之微分，$f'(1) = ?$

(A) 5　(B) 2　(C) 0.5　(D) 0。

5. 求函數 $f(x) = \ln(\ln(x))$ 之微分，$f'(x) = ?$

(A) $\dfrac{1}{x}$　(B) $\dfrac{1}{\ln(x)}$　(C) 1　(D) $\dfrac{1}{x\ln(x)}$。

得　分

商用微積分
學後評量
CH06 反導數與積分技巧

班級：＿＿＿＿＿＿＿＿

學號：＿＿＿＿＿＿＿＿

姓名：＿＿＿＿＿＿＿＿

1. 求不定積分 $\int \dfrac{1}{x^3}\,dx = ?$

(A) $\dfrac{1}{x^2} + C$ (B) $\dfrac{1}{x^4} + C$ (C) $\dfrac{-1}{2} \cdot \dfrac{1}{x^2} + C$ (D) $\dfrac{-1}{4} \cdot \dfrac{1}{x^4} + C$ 。

2. 求不定積分 $\int x^5 - x^3 + 7\,dx = ?$

(A) $-\dfrac{1}{6}x^6 - \dfrac{1}{4}x^4 + 7x + C$ (B) $\dfrac{1}{6}x^6 - \dfrac{1}{4}x^4 + 7x + C$

(C) $\dfrac{1}{5}x^6 - \dfrac{1}{3}x^4 + 7x + C$ (D) $-\dfrac{1}{5}x^6 - \dfrac{1}{3}x^4 + 7x + C$ 。

（請沿虛線撕下）

3. 求不定積分 $\int (3x+5)^{20} dx = ?$

   (A) $\dfrac{1}{20}(3x+5)^{21}+C$ (B) $\dfrac{1}{19}(3x+5)^{19}+C$

   (C) $\dfrac{1}{63}(3x+5)^{21}+C$ (D) $\dfrac{1}{21}(3x+5)^{21}+C$。

4. 求不定積分 $\int \dfrac{x^2}{4+x^3} dx = ?$

   (A) $\dfrac{1}{2}\ln\left|4+x^3\right|+C$ (B) $\ln\left|4+x^3\right|+C$ (C) $\dfrac{2x}{4+x^3}+C$ (D) $\dfrac{1}{3}\ln\left|4+x^3\right|+C$。

5. 求不定積分 $\int e^{3+2x} dx = ?$

   (A) $-\dfrac{1}{2}e^{3+2x}+C$ (B) $\dfrac{1}{2}e^{3+2x}+C$ (C) $e^{3+2x}+C$ (D) $2e^{3+2x}+C$。

得　分

商用微積分
學後評量
CH07 定積分及其應用

班級：＿＿＿＿＿＿＿＿＿＿
學號：＿＿＿＿＿＿＿＿＿＿
姓名：＿＿＿＿＿＿＿＿＿＿

1. 求定積分 $\int_{2}^{8}(4x+3)dx = ?$

(A) 132　(B) 135　(C) 137　(D) 138。

2. 求定積分 $\int_{0}^{2}e^{3x}dx = ?$

(A) $\frac{1}{3}(e^{6}-2)$　(B) $\frac{1}{3}(e^{3}-1)$　(C) $e^{6}-1$　(D) $\frac{1}{3}(e^{6}-1)$。

（請沿虛線撕下）

3. 求定積分 $\int_0^2 (x-1)^{25} dx = ?$

    (A) $\frac{3}{26}$ (B) $\frac{1}{26}$ (C) $\frac{2}{26}$ (D) 0。

4. 求下列函數 $f(x)$ 和 x 軸所圍陰影區域之面積。

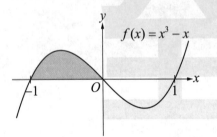

$f(x) = x^3 - x$

    (A) $\frac{1}{4}$ (B) $\frac{1}{6}$ (C) $\frac{1}{3}$ (D) $\frac{1}{2}$。

5. 求定積分 $\int_{-3}^3 |x| dx = ?$

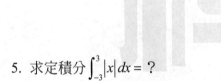

    (A) $\frac{3}{2}$ (B) $\frac{9}{2}$ (C) 9 (D) 3。

得　分

商用微積分

學後評量

CH08 多變數函數

班級：＿＿＿＿＿＿＿＿

學號：＿＿＿＿＿＿＿＿

姓名：＿＿＿＿＿＿＿＿

1. 設 $f(x, y) = 2x + 4x^2 + 3y + 5$，求 $f_x(2, -1) = ?$

   (A) 24　(B) 18　(C) 32　(D) 26。

2. 設 $f(x, y) = 4x + 5y + 4x^2y$，求 $f_{xx}(2, 1) = ?$

   (A) 24　(B) 8　(C) 32　(D) 26。

（請沿虛線撕下）

3. 求函數 $f(x,y)=e^{x^2+y^2}$ 的二階偏導數 $f_{xx}(0,0)$。
   (A) 0　(B) 3　(C) 2　(D) 1。

4. 求 $\int_{-2}^{5}\int_{0}^{2}2\,dy\,dx$ 之重積分。
   (A) 14　(B) 16　(C) 28　(D) 22。

5. 求 $\int_{0}^{2}\int_{0}^{y}e^{x}\,dx\,dy$ 之重積分。
   (A) e^2-2　(B) e^2-3　(C) e^3-2　(D) e^3-1。

歡迎加入 全華會員

● 會員獨享
會員享購書折扣、紅利積點、生日禮金、不定期優惠活動…等。

● 如何加入會員
掃ORcode 或填妥讀者回函卡直接傳真(02) 2262-0900 或寄回，將由專人協助登入會員資料，待收到 E-MAIL 通知後即可成為會員。

如何購買 全華書籍

1. 網路購書
全華網路書店「http://www.opentech.com.tw」加入會員購書更便利，並享有紅利積點回饋等各式優惠。

2. 實體門市
歡迎至全華門市（新北市土城區忠義路 21 號）或各大書局選購。

3. 來電訂購
(1) 訂購專線：(02) 2262-5666 轉 321-324
(2) 傳真專線：(02) 6637-3696
(3) 郵局劃撥（帳號：0100836-1　戶名：全華圖書股份有限公司）
※ 購書未滿 990 元者，酌收運費 80 元。

OpenTech.com.tw 全華網路書店

全華網路書店 www.opentech.com.tw
E-mail: service@chwa.com.tw

※ 本會員制如有變更則以最新修訂制度為準，造成不便請見諒。

讀者回函卡

掃 QRcode 線上填寫 ▶▶

姓名：＿＿＿＿＿＿＿＿＿ 生日：西元 ＿＿＿ 年 ＿＿ 月 ＿＿ 日 性別：□男 □女

電話：（ ） 手機：＿＿＿＿＿＿＿＿＿＿＿

e-mail：（必填）

註：數字零，請用 ф 表示，數字 1 與英文 L 請另註明並書寫端正，謝謝。

通訊處：□□□□□

學歷：□高中・職 □專科 □大學 □碩士 □博士

職業：□工程師 □教師 □學生 □軍・公 □其他

學校／公司：＿＿＿＿＿＿＿＿＿ 科系／部門：＿＿＿＿＿＿＿＿＿

· 需求書類：

□ A. 電子 □ B. 電機 □ C. 資訊 □ D. 機械 □ E. 汽車 □ F. 工管 □ G. 土木 □ H. 化工 □ I. 設計

□ J. 商管 □ K. 日文 □ L. 美容 □ M. 休閒 □ N. 餐飲 □ O. 其他

· 本次購買圖書為：＿＿＿＿＿＿＿＿＿＿＿＿ 書號：＿＿＿＿＿＿

· 您對本書的評價：

封面設計：□非常滿意 □滿意 □尚可 □需改善，請說明＿＿＿＿＿

內容表達：□非常滿意 □滿意 □尚可 □需改善，請說明＿＿＿＿＿

版面編排：□非常滿意 □滿意 □尚可 □需改善，請說明＿＿＿＿＿

印刷品質：□非常滿意 □滿意 □尚可 □需改善，請說明＿＿＿＿＿

書籍定價：□非常滿意 □滿意 □尚可 □需改善，請說明＿＿＿＿＿

整體評價：請說明＿＿＿＿＿＿＿＿＿＿＿＿＿＿＿＿＿＿＿＿＿

· 您在何處購買本書？

□書局 □網路書店 □書展 □團購 □其他

· 您購買本書的原因？（可複選）

□個人需要 □公司採購 □親友推薦 □老師指定用書 □其他

· 您希望全華以何種方式提供出版訊息及特惠活動？

□電子報 □ DM □廣告（媒體名稱 ＿＿＿＿＿＿＿＿＿＿ ）

· 您是否上過全華網路書店？（www.opentech.com.tw）

□是 □否 您的建議 ＿＿＿＿＿＿＿＿＿＿＿＿＿＿＿

· 您希望全華出版哪方面書籍？＿＿＿＿＿＿＿＿＿＿＿＿＿＿＿

· 您希望全華加強哪些服務？＿＿＿＿＿＿＿＿＿＿＿＿＿＿＿＿

感謝您提供寶貴意見，全華將秉持服務的熱忱，出版更多好書，以饗讀者。

填寫日期： ／ ／

2020.09 修訂

親愛的讀者：

感謝您對全華圖書的支持與愛護，雖然我們很慎重的處理每一本書，但恐仍有疏漏之處，若您發現本書有任何錯誤，請填寫於勘誤表內寄回，我們將於再版時修正，您的批評與指教是我們進步的原動力，謝謝！

全華圖書 敬上

勘　誤　表

頁　數	行　數	書　名	作　者
		錯誤或不當之詞句	建議修改之詞句

我有話要說：（其它之批評與建議，如封面、編排、內容、印刷品質等‧‧‧）